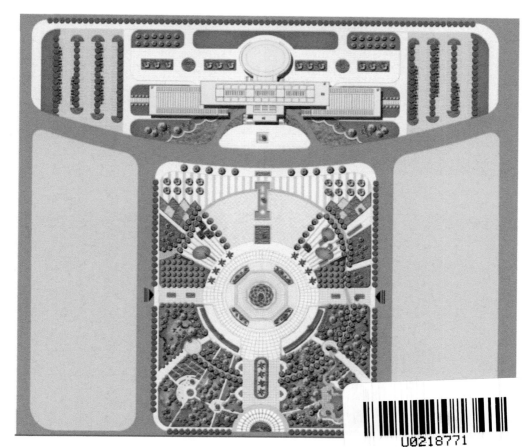

图3-5-1　文化广场总体规划方案

图4-1-4　滨水空间的处理

图4-1-11 西林唱晚景观区景点效果图

图4-1-13 四面晴方景观区景点效果图

图5-1-4 小游园绿地中地形景观

图5-2-3 采用周边式建筑布局形式的居住区

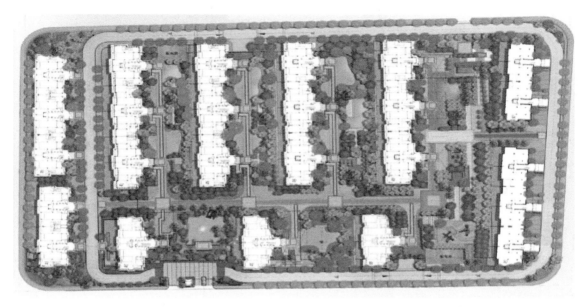

图5-2-4 采用行列式建筑布局形式的居住区

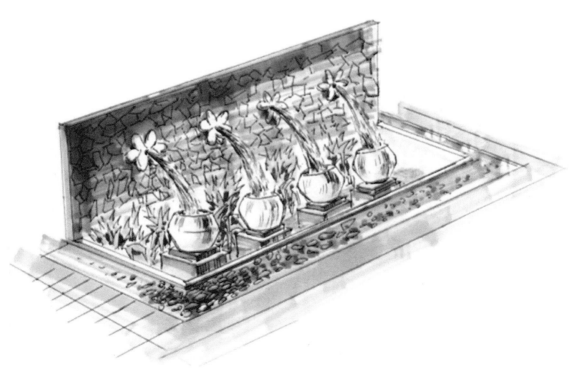

图6-2-12 景墙效果图

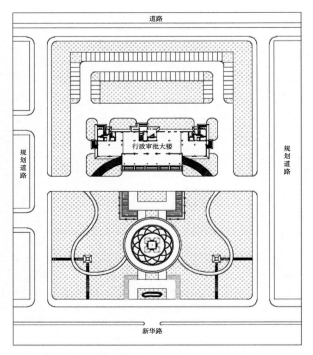

图6-4-4　河北省某行政审批大楼附属绿地设计平面示意图

图6-4-5　河北省某行政审批大楼附属绿地设计鸟瞰图

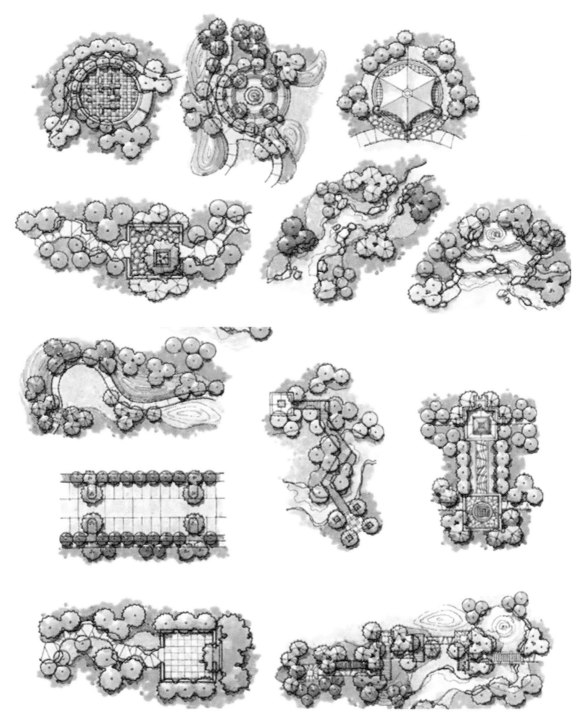

图7-1-4　景观节点平面图

图7-1-6　景观节点透视图（二）

图7-1-7　景观节点透视图（三）

图7-3-12　河岸透视图

图7-3-13 仿古街透视图

图7-3-14 庭院透视图

图7-3-15 广场透视图

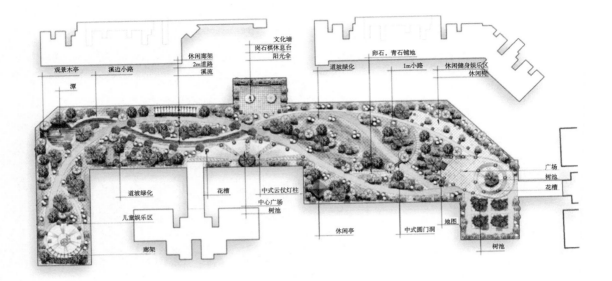

图8-1-1　屋顶花园总体布局

图8-1-3　阳台绿化

图8-1-4　庭院式屋顶花园

高职高专园林专业系列规划教材

园林规划设计

主　编　崔怀祖　胡青青

副主编　吴　昊

参　编　张　婷　王婷婷

　　　　李艳萍

主　审　谢涛飞

机械工业出版社

本书依据高职高专园林工程技术专业和相关专业的教学基本要求，基于工作过程，按照"项目导向、任务驱动、理实一体"的模式进行编写，力求继承与创新、全面与系统、实用与适用，体现职业教育教材的特点。本教材设 8 个学习项目，分别为园林规划设计的认知、城市道路绿地规划设计、广场景观规划设计、滨水景观规划设计、居住区绿地景观规划设计、单位附属绿地规划设计、公园规划设计以及屋顶花园规划设计；每个项目包括几个任务，全书共有 28 个任务，每个学习任务均由"设计任务""任务分析""知识链接""规划设计""复习思考""实训项目"等环节组成。

本书适合高职高专院校、应用型本科院校、成人高校及二级职业技术院校、继续教育学院和民办高校的园林工程技术及相关专业使用，既可以作为园林、园艺专业的教材和学材，也可作为园林规划设计从业人员的参考资料和园林景观设计师的职业技能鉴定、岗位培训材料，还可作为相关从业人员的培训教材。

图书在版编目（CIP）数据

园林规划设计/崔怀祖，胡青青主编 . —北京：机械工业出版社，2015. 12（2023. 1 重印）

高职高专园林专业系列规划教材

ISBN 978-7-111-52343-7

Ⅰ. ①园… Ⅱ. ①崔…②胡… Ⅲ. ①园林—规划—高等职业教育—教材②园林设计—高等职业教育—教材 Ⅳ. ①TU986

中国版本图书馆 CIP 数据核字（2015）第 300788 号

机械工业出版社（北京市百万庄大街 22 号 邮政编码 100037）
策划编辑：时 颂 责任编辑：时 颂
责任校对：张 薇 封面设计：张 静
责任印制：李 昂
北京中科印刷有限公司印刷
2023 年 1 月第 1 版第 2 次印刷
184mm×260mm · 17.25 印张 · 4 页插页 · 435 千字
标准书号：ISBN 978-7-111-52343-7
定价：38.00 元

凡购本书，如有缺页、倒页、脱页，由本社发行部调换

电话服务 网络服务

服务咨询热线：010-88379833 机 工 官 网：www.cmpbook.com

读者购书热线：010-88379649 机 工 官 博：weibo.com/cmp1952

教育服务网：www.cmpedu.com

封面无防伪标均为盗版 金 书 网：www.golden-book.com

高职高专园林专业系列规划教材
编审委员会名单

主 任 委 员：李志强

副主任委员：（排名不分先后）

迟全元　夏振平　徐　琰　崔怀祖　郭宇珍

潘　利　董凤丽　郑永莉　管　虹　张百川

李艳萍　姚　岚　付　蓉　赵恒晶　李　卓

王　蕾　杨少彤　高　卿

委　　　员：（排名不分先后）

姚飞飞　武金翠　周道姗　胡青青　吴　昊

刘艳武　汤春梅　雒新艳　雍东鹤　胡　莹

孔俊杰　魏麟懿　司马金桃　张　锐　刘浩然

李加林　肇丹丹　成文竞　赵　敏　龙黎黎

李　凯　温明霞　丁旭坚　张俊丽　吕晓琴

毕红艳　彭四江　周益平　秦冬梅　邹原东

孟庆敏　周丽霞　左利娟　张荣荣　时　颂

出 版 说 明

近年来，随着我国的城市化进程和环境建设的高速发展，全国各地都出现了园林景观设计的热潮，园林学科发展速度不断加快，对园林类具备高等职业技能的人才需求也随之不断加大。为了贯彻落实国务院《关于大力推进职业教育改革与发展的决定》的精神，我们通过深入调查，组织了全国二十余所高职高专院校的一批优秀教师，编写出版了本套"高职高专园林专业系列规划教材"。

本套教材以"高等职业教育园林工程技术专业教学基本要求"为纲，编写中注重培养学生的实践能力，基础理论贯彻"实用为主、必需和够用为度"的原则，基本知识采用广而不深、点到为止的编写方法，基本技能贯穿教学的始终。在教材的编写中，力求文字叙述简明扼要、通俗易懂。本套教材结合了专业建设、课程建设和教学改革成果，在广泛的调查和研讨的基础上进行规划和编写，在编写中紧密结合职业要求，力争能满足高职高专教学需要，并推动高职高专园林专业的教材建设。

本套教材包括园林专业的 16 门主干课程，编者来自全国多所在园林专业领域积极进行教育教学研究，并取得优秀成果的高等职业院校。在未来的 2 ~ 3 年内，我们将陆续推出工程造价、工程监理、市政工程等土建类各专业的教材及实训教材，最终出版一系列体系完整、内容优秀、特色鲜明的高职高专土建类专业教材。

本套教材适用于高职高专院校、应用型本科院校、成人高校及二级职业技术院校、继续教育学院和民办高校的园林及相关专业使用，也可作为相关从业人员的培训教材。

机械工业出版社
2015 年 5 月

丛 书 序

　　为了全面贯彻国务院《关于大力推进职业教育改革与发展的决定》，认真落实教育部《关于全面提高高等职业教育教学质量的若干意见》，培养园林行业紧缺的工程管理型、技术应用型人才，依照高职高专教育土建类专业教学指导委员会规划园林类专业分指导委员会编制的园林专业的教育标准、培养方案及主干课程教学大纲，我们组织了全国多所在该专业领域积极进行教育教学改革，并取得许多优秀成果的高等职业院校的老师共同编写了这套"高职高专园林专业系列规划教材"。

　　本套教材包括园林专业的《园林绘画》《园林设计初步》《园林制图（含习题集）》《园林测量》《中外园林史》《园林计算机辅助制图》《园林植物》《园林植物病虫害防治》《园林树木》《花卉识别与应用》《园林植物栽培与养护》《园林工程计价》《园林施工图设计》《园林规划设计》《园林建筑设计》《园林建筑材料与构造》等16个分册，较好地体现了土建类高等职业教育培养"施工型""能力型""成品型"人才的特征。本着遵循专业人才培养的总体目标和体现职业型、技术型的特色以及反映最新课程改革成果的原则，整套教材在体系的构建、内容的选择、知识的互融、彼此的衔接和应用的便捷上不但可为一线老师的教学和学生的学习提供有效的帮助，而且必定会有力推进高职高专园林专业教育教学改革的进程。

　　教学改革是一项在探索中不断前进的过程，教材建设也必将随之不断革故鼎新，希望使用该系列教材的院校以及老师和同学们及时将你们的意见、要求反馈给我们，以使该系列教材不断完善，成为反映高等职业教育园林专业改革最新成果的精品系列教材。

高职高专园林专业系列规划教材编审委员会

2015 年 5 月

前　言

树立生态文明理念，努力建设美丽中国，实现中华民族永续发展，是关系人民福祉、关乎民族未来的长远大计。城市园林绿地具有体现城市特色、美化城市面貌以及改善城市生态环境等诸多积极的作用。优美如画的城市园林景观是经过规划设计、工程建造以及后期管理等过程才得来的，在这一系列过程中，园林规划设计不仅是整个过程体系的基础，也是指导和决定成败的最重要环节。为了适应社会经济和市场的发展需要，针对高等职业教育人才培养目标和园林专业建设要求，机械工业出版社组织编写了本教材。

本教材根据《高等职业教育园林工程技术专业教学基本要求》，基于工作过程，按照"项目导向、任务驱动、理实一体"的模式进行编写。编写时，以职业能力培养为本，将学习项目和任务作为主线，贯穿人才培养全过程；打破学科本位思想，在课程结构设计上尽可能适应行业需要；结合学校实际情况和学生个体需求，遵循国家职业技能鉴定标准，突出职业岗位与职业资格的相关性；从而满足社会对园林设计技术技能人才的需要。

本教材由江西工程职业学院崔怀祖、胡青青担任主编，河北旅游职业学院吴昊担任副主编，参编人员有上海农业职业技术学院张婷、黑龙江生态工程职业技术学院王婷婷和河北旅游职业学院李艳萍（协助绘图）。教材由崔怀祖、胡青青负责统稿，江西同济工程设计有限公司谢涛飞负责审稿。教材的编写得到了相关院校和企业的领导、专家以及老师的关心和大力支持，教材中还大量引用了前辈学者的观点、设计成果、文字和图片等，在此，一并对他们表示衷心的感谢！

本教材内容理论实用，操作性强，可以作为高职高专园林、园艺专业"项目教学法"改革的主要教材和学材，也可以作为园林景观设计师职业技能鉴定及岗位培训的教材和学材，亦可作为广大园林规划设计从业人员的参考资料。

由于编者水平有限，教材中难免有不妥之处，诚请各位专家、同行和广大读者批评指正。

编　者

目　　录

项目一 园林规划设计的认知

教学目标

掌握园林规划设计的基础知识；掌握园林布局的基本形式；掌握景的含义、赏景与造景艺术手法；熟悉园林规划设计的各阶段及其主要内容；掌握园林规划设计阶段的资料编制及要求。

技能要求

能够理解有关园林规划设计的概念、基本原理及设计程序，熟练运用形式美的法则对园林构图、园林空间布局进行分析，综合运用赏景与造景的相关知识对园林景观进行分析总结，能够运用园林规划设计的程序进行园林设计。

知识一 园林规划设计基本概念

（1）园林。指在一定范围内，主要由山、水、植物、建筑（亭、廊和水榭等）、园路以及广场等园林基本要素，根据一定的自然科学规律、艺术规律以及工程技术规律、经济技术条件等，利用自然、模仿自然而创造出来的既可观赏、又可游憩的理想的生态环境。

（2）园林规划。指综合确定安排园林建设项目的性质、规模、发展方向、主要内容、基础设施、空间综合布局、建设分期和投资估算的活动。

（3）园林设计。指使园林的空间造型满足游人对其功能和审美要求的相关活动。

（4）园林规划设计。包含园林规划和园林设计两个含义，就是园林绿地在建设之前的筹划谋略，是实现园林美好理想的创造过程，它受到经济条件的影响和得到艺术法则的指导，这也是本教材所要研究的园林规划设计。

（5）园林绿地。指城市中各类公园、街头绿地、居住区绿地、单位附属绿地、道路绿地、生产绿地、防护绿地以及风景林地等绿地。

（6）城市绿线。指规划的城市公园及其他绿地的外围边界线。

（7）建筑红线。指城市道路两侧控制沿街建筑物或构筑物靠临街面的界线，又称建筑控制线。

（8）城市黄线。指对城市发展全局有影响的、城市规划中确定的、必须控制的城市基础设施用地（城市公共交通、供水、环境卫生、燃气、供热、供电、通信、消防以及防洪防灾等设施）的控制界线。

（9）城市紫线。指国家历史文化名城内的历史文化街区和省、自治区、直辖市人民政府公布的历史文化街区的保护范围界线，以及历史文化街区外经县级以上人民政府公布的历史建筑和保护范围界线。

（10）城市蓝线。指城市规划确定的江、河、湖、库、渠和湿地等城市地表水体保护和控制的地域界线。

【复习思考】

（1）简述园林与绿地的异同。
（2）简述园林规划、园林设计以及园林规划设计的异同。

知识二　园林规划设计基本原理

一、园林立意

（一）造园之始，意在笔先

这是由画论移植而来的。意，可视为意志、意念或意境。它强调在造园之前必不可少的意匠构思，也就是指导思想、造园意图。然而这种意图是根据园林的性质、地位而定的。

（二）相地合宜，构园得体

园林的构建，必须按地形、地势和地貌的实际情况，考虑园林的性质、规模，构思其艺术特征和园景结构。只有合乎地形骨架的规律，才有构园得体的可能。

（三）因地制宜，随势生机

通过相地，可以取得正确的构园选址，然而在一块土地上，要想创造多种景观的协调关系，还要靠因地制宜、随势生机和随机应变的手法，进行合理布局。

二、园林布局

园林是由一个个、一组组不同的景观组成的，这些景观不是以独立的形式出现的，而是由设计者把各景物按照一定的要求有机地组织起来的。在园林中把这些景物按照一定的艺术规则有机地组织起来，创造一个和谐完美的整体，这个过程称为园林布局。园林布局的形式，是园林设计的前提，有了具体的布局形式，园林内部的其他设计工作才能逐步进行。

（一）园林形式的确定

1. 根据园林的性质

不同性质的园林，必然有相对应的不同的园林形式，力求园林的形式反映园林的特性。纪念性园林、植物园、动物园等，由于各自性质的不同，决定了各自与其性质相对应的园林形式。

2. 根据不同的文化传统

各民族、国家之间的文化、艺术传统的差异，决定了园林形式的不同。中国由于传统文化的沿袭，形成了自然山水园的自然规划形式。而同样是多山的国家意大利，由于意大利的传统文化和本民族固有的艺术水准和造园风格，虽然是自然山地条件，意大利的园林都采用了规则式台地园。

3. 根据不同的意识形态

西方流传着许多希腊神话，神话把人神化，描写的神实际上是人。结合西方雕塑艺术，在园林中常把许多神像规划在园林空间中，而且多数放置在轴线上，或轴线的交叉中心。而中国传统的道教、传说描写的神仙则往往住在名山大川中，所有的神像在园林中的应用一般供奉在殿堂之内，而不展示于园林空间中。

4. 根据不同的环境条件

由于地形、水体以及土壤气候的变化，还有环境的差异，园林形式也不相同。

（二）园林的布局形式

1. 自然式园林

自然式又称风景式、不规则式或山水派园林（图1-2-1）。

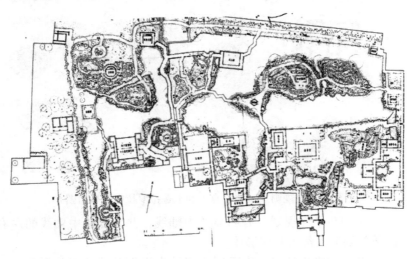

图1-2-1　自然式园林（留园平面图）

颐和园、承德避暑山庄、拙政园、网师园等都是自然山水园的代表作品。

自然式园林的主要特征如下：

（1）地形。自然式园林的创作讲究"相地合宜，构园得体"。主要处理地形的手法是"就低挖池，就势造山"，做到因地制宜。自然式园林的主要特征是"自成天然之趣"，所以，在园林中，要求再现自然界的山峰、山巅、崖、岗、岭、峡、岬、谷、坞、坪、洞、穴等地貌景观。在平原，要求自然起伏、和缓的微观地形。地形的剖面为自然曲线。

（2）水体。园林水景的主要类型有湖、池、潭、沼、瀑布、跌水等。总之，水体要再现自然水景。水体的轮廓为自然曲折，水岸为自然曲线的倾斜坡度，驳岸主要用自然山石驳岸、石矶等形式。在建筑附近或根据造景需要也部分用条石砌成直线或折线驳岸。

（3）种植。自然式园林种植要求反映自然界植物群落之美，不成行成列栽植。树木不修剪，配植以孤植、丛植、群植以及密林为主要形式。花卉的布置以花丛、花群为主要形式。庭院内也有花台的应用。

（4）建筑。单体建筑多为对称或不对称的均衡布局；建筑群或大规模建筑组群，多采用不对称均衡的布局。全园不以轴线控制，但局部仍有轴线的处理。中国自然山水园的建筑类型有亭、廊、榭、舫、楼、阁、轩、馆、台、塔、厅等。

（5）广场与道路。除建筑前广场为规则式外，园林中的空旷地和广场的外轮廓为自然式。道路的走向、布列多随地形，道路的平面和剖面多由自然起伏曲折的平曲线和竖曲线组成。

（6）园林小品。园林小品包括假山、石品、盆景、石刻、砖雕、木刻等。

2. 规则式园林

规则式园林又可以称为几何式、整形式、对称式和建筑式园林（图1-2-2）。其中以文艺复兴时期意大利台地园和19世纪法国勒诺特平面几何图暗室园林最为典型。

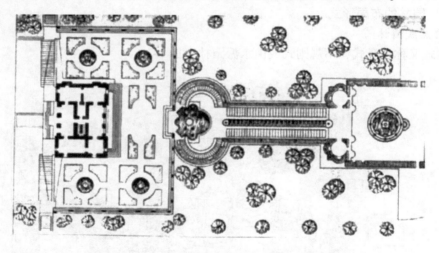

图1-2-2　规则式园林（意大利卡普拉罗拉庄园平面图）

（1）中轴线。全园在平面规划上有明显的中轴线，并大抵依中轴线的左右前后对称或拟对称布置，园林的划分大都为几何形体。

（2）地形。在开阔较平坦地段，由不同高程的水平面及缓倾斜的平面组成；在山地及丘陵地段，由阶梯式的大小不同水平台地倾斜平面及石级组成，其剖面均为直线所组成。

（3）水体。其外轮廓均为几何形，主要是圆形和长方形，水体的驳岸多整形、垂直，有时加以雕塑；水景的类型有整形水池、喷泉、壁泉及水渠运河等。

（4）广场与道路。广场多呈规则对称的几何形，主轴和副轴线上的广场形成主次分明的系统；道路均为直线形、折线形或几何曲线形。广场与道路构成方格形式、环状放射形、中轴对称或不对称的几何布局。

（5）建筑。主体建筑组群和单体建筑多采用中轴对称均衡设计，多以主体建筑群和次要建筑群组成与广场、道路相结合的主轴、副轴系统，形成控制全园的总格局。

（6）种植设计。配合中轴对称的总格局，全园树木配置以等距离行列式、对称式为主，树木修剪整形多模拟建筑形体、动物造型，绿篱、绿墙、绿门以及绿柱为规则式园林较突出的特点。园内常运用大量的绿篱、绿墙和丛林划分和组织空间，花卉布置常为以图案为主要内容的花坛和花带，有时布置成大规模的花坛群。

（7）园林小品。园林雕塑、瓶饰、圆灯、栏杆等装饰、点缀了园景。西方园林的雕塑主要以人物雕塑布置于室外，并且雕塑多配置于轴线的起点、交点和终点。雕塑常与喷泉、水池构成水景主景。

规则园林的规划手法，从另一角度探索，园林轴线多视为是主题建筑室内中轴线向室外的延伸。一般情况下，主体建筑主轴线和室外园林轴线是一致的。

3. 混合式园林

所谓混合式园林，主要指规则式、自然式交错组合，全园没有或形不成控制全园的中轴线和副轴线，只有局部景区、建筑以中轴对称布局，或全园没有明显的自然山水骨架，形不成自然格局。一般情况，多结合地形，在原地形平坦处，根据总体规划需要安排规则式的布局。在原地形条件较为复杂，具备起伏不平的丘陵、山谷、洼地等，结合地形规划成自然式。类似上述两种不同形式规划的组合即为混合式园林（图 1-2-3）。

图 1-2-3 混合式园林（沙坪坝公园平面图）

（三）园林布局方法

1. 园林静态空间布局

（1）静态空间的视觉规律。据估计，正常人的眼睛，在观赏静物时，最佳水平视角为45°，垂直视角为30°。由此可推算，大型景物的最佳视距约为景物高度的3.5倍（图1-2-4），小型景物的最佳视距约为景物高度的3倍。水平景物合适视距为景物宽度的1.2倍（图1-2-5）。在此位置还应预留较大的一个空间，安排休息亭廊、花架等以供游人逗留及徘徊观赏。

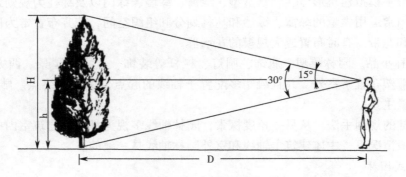

图1-2-4　垂直视场示意图

（2）三远视景。除了正常的静物对视外，还要为游人创建更丰富的视景条件，以满足游赏需要。借鉴画论三远法，可以取得一定的效果。

1）仰视高远：一般认为视景仰角分别为大于45°、60°、80°以及90°时，由于视线的消失程度可以产生高大感、宏伟感、崇高感和威严感。若大于90°，则产生下压的危机感。在中国皇家宫苑和宗教园林中常用此法突出皇权神威，或在山水园中创造群峰万壑、小中见大的意境。如北京颐和园中的中心建筑群，在山下德辉殿后看佛香阁，则仰角为62°，产生宏伟感，同时，也产生自我渺小感。

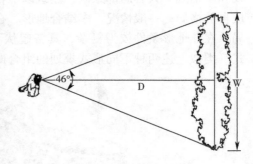

图1-2-5　水平视场示意图

2）俯视深远：居高临下，俯瞰大地，为人们的一大游兴。园林中也常利用地形或人工造景，创造制高点以供人俯视。绘画中称之为鸟瞰。俯视也有远视、中视以及近视的不同效果。一般俯视角分别为小于45°、30°和10°时，则分别产生深远、深渊以及凌空感。当小于0°时，则产生欲坠危机感。登泰山而一览众山小，居天都而有升仙神游之感，也产生人定胜天感。

3）中视平远：以视平线为中心的30°夹角视场，可向远方平视。利用或创造平视观景的机会，将给人以广阔宁静的感受、坦荡开朗的胸怀。因此园林中常要创造宽阔的水面，平缓的草坪，开敞的视野和远望的条件，这就把天边的水色云光、远方的山廊塔影借来身边。

三远视景都能产生良好的借景效果，当然根据"佳则收之，俗则屏之"的原则，对远景的观赏应有选择，但这往往没有近景那么严格，因为远景给人的是抽象概括的朦胧美，而近景才给人以具象细微的质地美。

2. 园林动态空间布局

园林对游人来说是一个流动的空间，动态景观是满足游人"游"的需要；静态景观是满足游人"憩"时观赏。也有人把中国园林比喻成山水画的长卷，意即它具有多空间、多视点和连续性变化特点。在行进的过程中把个别的景连贯成完整的序列，进而获得良好的动观效果。

（1）园林空间的展示程序。中国古典园林多半有规定的出入口及行进路线，明确的空间分隔和构图中心，主次分明的建筑类型和游憩范围，就像《桃花源记》中描述的樵夫寻幽的过程那样，形成了一种景观的展示程序。

1）一般序列：一般简单的展示程序有所谓两段式或三段式之分。所谓两段式就是从起景逐步过渡到高潮而结束。如一般纪念陵园从入口到纪念碑的程序，苏军反法西斯纪念碑就是从母亲雕像开始，经过碑林甬道、旗门的过渡转折，最后达到苏军战士雕塑的高潮而结束。但是多数园林具有较复杂的展出程序，大体上分为起景—高潮—结景三个段落。在此期间还有多次转折，由低潮发展为高潮景序，接着又经过转折、分散、收缩以致结束。如北京颐和园从东宫门进入，以仁寿殿为起景，穿过牡丹台转入昆明湖边豁然开朗，再向北通过长廊的过渡到达排云殿，再拾级而上直到佛香阁、智慧海，到达主景高潮。然后向后山转移再游后湖、谐趣园等园中园，最后到北宫门结束。除此外还可自知春亭，南去过十七孔桥到湖心岛，再乘船北上到石舫码头，上岸再游主景区。无论怎么走，均是一组多层次的动态展示序列（图1-2-6）。

两段式　　　　　　　　　　　　三段式

图1-2-6　空间程序（序列）示意图

2）循环序列：为了适应现代生活节奏的需要，多数综合性园林或风景区采用了多向入口、循环道路系统、多景区景点划分（也分主次景区）以及分散式游览线路的布局方法，以容纳成千上万游人的活动需求。因此现代综合性园林或风景区系采用主景区领衔，次景区辅佐，多条展示序列。各序列环状沟通，以各自入口为起景，以主景区主景物为构图中心。以综合循环游憩景观为主线以方便游人，满足园林功能需求为主要目的来组织空间序列，这已成为现代综合性园林的特点。

3）专类序列：以专类活动为主的专类园林，其空间序列有其自身的特点。如植物园、动物园以及体育公园的组景序列。

（2）园林道路系统布局的序列类型。园林空间序列的展示，主要依靠道路系统的导游职能，因此道路类型就显得十分重要。多种类型的道路体系为游人提供了动态游览的条件，因地制宜的园景布局又为动态序列的展示打下了基础。

（3）风景园林景观序列的创造手法。景观序列的形成要运用各种艺术手法，而这些法则又多半离不开形式美法则的范围。同时，对园林的整体来说固然存在着风景序列，然而在园林的各项具体造型艺术上，也还存在着序列布局的影子，如林荫道、花坛组、建筑群组和植物群落的季相配置等。

1）风景序列的主调、基调、配调和转调：任何景观一般都包括主景、配景和背景。主景是主调，配景是配调，背景是基调。任何一个连续布局不可能是无休止的，因此处于空间转折区的过渡树种称为转调（一般规则式园林适合急转；自然式园林适宜缓转）。缓转指主调发生变化，配调逐渐变化，主调在数量上逐渐减少；急转指主调发生变化，变化为另一种树种，而配调、基调之一逐渐减少，最后变为另一树种。

2）风景序列的起结开合：任何风景都有头有尾，有收有放，有开有和。如北京颐和园的后湖，承德避暑山庄的分合水系，南京白鹭洲公园的聚散水系（图1-2-7）。

图1-2-7　风景序列的起结开合

3）风景序列的断续起伏：利用地形起伏变化而创造风景序列。如连续的土山、建筑及林带等。利用起伏变化产生园林的节奏韵律。通过山水起伏，将各景点分散布置，在游步道引导下形成景序的断续发展。风景在游人视野中时隐时现，时远时近。

4）园林植物景观序列的季相与色彩布局：园林植物是风景园林景观的主体，然而植物又有其独特的生态规律，在不同的立地条件下，利用植物个体与群落在不同季节的外形与色彩变化，再配以山石水景、建筑道路等，必将出现绚丽多姿的景观效果和展示序列。如扬州个园内春植青竹，配以石笋；夏种槐树、广玉兰，配以太湖石；秋种枫树、梧桐，配以黄石；冬植腊梅、南天竹，配以白色英石并把四景分别布置在游览线的四个角落里，则在咫尺庭院中创造了四时季相景序。一般园林中，常以桃红柳绿表春，浓荫白花主夏，黄叶红果属秋，松竹梅花为冬。在更大的风景区或城市郊区的总风貌序列中，更可以创造春游梅花山，夏渡竹溪湾，秋去红叶谷，冬踏雪莲山的景象布局。

5）园林建筑群组的动态序列布局（图1-2-8）：园林建筑在风景园林中只能占有1%～2%的面积，但往往它却是某景区的构图中心，起到画龙点睛的作用。由于使用功能和建筑艺术的需要，对建筑群体组合的本身以及对整个园林中的建筑布置，均应有动态序列的安排。对一个建筑群组而言，应该有入口、门厅、过道、次要建筑和主体建筑的序列安排。对整个风景园林而言，从大门入口区到次要景区，最后到主景区，都有必要将不同功能的建筑群体有计划地排列在景区序列线上，形成一个既有统一展示层次，又有变化多样的组合形式，以达到应用与造景之间的完美统一。

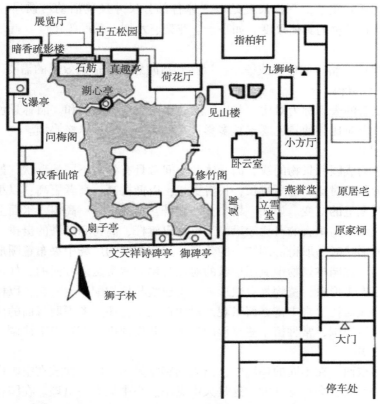

图 1-2-8　苏州狮子林建筑群组动态序列

三、园林艺术构图法则

（一）比例与尺度

园林中的比例，一是园林中各个景物自身的长、宽、高之间的比例关系，另一方面则是景物与景物、景物与整体之间的比例关系。计成认为"村庄地"建园：十分之三的面积开挖池塘，十分之四的面积垒土为山，其余则布置园林建筑等。

尺度是指景物与人的身高，使用活动空间的度量关系。这是因为人们习惯用人的身高和使用活动所需要的空间为视觉感知的度量标准，如台阶的宽度不小于 30cm（人脚长），高度为 12～19cm 为宜，栏杆、窗台高 1m 左右。又如人的肩宽决定路宽，一般园路能容两人并行，宽度以 1.2～1.5m 较合适。在园林里如果人工造景尺度超越了人们习惯的尺度，可使人感到雄伟壮观，如颐和园佛香阁至智慧海的假山蹬道处理成一级高差 30～40cm，走不了几步，使人感到吃力，产生比实际高的感受。如果尺度符合一般习惯要求或者较小，则会使人感到小巧紧凑，自然亲切。苏州网师园面积较小，故园内无大桥、大山，建筑物尺度略小，数量适度，显得小巧精致；反之，狮子林的大船与水面不成比例，显得很不"得体"。

在园林造景中，运用尺度规律进行设计的方法有以下几种：

（1）单位尺度引进法。即应用某种为人所熟悉的景物作为尺度标准，来确定群体景物的相互关系，从而得出合乎尺度规律的园林景观。如在苏州留园中，为了突出冠云峰的高度，在其旁边及后面布置了人们熟知的亭子和楼阁作为陪衬和对比，来显示其"冠云"之高。

（2）人的习惯尺度法。习惯尺度是以人体各部分尺寸及其活动习惯尺寸规律为准，来确定风景空间及各景物的具体尺度。如亭子、花架、水榭、餐厅等尺度，就是依据人的习惯尺度来确定的。

（3）夸张尺度。将景物放大或缩小，以达到造园意图或造景效果的需要。

（二）对比与调和

差异程度显著的表现称为对比，差异程度较小的表现称为调和。园林景色要在对比中求调和，在调和中求对比，使景色既丰富多彩，又要突出主题，风格协调。

1. 形象的对比

园林布局中构成园林景物的线、面、体和空间常具有各种不同的形状，如长宽、高低和大小等的不同形象的对比。以短衬长，长者更长；以低衬高，高者更高；以小衬大，大者更大，造成人们视觉上的幻变。如在广场中立一旗杆，草坪中种一高树，水面上置一灯塔，既可取得高与低、水平与垂直的对比效果，又可显出旗杆、高树和灯塔的挺拔。在布局中只采用一种或类似的形状时易取得协调统一的效果。如在圆形的广场中央布置圆形的花坛，因形状一致显得协调。在园林景物中应用形状的对比与调和常常是多方面的，如建筑与植物之间的布置，建筑是人工形象，植物是自然形象，将建筑与植物配合在一起，以树木的自然曲线与建筑的直线形成对比，来丰富立面景观。对比存在了，还应考虑两者面的协调关系，所以在对称严谨的建筑周围，常种植一些整形的树木，并作规则式布置以求协调。

2. 体量的对比

体量相同的东西，在不同的环境中，给人的感觉是不同的，如放在空旷广场中，会感觉其小；如放在小室内，会感觉其大，这是大中见小、小中见大的道理。在园林绿地中，常用小中见大的手法，在小面积用地内创造出自然山水之胜。突出主体，强调重点，在园林布局中常常用若干较小体量的物体来衬托一个较大体量的物体，如颐和园的佛香阁与周围的廊，廊的体量都较小，显得佛香阁更高大、更突出。

3. 方向的对比

在园林的形体、空间和立面的处理中，常常运用垂直和水平方向的对比，以丰富园林景物的形象，如园林中常把山水互相配合在一起，使垂直方向高耸的山体与横向平阔的水面互相衬托，避免了只有山或只有水的单调；还常采用挺拔高直的乔木形成竖直线条，低矮丛生的灌木绿篱形成水平线条，两者组合形成对比。在空间布置上，忽而横向，忽而深远，忽而开阔，造成方向上的对比，增加空间在方向上变化的效果。

4. 空间的对比

在空间处理上，开敞的空间与闭锁的空间也可形成对比。在园林绿地中利用空间的收放开合，形成敞景与聚景的对比。开敞风景与闭锁风景两者共存于同一园林中，相互对比，彼此烘托，视线忽远忽近，忽放忽收，可增加空间的对比感，引人入胜。

5. 明暗的对比

由于光线的强弱，造成景物、环境的明暗，人对环境的明暗有不同的感受。明，给人以开朗活泼的感觉；暗，给人以幽静柔和的感觉；在园林绿地中，布置明朗的广场空地供游人活动，布置幽暗的疏林、密林供游人散步休息。明暗对比强的景物令人有轻快振奋的感觉，明暗对比弱的景物令人有柔和沉郁的感觉。在密林中留块空地，叫林间隙地，是典型的明暗对比。

6. 虚实对比

园林绿地中的虚实常常是指园林中的实墙与空间，密林与疏林草地，山与水的对比等。在园林布局中要做到虚中有实、实中有虚是很重要的。虚给人轻松之感，实给人厚重之感。水面中有个小岛，水体是虚，小岛是实，因而形成了虚实对比，能产生统一中有变化的艺术效果。园林中的围墙，常做成透花墙或铁栅栏，就打破了实墙的沉重闭塞感觉，产生虚实对比效果，隔而不断，求变化于统一，与园林气氛协调。

7. 色彩的对比

色彩的对比与调和包括色相和色度的对比与调和。色相的对比是指相对的两个补色产生对比效果，如红与绿，黄与紫；色相的调和是指相邻的色，如红与橙，橙与黄等。颜色的深浅称为色度，黑是深，白是浅，深浅变化即是黑到白之间变化。一种色相中色度的变化是调和的效果。园林中色彩的对比与调和是指在色相与色度上，只要差异明显就可产生对比的效果，差异近似就产生调和的效果。利用色彩的对比关系可引人注目，以便更加突出主景。如"万绿丛中一点红"，这一点红就是主景。建筑的背景如为深绿色的树木，则建筑可用明亮的浅色调，加强对比，突出建筑。植物的色彩，一般是比较调和的，因此在种植上，多用对比，产生层次。秋季在艳红的枫林、黄色的银杏树之后，应有深绿色的背景树林来衬托。湖堤上种桃植柳，宜桃树在前，柳树在后。阳春三月，柳绿桃红，以红依绿，以绿衬红，水上水下，兼有虚实之趣。"牡丹虽好，还需绿叶扶持"，这时红绿互为补色对比，以绿衬红，红就更醒目。

8. 质感的对比

在园林绿地中，可利用植物、建筑、道路、广场和山石水体等不同的材料质感，造成对比，增强效果。即使是植物之间，也因树种不同，有粗糙与光洁、厚实与透明的不同。建筑上仅以墙面而论，也有砖墙面、石墙面、大理石墙面以及加工打磨情况的不同，而使材料质感上有差异。不同材料质地给人不同的感觉，如粗面的石材、混凝土、粗木、建筑等给人感觉稳重，而细致光滑的石材、细木等给人感觉轻松。

（三）均衡与稳定

人们从自然现象中意识到一切物体要想保持均衡与稳定，就必须具备一定的条件。例如像山那样，下部大，上部小；像树那样下部粗，上部细，并沿四周对应地分枝出叉；像人那样具有左右对称的形体等。除自然的启示外，也通过自己的生产实践证实了均衡与稳定的原则。并认为凡是符合于这样的原则，不仅在实际上是安全的，而且在感觉上也是舒服的。这里所说的稳定，是就园林布局在整体上轻重的关系而言。而均衡是指园林布局中的左与右，前与后的轻重关系等。

1. 均衡

自然界静止的物体要遵循力学原则，以平衡的状态存在，不平衡的物体或造景使人产生不稳定和运动的感觉。在园林布局中要求园林景物的体量关系符合人们在日常生活中形成的平衡安定的概念，所以除少数动势造景外，一般艺术构图都力求均衡。

均衡可分为对称均衡与不对称均衡。

（1）对称均衡。对称的布局往往都是均衡的。对称布局有明显的轴线，轴线左右完全对称。对称均衡布置常给人庄重严整的感觉，规则式的园林绿地中采用较多，如纪念性园林，公共建筑的前庭绿化等。有时在某些园林局部也运用。对称均衡小至行道树的两侧对称，如花坛、雕塑和水池的对称布置，大至整个园林绿地建筑、道路的对称布局。但对称均衡布置时，景物常常过于呆板而不亲切，如没有条件硬凑对称，往往适得其反而增加投资，故应避免单纯追求所谓"宏伟气魄"的平立面图案的对称处理。

（2）不对称均衡。在园林绿地的布局中，由于受功能、组成部分和地形等各种复杂条件制约，往往很难也没有必要做到绝对对称形式，在这种情况下常采用不对称均衡的手法。不对称均衡的构图是以动态观赏时步移景异、景色变幻多姿为目的的。它是通过游人在空间景物中不停地欣赏，连贯前后成均衡的构图。以颐和园的谐趣园为例，整体布局是不对称的，各个布局又充满动势，但整体十分均衡。分析其导游路线，在入口处至洗秋轩形成的轴线上，左边比重大，右边比重轻，是不均衡的。游人依逆时针方向向主体建筑涵远堂前进至饮绿亭时，在轴线的右侧建筑增多，左侧建筑减少，又形成右重左轻。游人继续依逆时针方向前进，并根据建筑体量大小，距轴线远近的变化，造成的综合感觉是整个景观仍然是均衡的。

不对称均衡的布置要综合衡量园林绿地构成要素的虚实、色彩、质感、疏密、线条、体形以及数量等给人产生的体量感觉，切忌单纯考虑平面的构图。不对称的均衡布置小至树丛、散置山石和自然水池，大至整个园林绿地、风景区的布局。它给人以轻松、自由、活泼和变化的感觉。所以广泛应用于一般游憩性的自然式园林绿地中。

2. 稳定

自然界的物体，由于受地心引力的作用，为了维持自身的稳定，靠近地面的部分往往大而重，而在上面的部分则小而轻，如山、土坡等。从这些物理现象中，人们就产生了重心靠下、底面积大可以获得稳定感的概念。

在园林布局上，往往在体量上采用下面大、向上逐渐缩小的方法来取得稳定坚固感。我国古典园林中的高层建筑物如颐和园的佛香阁、西安的大雁塔等，都是通过建筑体量上由底部较大而向上逐渐递减缩小，使重心尽可能低，以取得结实稳定的感觉。如园林建筑的基部墙面多用粗石和深色的表面处理，而上层部分采用较光滑或色彩较浅的材料，在土山带石的土丘上，也往往把山石设置在山麓部分给人以稳定感。

（四）韵律节奏

自然界中有许多现象，常是有规律重复出现的。在园林绿地中，也常有这种现象，如道旁种树，种一种树好，还是两种树间种好；带状花坛是设计一个长花坛好，还是设计成几个同形短花坛好，这都牵涉到构图中的韵律节奏问题。所谓韵律节奏即是某一因素作有规律的重复，有组织的变化。重复是获得韵律的必要条件，只有简单的重复而缺乏有规律的变化，就令人感到单调、枯燥。所以韵律节奏是园林艺术构图多样统一的重要手法之一。园林绿地构图的韵律节奏方式很多。

1. 简单韵律

即由同种因素等距反复出现的连续构图（图1-2-9）。如等距的行道树，等高、等距的长廊，等高、等宽的登

图1-2-9　简单韵律

山道、爬山墙，等等。

2. 交替韵律

即有两种以上因素交替等距反复出现的连续构图。如桃柳间种，两种不同花坛交替等距排列，一段踏步与一段平台交替等。

3. 渐变韵律

渐变韵律是指园林布局连续重复的组成部分，在某一方面作规则的逐渐增加或减少所产生的韵律。如体积的大小、色彩的浓淡以及质感的粗细等。渐变韵律也常在各组成部分之间有不同程度或繁简上的变化。园林中在山体的处理上，建筑的体型上，经常应用从下而上愈变愈小，如塔体型下大上小，间距也下大上小等。

4. 起伏曲折韵律

由一种或几种因素在形象上出现较有规律的起伏曲折变化所产生的韵律。如连续布置的山丘、建筑、树木、道路以及花径等，可有起伏、曲折变化，并遵循一定的节奏规律。围墙、绿篱也有起伏式的。

5. 拟态韵律

既有相同因素又有不同因素反复出现的连续构图。如花坛的外形相同，但花坛内种的花草种类、布置又各不相同；漏景的窗框一样，但漏窗的花饰又各不相同等。

6. 交错韵律

即某一因素作有规律的纵横穿插或交错，其变化是按纵横或多个方向进行的。如空间的一开一合，一明一暗，景色有时鲜艳，有时素雅，有时热闹，有时幽静，如组织得好都可产生节奏感。常见的例子是园路的铺装，用卵石、片石、水泥板和砖瓦等组成纵横交错的各种花纹图案，连续交替出现，设计得宜，能引人入胜。

在园林布局中，有时一个景物，往往有多种韵律节奏方式可以运用，在满足功能要求前提下，可采用合理的组合形式。能创作出理想的园林艺术形象。所以说韵律是园林布局中统一与变化的一个重要方面。

（五）多样统一

多样而不统一，必然杂乱无章；统一而无变化，则呆板单调。风景园林是多种要素组成的空间艺术，要创造多样统一的艺术效果，可通过许多途径来达到。如形体的变化与统一、风格和流派的变化与统一、图形线条的变化与统一、动势动态的变化与统一、形式与内容的变化与统一、材料质地的变化与统一、线性纹理的变化与统一以及尺度比例的变化与统一等。

四、园林造景

（一）景的含义

景，就是一个具有欣赏内容的单元，是从景色、景致和景观的含义中简化而来的，也就是在园林中的某一地段，按其内容与外部的特征具有相对独立性质与效果即可成为一景。

景的形成必须具备两个条件：一是其本身具有可赏的内容，二是它所在的位置要便于被人觉察。

（二）赏景

赏景可分为动态观赏和静态观赏两种形式。由于游人观赏的视角、视距不同，其感受也不同。

1. 动态观赏与静态观赏

不同的观赏方法给人以不同的感受，游人在行走中赏景即人的视点与景物产生相对位移，称为动态观赏，动态观赏的景物称为动态风景。游人在一定的位置，向外观赏景物，视点与景物的位置不变，即为静态观赏，静态观赏的景物称为静态风景。

2. 观赏视角与景

在游览过程中，由于人的观赏视角或观赏视距不同，对景物的感受也不同。

3. 最佳视距与景

（1）观赏点。指游人所在的位置即人的眼睛的位置，也称为视点。

（2）观赏视距。指观赏点到被观赏的景物之间的距离。

前面提到，大型景物的最佳视距约为景物高度的 3.5 倍，小型景物的最佳视距约为景物高度的 3 倍。水平景物合适视距为景物宽度的 1.2 倍。在此位置应预留较大的一个空间，安排休息亭廊、花架等以供游人逗留及徘徊观赏。在观赏点所在位置应考虑安置休息设施，并开辟风景视线，一般休息设施有亭廊水榭、花架和座椅等，有些风景本身也构成被观赏点。

（三）园林造景的艺术手法

在园林绿地中，因借自然、模仿自然和组织创造供人游览观赏的景色谓之造景。人工造景要根据园林绿地的性质、规模，因地制宜、因时制宜。

1. 主景与配景

主景是风景园林的构图中心，处理好主配景关系，能取得提纲挈领的效果。突出主景的方法有：

主景升高：在空间高程上对主体进行升高处理，产生仰视观赏效果，并可以蓝天、远山为背景，使主体的造型轮廓突出鲜明，不受或少受其他环境因素的影响。

方式有：加大主景尺度；从布局上将主景安排在较高位置。如广州越秀公园的五羊雕塑，以升高主体，降低视线法来突出主体。

（1）轴线处理（中轴对称与运用轴线和风景视线的焦点）。

1）中轴线的终点（端点）安排主景，常于轴线两侧安排一对或一对以上配体。

2）几条轴线相交安排主景，使各方视线全集中于主体景物上，加强感染力。

3）动势集中的焦点安排主景，四周为许多景物环抱的构图空间，如水面、庭院和林中空地等，焦点上规划孤植树、树丛、花架以及亭子等。

（2）对比与调和。以次景之粗衬主景之精，以暗衬明，以深衬浅，以绿衬红等。

（3）构图重心法。把主景置于园林空间的几何中心或相对重心部位，使全局规划稳定适中。

（4）渐变法。在园林景物的布局上，采取渐变的方法，从低到高，逐步升级，由次景到主景，级级引人入胜。

（5）抑景。中国传统园林的特色是反对一览无余的景色，主张"山重水复疑无路，柳暗花明又一村"的先藏后露的造园方法。这种方法与欧洲园林的"一览无余"形式形成鲜明的对比。

2. 对景

位于园林轴线或风景视线端点的景称为对景。它有正对景和互对景两种形式。

（1）正对景。对景是相对观赏点而言的，轴线一端有景的称正对景（图1-2-10）。

（2）互对景。可以使两个景观相互观望，丰富园林景色，一般选择园内透视画面最精彩的位置，用作供游人逗留的场所。例如休息亭、榭等。这些建筑在朝向上应与远景相向对应，能相互观望，相互烘托（图1-2-11）。

图1-2-10　正对景

图1-2-11　互对景

3. 前景的处理手法

在风景园林立体画面构图的前面用框景、漏景、夹景和添景等手法处理，都会给人以强烈的艺术感染。

（1）框景。是在园林中用门、窗、树干、枝条以及山洞（图1-2-12）等来框取另一个空间的优美景色。主要目的是把人的视线引到景框之内，故称框景。框景的形式有：入口框景、端头框景、流动框景和镜游框景。

（2）漏景。漏景是框景的进一步发展，利用漏窗（图1-2-13）、花漏窗、漏屏风和疏林树干等作前景与远景并行排列形成景观。它起着含而不露、柔和景色以及若隐若现的作用。

图1-2-12　框景

图1-2-13　漏景

（3）夹景。以树、山以及建筑等将轴线两侧贫乏景观加以屏障，从而形成左右较封闭的狭长空间，突出空间端部景观（图1-2-14）。

（4）添景。是在主景前面加植花草、树木或铺山石等，使主景具有丰富的层次感（图1-2-15）。

图 1-2-14　夹景

图 1-2-15　添景

4. 分景的创造

分隔园林空间、隔断视线的景物称为分景。分景可创造园中园、岛中岛、水中水和景中景的境界，使园景虚实变换，层次丰富。其手法有障景、隔景两种。

（1）障景。障景也称抑景。在园林中起着抑制游人视线的作用，是引导游人转变方向的屏障景物。它能欲扬先抑，增强空间景物感染力。有山石障、曲障以及树（树丛或树群）障等形式。

（2）隔景。以虚隔、实隔等形式将园林绿地分隔为若干空间的景物，称为隔景。它可用花廊、花架、花墙和疏林进行虚隔，也可用实墙、山石以及建筑等进行实隔，避免各景区游人相互干扰，丰富园景，使景区富有特色，具有深远莫测的效果。

5. 借景

有意识地把园外的景物"借"到园内可透视、感受的范围中来，称为借景。借景的类型有：

（1）远借。就是把园林远处的景物组织进来，所借物可以是山、水、树木及建筑等（图1-2-16）。

（2）邻借（近借）。就是把园子邻近的景色组织进来（图1-2-17）。

图 1-2-16　远借

图 1-2-17　邻借

（3）仰借。是指利用仰视借取的园外景观，以借高景物为主，如古塔、高层建筑、山峰以及大树，包括碧空白云、明月繁星、翔空飞鸟等。仰借视觉较疲劳，观赏点应设亭台座椅。

（4）俯借。是指利用居高临下俯视观赏园外景物，登高四望，四周景物尽收眼底。所借景物甚多，如江湖原野、湖光倒影等。

（5）应时而借。利用一年四季、一日之时，由大自然的变化和景物的配合而成的景观。

6. 点题/题景

在园林中以对联、石碑、石刻等形式来概括园林空间环境的景象。对厅、堂、轩、馆等建筑，根据它们的性质、用途而予以命名和题匾，为我国古代建筑艺术中的一种传统手法。这种方法后来亦应用于园林的风景中，为各种景色标名题字，它能起到画龙点睛的作用，所以题景有人亦称之为点景。

【复习思考】

（1）园林布局的基本形式有哪几种？
（2）怎样确定观赏园林景物的合适视距？
（3）园林景观设计中，突出主景的方法有哪些？

知识三　园林规划设计程序和资料编制

一、园林规划设计的一般程序

园林规划设计程序是指要建造一个公园、花园或绿地之前，设计者根据业主要求及当地的具体情况，把要建造的园林绿地的设想，通过图纸及简要说明表现出来。施工人员根据这些图纸和说明，可以把这个绿地建造出来。这样的一系列规划设计工作的进行过程，称为园林规划设计程序。

园林规划设计程序是根据具体情况而定的，通常，它的各阶段及其主要内容如下：

（一）任务分析阶段

任务分析作为园林设计的第一阶段，其目的就是通过对设计委托方的具体要求、地段环境、经济因素和相关规范资料等重要内容作一系统的、全面的分析研究，为方案设计确立科学的依据。

1. 设计要求的分析

（1）功能要求。园林用地的性质不同，其组成内容也不同，有的内容简单，功能单一，有的内容多，功能关系复杂。合理的功能关系能保证各种不同性质的活动、内容的完整性和整体秩序性。常常用框图法来表述这一关系。框图法是园林设计中一种十分有用的方法，能帮助快速记录构思，解决平面内容的位置、大小、属性、关系和序列等问题。

（2）形式特点要求。

1）各种类型园林的特点：不同类型的园林绿地有着不同的景观特点。纪念性园林给人的印象应该是庄重、肃穆的；而居住区内的中心绿地应该是亲切、活泼和舒适宜人的。因此，必须首先准确地把握绿地类型的特点，在此基础上进行深一步的创作。

2）使用者的特点：园林绿地所处位置的不同，使用对象的不同，都会对设计产生不同的影响。一条道路位于商业区和位于居住区，由于位置的不同而带来不同的使用者。商业区道路的主要服务对象是购物者、游人，旨在为他们提供一个好的购物环境和短暂休憩之处。而居住区道路主要是为居住区居民服务的，结合景观可设置一些可供老人、儿童活动的场所，满足部分居民的需求。因此要准确把握园林绿地的服务对象的个性特点，才能创作出为人民大众所接收的作品。

2. 环境条件的调查分析

在进行园林设计之前对环境条件进行全面、系统地调查和分析，可为设计者提供细致、可靠的依据。具体的调查研究包括地段环境、人文环境和城市规划设计条件三个方面。

（1）地段环境。

1）基地自然条件：地形、地貌、水体、土壤、地质构造以及植被。

2）气象资料：日照条件、风、小气候、降雨以及温度。

3）周边建筑：地段内外相关建筑及构筑物状况（含规划的建筑）。

4）道路交通：现有及未来规划道路和交通状况。

5）城市方位：位于城市空间的位置。

6）市政设施：水、暖、电、信、气以及污等管网的分布和供应情况。

7）污染状况：相关的空气污染、噪声污染和不良景观的方位及状况。

据此，可以得出该地段比较客观、全面的环境质量评价。

（2）人文环境。

1）城市性质环境：是政治、文化、金融、商业、旅游、交通、工业还是科技城市；是特大、大型、中型还是小型城市。

2）地方文化风貌特色：和城市相关的文化风格、历史名胜以及地方建筑。独特的人文环境可以创造出富有个性特色的空间造型。

（3）城市规划设计条件。该条件是由城市管理职能部门依据法定的城市总体发展规划提出的，其目的是从城市宏观角度对具体的建筑项目提出若干控制性限定要求，以确保城市整体环境的良性运行与发展。

在设计前，要了解用地范围、面积、性质以及对于基地范围内构筑物高度的限定、绿化率要求等。

3. 经济技术因素分析

经济技术因素是指建设者所能提供用于建设的实际经济条件与可行的技术水平，它决定着园林建设的材料应用、规模等，是除功能、形式之外影响园林设计的另一个因素。

（二）方案设计阶段

1. 立意

立意的方法有很多，可以直接从大自然中汲取养分，获得设计素材和灵感，也可以发掘与设计有关的素材，并用隐喻、联想等手段加以艺术表现。

我国的古典园林之所以能在世界范围内产生巨大的影响，归根到底是由于其中的立意非常独特，蕴含意境。例如著名的扬州个园以石为构思线索，从春、夏、秋、冬四季景色中寻求意境，结合园林创作手法，形成"春山淡雅而如笑，夏山苍翠而如滴，秋山明净而如妆，冬山惨淡而如睡"之佳境。

对西方现代园林来讲，重视隐喻与设计的意义。寻求独特的构思立意已是当今园林设计的一种普遍趋势。许多设计师在设计中通过文化、形态或空间的隐喻创造有意义的内容和形式。例如剑桥怀特海德生化所的屋顶花园——拼合园的设计中，巧妙地利用该研究中心从事基因研究的线索，将法国树篱园和日本枯山水两种传统园林原型"拼合"在一起，它们分别代表着东西方园林的基因，隐喻它们可通过基因重组结合起来创造出新的形式。

2. 构思

方案构思是在立意的思想指导下，把第一阶段分析研究的成果具体落实到图纸上。方案构思的切入点是多样的，应该充分利用基地条件，从功能、形式、空间形式和环境等入手，运用多种手法形成一个方案的雏形。

（1）从环境特点入手。某些环境因素如地形地貌、景观影响以及道路等均可成为方案构思的启发点和切入点。

（2）从形式入手。在满足一定的使用功能后，可在形式上有所创新，可以将一些自然现象及变化过程加以抽象，用艺术形式表现出来。

（3）在具体的方案设计中。可以同时从功能、环境、经济以及结构等多个方面进行构思，或者是在不同的设计构思阶段选择不同的侧重点，这样能保证方案构思的完善和深入。

3. 多方案比较

（1）多方案比较的必要性。从不同角度考虑问题，从中分析、比较和选择，最终得出最佳方案。

（2）多方案构思的原则。其一，多出方案，而且方案间的差别尽可能大。其二，任何方案的提出都必须满足设计的环境需求与基本的功能。

（3）多方案比较优化选择。

1）比较方案的满足程度。

2）比较个性特色是否突出。

3）比较修改方案调整的可能性。

4. 方案的调整与深入

在比较选择出最佳方案后，为了达到方案设计的最终要求，还需要一个修改调整和深化的过程。

（1）方案的调整。方案调整阶段的主要任务是解决多方案分析、比较过程中所发现的矛盾与问题，并弥补设计缺陷。对方案的调整应控制在适度的范围内，力求不影响或改变原有方案的整体布局和基本构思，并能进一步提高方案已有的优势水平。

（2）方案的深入。在进行方案调整的基础上，进行方案的细致深入。深化阶段要落实具体的设计要素的位置、尺寸及相互关系，准确无误地反映到平面图、立面图、剖面图及总图中来。并且要注意核对方案设计的技术经济指标，如建筑面积、铺装面积以及绿化率等。在方案的深入过程中，还应注意以下几点：

1）各部分的设计要注意对尺度、比例、均衡、韵律、协调、虚实、光影、质感以及色彩等原则规律的把握与运用。

2）在方案深入过程中，各部分之间必然会相互作用、相互影响，如平面图的深入可能会影响到立面图与剖面图的设计，同样立面图、剖面图的深入也会涉及平面图的处理，对此要有认识。

3）方案的深入过程不可能是一次性完成的，需要经历深入—调整—再深入—再调整多次循环的过程。因此，在进行一个方案设计的过程中，除了要求具备较高的专业知识、较强的设计能力、正确的设计方法以及极大的兴趣外，细心、耐心和恒心是不可少的素质品德。

5. 总体规划阶段

确立设计的思想、进行功能分区，结合基地条件、空间及视觉构图确定各种使用区的平面位置，包括交通的布置、广场和停车场地的安排、建筑及入口的确定等。

6. 详细设计阶段

详细设计阶段就是全面对整个方案各方面进行详细的设计，包括确定准确的形状、尺寸、色彩和材料，完成各局部详细的平面图、立面图、剖面图、详图、景园的透视图以及表现整体设计的鸟瞰图等。

7. 施工图阶段

施工图阶段是将设计与施工连接起来的环节，根据设计的方案和各工种的要求分别制出具体、准确的指导施工的图纸，包括尺寸、位置、形状、材料、种类、数量、色彩以及构造和结构，完成施工平面图、地形设计图、种植平面图以及园林建筑施工图等。

二、园林规划设计阶段的资料编制及要求

（一）调查研究阶段

1）自然环境调查：气象、地形、土壤、地质、生物和水系等自然环境的调查。

2）社会环境调查：绿地周边环境、该绿地现状等环境调查。

3）设计条件调查：甲方具体要求、树木分布现状、地上地下管线图以及局部放大图等。

4）现场勘查。

（二）编制任务书阶段

1）明确该园林绿地所处地段的特征及周边环境。

2）明确设计的原则和目标。

3）明确该园林绿地的面积和游人容量。

4）明确该园林绿地总体设计的艺术特色和风格要求。

5）明确该园林绿地总体地形设计和功能分区。

（三）总体规划设计阶段

1）主要设计图纸内容：位置图、现状分析图、功能分区图、总体规划平面图、整体鸟瞰图、地形规划图、道路系统规划图、绿化规划图及管线规划图。

2）文本说明书。

3）工程概算书。

（四）局部详细设计阶段

1）图纸部分：平面图、剖面图、局部种植图、建筑布局图及综合管网图。

2）工程量总表。

（五）施工设计阶段

1）施工总平面图。

2）竖向施工图。

3）园路广场施工图。

4）种植施工图。

5）假山施工图。

6）园林建筑小品施工图。

7）管线及电信施工图。

【复习思考】

（1）试述园林规划设计步骤与主要内容。

（2）简述园林规划设计的资料收集与编制。

项目二 城市道路绿地规划设计

（1）了解城市道路绿地的类型。

（2）掌握各类城市道路绿地类型的规划设计方法步骤。

（3）能够独立完成小型城市道路绿地的规划设计图纸。

（4）掌握城市道路绿地的植物配置原则和方法。

（1）了解城市道路绿地规划设计原则。

（2）熟练利用设计软件和设计工具进行设计操作。

（3）能够进行园林图纸的识读和认知。

（4）能够完成园林图纸的绘制。

任务一　人行道绿化带的设计

【设计任务】

了解园林规划设计中人行道绿化带的设计要求，绿化种植要求，植物配置要求以及设计中的注意事项等内容。通过给出的规划设计任务进行人行道绿化带的设计方案绘制，从中让学生掌握更多的关于人行道绿化带的设计内容。

【任务分析】

（1）掌握人行道绿化带的设计要求。

（2）了解常用于人行道绿化带的植物配置方案。

（3）绘制人行道绿化带的设计图纸。

【知识链接】

人行道绿化是城市街道绿化最基本的组成部分，它对美化环境，丰富城市街道景观、净化空气以及为行人提供一片绿荫具有重要的作用。人行道绿化设计的几种常见形式：

1. 单排行道树

通常在人流量较大，空间较小的街区采用。行道树间距宜为 5～7m，周围砌筑 1.5m×1.5m 的方形树池，树种采用干直、冠大、树叶茂密、分枝点高和落叶时间集中的乔木，一个街区最好选择同一树种，保持树型、色彩等基本一致。

2. 双排行道树

人行道宽度为 5～6m，门店多为商业用户，人流量较大，采用单排行道树绿化遮阴效果差，布置花坛又影响行人出入，在这种情况下，可交错种植两行乔木。为了丰富景观，可布置两个树种，但在冠形上要力求协调。

3. 绿化带内间植行道树

当人行道宽度为 5～6m 且人流量不大时，可在人行道与车行道之间设置绿化带，绿化带宽度应在 2m 以上，种植带内间植 4～5 棵行道树，空地种植小花灌木和草坪，周围种植绿篱，这种乔灌草结合的方式，不仅有利于植物的生长，而且极大地改善了行道树的生长环境。

4. 行道树与小花坛

人行道较宽，人流量不大时，除在人行道上栽植一排行道树外，还要结合建筑物特点，因地制宜在人行道中间设计出或方或圆或多边形的花坛（即要考虑绿化效果又要方便行人通过）。花坛内可采用小乔木与灌木和花卉配置，形成层次感，也可用花灌木或花卉片植成图案。

5. 游园林荫路

宽度为 8m 以上的人行道，多为居民居住区街道或滨河路，这里可布置成弯曲交错的林荫路形式，在林荫路中设置小广场，修建凉亭、座椅或儿童游戏设施等供行人休息和娱乐，实际上起到小游园的作用。种植上，可采用乔灌草与藤本植物相结合。

【规划设计】

在车行道边缘至建筑红线之间的绿化地带统称为人行道绿化带。在街道绿地中，人行道绿化带往往占很大比例，是街道绿化中的重要组成部分。

人行道绿化带上能种植几行乔木和灌木是由绿带的宽度决定的，因为树木生长需要一定的营养面积。在地上、地下管线影响不大时，宽度在 2.5m 以上的绿化带一般考虑种一行乔木和一行灌木；宽度大于 6m 时，可考虑种植两行乔木，或将大、小乔木以及灌木以复层方式种植；宽度在 10m 以上的绿化带的种植方式更可以多样，甚至可以布置成花园林荫路。

靠近建筑物的绿化带，称为基础绿化带。基础绿化带的主要作用是为了保护建筑内部的环境及人的活动不受外界干扰。当基础绿化带的宽度不足 4m 时，在绿化带里不要种植大乔木，特别是枝叶茂密的大乔木，否则将会影响建筑物内部的通风和采光。

人行道绿化带的设计，可分为规则式、自然式以及规则与自然相结合的形式。人行道绿化带是一条狭长的绿地，下面往往敷设若干条与道路平行的管线，在管线之间留出种树的位置。由于这些条件的限制，成行成排地种植乔木与灌木，成为街道绿化的主要形式。它的变化体现在乔灌木的搭配，前后层次的处理和单株与丛植交替种植的韵律上。

为了使街道绿化整齐统一，同时又能够使人感到自由活泼，人行道绿化带的设计，以采用规则与自然相结合的形式最为理想。

近年来国外的人行道绿化带设计多用自然式布置手法，种植乔木、灌木、花卉和草地，外貌新颖而且自然活泼。

人行道绿化带种植举例如图 2-1-1 和图 2-1-2 所示。

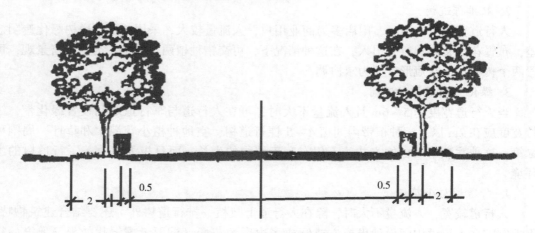

图 2-1-1　北京景山前街人行道绿化设计（单位：m）

【复习思考】

1）人行道绿化带的宽度是多少？

2）人行道绿化带的植物种植要求是怎么样的？

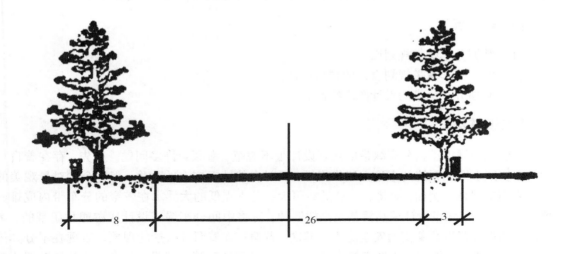

图 2-1-2 朝鲜平壤千里马大街人行道绿化带设计（单位：m）

【实训项目】

请根据所学知识，绘制城市干道的人行道绿化带的设计方案，图纸为 A3 图纸，图纸内容为人行道绿化带设计平面图，植物配置表，以及设计说明等内容，比例自定（图 2-1-3）。

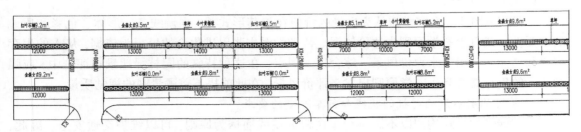

图 2-1-3 某市的城市人行道绿化带设计

任务二 分车绿带的设计

【设计任务】

了解分车绿带设计的原则，分车绿带的种植设计以及分车绿带设计过程中需要注意的问题，通过分车绿带的设计案例练习，学习绘制分车绿带的设计图纸，掌握设计内容。

【任务分析】

（1）掌握分车绿带规划设计的原则。
（2）掌握分车绿带规划设计的种植设计。
（3）掌握分车绿带的设计图纸绘制。

【知识链接】

目前我国城市道路分车绿带的规划设计很不规范，潜藏着许多问题。首先，存在着盲目性。在实践上既无系统的理论方法作指导，又对自然缺乏应有的尊重，仅凭个人对景观美的认识来创造园林。例如：有将雪松这类树冠大、分支点低的大乔木在较窄的分车带内成排密植的；有将分车绿带设计成高篱甚至是树墙的；有将中间分车绿带设计成游憩林荫带的，诸如此类的设计都潜藏着交通安全隐患。其次，普遍存在着照搬照抄的现象。表现在不分具体情况，国内的抄国外的、小城市抄大城市的。结果到处千篇一律没有特色，尤其是对那些错误典范的抄袭，将导致难以弥补的损失。例如自大连市学习欧美建植大草坪以来，全国上下纷纷效仿，许多城市将乔灌草结合的复层绿化绿地改建成单纯大草坪，不仅造成草坪修剪、灌溉等管理费用高，而且还降低了绿地的生态效益。另外，还存在着重景观轻功能的现象。例如有人将分车绿带设计成用高篱造型的飘带模纹花坛形式，这样设计从景观的视觉质量上看，具有线条、形体以及色彩等形式美，但却严重阻碍了行车司机的左右视线，影响交通安全。

【规划设计】

（一）分车绿带规划设计的原则

1. 功能重于景观

在景观评价上，专家学派认为风景的价值在于其形式美，强调线条、形体、色彩和质地的重要性。或以生态学原则为评价依据。认知学派主张以进化论的思想为依据，从人的生存需要和功能需要出发来评价风景。综合以上观点，在这种特殊的园林绿地景观评价中，应强调从人的生存需要和生态学原则出发来评价风景，在此前提下兼顾景观的视觉质量。

2. 景观构图不影响司机的视线和行车净空的要求

分车绿带的景观构图以不影响行车司机的视线通透为原则，可以维护交通安全。因此，主、次干道中间分车绿带和交通岛绿地（安全岛除外）不得布置成开放式绿地；被人行横道和道路出入口断开的分车绿带，其端部视距三角形内应采用通透式配置；分车绿带上的植物尤其是绿篱的高度（包括植床高度）不得超过路面0.7m（即行车司机的最低视点为0.7m），一般种植低矮的绿篱、灌木、花卉、草皮等。中间分车绿带应密植常绿的植物，这样既可减少不同车速和方向车流之间的相互干扰，又可避免夜间行车时对向车流之间头灯的眩目照射，还不阻挡行车司机的左右视线。若要在分车绿带上栽植乔木，则必须是在机动车速较慢的普通道路上，而且其主干高度必须满足行车净空的要求。主干留取高度根据分支角度的大小确定，角度越大留取主干越高，留取主干高度2～3.5m；角度小于45°者，留取主干高度也不能低于2m；角度大于90°或垂枝形者，一般不宜栽植，若栽植，则必须修剪控制其枝梢高于路面 2m 以上。同时乔木的株距应大于相邻两乔木成龄树冠直径之和。但高速干道（高速公路）和快速干道分车绿带内禁止种植乔木，以免树影响高速行进中司机的视力。分车绿带内的地形起伏不宜过大，高度不能超过路面 0.7m。石、建筑小品以及雕塑等都不宜过于宽大。

3. 景观构图以生态效益好的植物为主

分车绿带的环境条件恶劣：城市道路附近的工厂、居住区及汽车排放的有害气体和烟尘、灰尘以及病菌等造成的空气污染严重；夏季水泥路面温度和辐射热高，空气干燥；交通运输噪声大。因此，分车绿带的景观图应以保护环境、维护人们身心健康为主。植物具有吸收有害气体、吸滞尘埃、杀灭病菌、减低噪声和调节温、湿度等功能，能够很好地改善生态环境，所以分车绿带的景观构图物质要素应以生态效益好的植物为主。但为了丰富景观，应兼顾观赏价值高的植物，辅以少量山石、雕塑等小品。

4. 分车绿带的长、宽以交通安全与快捷功能兼顾为原则

为了保障夜间行车避光和交通安全，分车绿带的宽度必须按车速和街道总宽度的不同来设计。一般来讲，绿化带与车行道的宽度比在 1.5 ~ 10 之间较为协调。高速干道上的分车绿带比快速干道上的宽，快速干道上的比普通干道上的宽；中央分车绿带比两侧分车绿带宽。高速公路的分车绿带的宽度可达 5 ~ 20m，一般也要 4 ~ 5m；市区交通干道上的分车绿带宽度为 2.5 ~ 6m；主干道上的分车绿带宽度不得小于 2.5m。种植乔木的分车绿带最低宽度也不能小于 15m，乔木树干中心至机动车道路缘距离不宜小于 0.75m。分车绿带太窄，不能保障交通安全、畅通。但并非越宽越好，应以交通安全与快捷兼顾为原则。为了方便行人横过马路，分车绿带的长度设计应进行适当分段。分段过长对横过马路的行人不方便，过短又不利于机动车发挥应有的快速性能和交通安全，所以除高速公路和快速干道的分段有特殊要求外，一般采用 75 ~ 100m 为宜，并尽可能与人行横道、停车站、大型商场和人流集散比较集中的公共建筑出入口相结合。

（二）分车绿带的植物选择

分车绿带的环境条件恶劣，除以上原因外，还表现在以下几个方面：土壤中建筑垃圾多，易板结，土层薄，不利于植物根系的生长和吸收；有害气体和烟尘、灰尘等空气污染物，一方面直接危害植物，另一方面降低了光照强度，影响植物的光合作用，降低植物的抗逆性。本地乡土植物与外来植物相比，最适应当地的自然条件，抗逆性强，也能体现地方风格。因此分车绿带的植物选择应以适应道路环境条件、抗逆性强和生态效益好的本地乡土植物为主。但为了避免单调，创造新鲜、丰富的绿化景观，也要对经过引种驯化后已适应当地道路环境条件的外来植物适当引种。由于道路中汽车排出的废气污染严重，其主要污染气体是一氧化碳、氮氧化物、烃类（碳氢化合物）等，所以应选择对这些物质吸收和抵抗能力强的植物为主。据国外报道，有苏铁、美洲槭等 40 多种植物具有吸收二氧化氮的能力。

（三）要求管理省工或耐修剪的植物

分车绿带绿化管理影响交通，应选择管理省工的低矮植物，如紫叶小檗、麦冬等，或选萌芽力强、耐修剪的植物，如小叶女贞、海桐、木槿等，因为需要控制分车绿带上植物的高度来保证视线通透；同时应根据需要配备自动喷灌设施，注意分车绿带地面的坡向、坡度应符合排水要求，并与城市排水系统相结合，防止绿带内积水和水土流失。分车绿带的显眼位置是向行人展示风景的最佳出处，应选择落花、落果对行人不造成危害、无过敏和刺激性反

应、生态效益好兼顾观赏价值高的植物，以改善环境，美化道路。

（四）分车绿带的植物种植方式

1. 封闭式种植

在分车绿带上种植绿篱或密植花灌木，造成以植物封闭分车绿带的境界，可以起到绿色隔墙的作用，阻挡行人穿越。这种封闭式分车绿带适合于中间分车绿带和车速快的交通干道两侧分车绿带。

2. 开敞式种植

在分车绿带上种植草皮、花卉、稀植低矮灌木或较大株行距的高干大乔木，以达到开朗、通透境界。这种分车绿带适合于机动车道与非机动车道之间的两侧分车绿带。

（五）分车绿带的植物配置

（1）分车绿带的植物配置应以花卉或灌木与草坪或地被植物相结合，不裸露土壤，避免尘土飞扬。要适地适树，符合植物间伴生的生态习性。不适宜绿化的土壤要进行改良。

（2）确定园林景观路和主干路分车绿带的景观特色。

（3）同一路段分车绿带的绿化要有统一的景观风格，不同路段的绿化形式要有所变化。

（4）同一路段各条分车绿带在植物配置上应遵循多样统一，既要在整体风格上协调统一，又要在各种植物组合、空间层次、色彩搭配和季相上变化多样。

（六）分车绿带与有关设施

1. 分车绿带与架空线

分车绿带的宽度有限，乔木的种植位置基本固定，所以不宜在分车绿带上方设置架空线，以免影响绿化效果。若必须设置，只有提高架设高度。架设高度根据架空线电压而定，使架空线架设高度减去距树冠顶端的垂直距离后，还应保持9m以上。因为分车绿带上种植的乔木，其下面受道路行车净空的制约，一般枝下高距路面4.5m，为保证树木的正常生长与树形的完美，树冠向上的生长空间也不应小于4.5m，所以对乔木的上方限高也不得低于9m。

2. 分车绿带与其他设施

树木与其他设施最小距离的规定主要参照现行行业标准《公园设计规范》（CJJ 48—1992）制定的。其中电力、电线杆柱距乔木中心最小水平距离1.5m的规定是根据《城市工程管线综合规划规范》（GB 50289—1998）制定的。

【复习思考】

1）分车绿带的设计原则是什么？
2）分车绿带的景观构图要求是什么？
3）分车绿带的植物配置原则是什么？

【实训项目】

通过阅读所给案例的四种不同标段的设计图纸（图2-2-1、图2-2-2），请自己设计道路分车绿带的标段图，图纸为A3图纸，并给出平面图、植物配置表和设计说明等内容，比例自定。

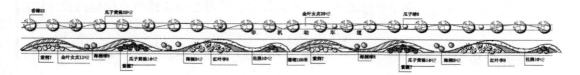

九干路绿化带设计标段A

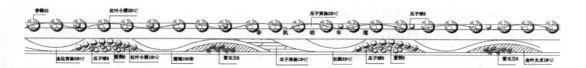

九干路绿化带设计标段B

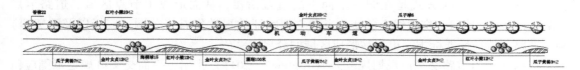

九干路绿化带设计标段C

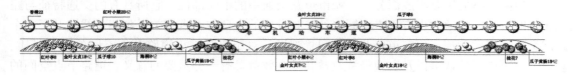

九干路绿化带设计标段D

图 2-2-1　某市分车绿带设计

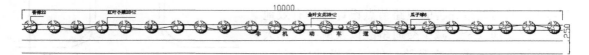

九干路绿化带设计标段

图 2-2-2　某道路分车绿化带现状

任务三　道路节点绿地设计

【设计任务】

了解道路节点绿地设计的原则，道路节点绿地的种植设计以及道路节点绿地设计过程中需要注意的问题，通过道路节点绿地的设计案例练习，学习绘制道路节点绿地的设计图纸，掌握设计内容。

【任务分析】

（1）掌握道路节点绿地设计的原则。
（2）了解道路节点绿地设计的空间设计方法。
（3）掌握道路节点绿地设计的材料选择。
（4）掌握道路节点绿地设计的植物种植设计内容。

【知识链接】

城市道路是以网络形态分布于城市区域内的地面交通设施，由于道路的功用不同以及地域的差异，各道路间的交叉和连接方式是各不相同的。节点是道路的交叉点或连接点，道路在自然状态下的交接方式是在同一平面下的直接衔接，从而形成了节点区域。道路节点（结点）指交叉路口、交通线上的变化点及空间特征的视觉焦点（公园、广场以及雕塑等）构成道路的特征性能标志，也往往形成区域的分界点。

根据《城市道路交叉口规划规范》（GB 50647—2011）指出，平面交叉口规划范围应包括构成该平面交叉口各条道路的相交部分和进道口、出道口及其向外延伸 10～20m 的路段所共同围成的空间；立体交叉规划范围应包括相交道路中线投影平面焦点至相交道路各进出口变速车道渐变段及其向外延伸 10～20m 的主线路段间所共同围成的空间。城市道路节点是城市道路网络的重要组成部分，是城市道路交通中的枢纽部位，它所具有的交通特征与路段相比既有相同的地方也有许多不同之处。其设置的合理与否直接关系到相关线路乃至整个路网交通功能的发挥。研究道路节点空间景观设计对于提高城市道路节点空间的环境品质、获得公众更广泛的认可以及实现经济效益和社会效益具有十分重要的意义。道路节点空间的景观及绿化设计应考虑到如下五个方面的因素：

1. 基于安全性要求，道路节点空间尺度设计的考虑

道路安全设计是道路设计的基础，关系着千家万户的命运。道路节点安全设计是道路安全设计的重要组成部分，直接体现着道路设计的合理与否。只有通过完善的道路节点设计才能有效地控制道路交通安全、减少交通事故以及减少人民大众的经济损失。道路交叉路口的安全设计应满足：《城市道路交叉口规划规范》（GB 50647—2011）要求，道路交叉口视距三角形（图 2-3-1）要求的安全停车视距（安全视距：从发觉对方汽车到立即刹车而不致发生撞车的最短行车距离）不得小于表 2-3-1 的规定。另外，各种车辆在节点处所需的转弯半径如图 2-3-2 所示。因此，在道路转弯弧度斜面切角的消除范围以外的空间内建筑物要规划到切

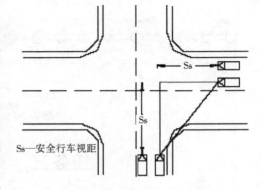

图 2-3-1　某城市道路交叉口行车视距分析

线以内，空地景观要求低矮、视线通透；绿化应以低矮灌木或地被植物为主。

表 2-3-1　道路交叉口视距三角形要求的安全停车视距

路线设计车速/（km/h）	60	50	45	40	35	30	25	20
安全停车视距 s_s/m	75	60	50	40	35	30	25	20

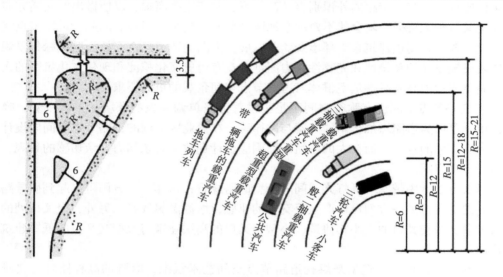

图 2-3-2　交通岛的半径分析

2. 基于合理性要求，道路节点空间景观设计的考虑

城市道路节点空间作为城市的外部空间，它的主要特点是与道路紧密相连，承载着交通空间的职能。随着社会化、城市化和经济的飞速发展，人们已不仅仅只关注道路节点空间的安全问题，而更多地关注道路节点空间的合理设计——景观绿化设计问题，人们期待更高质量与品位的、人性化的道路节点空间设计来与周围的道路和环境相协调、统一。道路节点空间设计除了安全要求的相关数据要符合规范以外，还要注重行人路线、行人视线、行车路线、行车视线以及非机动车的相关路线与视线的设计。首先，人车分流、机动车与非机动车的分流是合理规划人车路线的有效方法。在道路节点空间范围以内，使不同的车、人与车按照不同的路线、分时间段来依次通过，合理地分配通过时间，可以使节点空间更有序地得到安全保证。另外，合理地布置、设计道路节点空间的景观、绿化也有着极其重要的意义。道路节点空间大多为人车必经之地，人车在此短暂逗留驻足，即朝着目的地继续前行，在这个人车短暂停留的空间，人们一般不会有太多的活动，因此，道路相交的公共空间景观与绿化起着一个标志性的作用，为人们的行程树立地标，同时，与周围的建筑物、其他景观达到和谐一致。这样的景观与绿化设计要求具有特殊的形象代表性，具有视觉的别它性与冲击力，成为周围景观相对的核心区域。道路相交的公共空间与道路相交形成的夹角空间范围以内的景观和绿化，要保证其规模、体量、大小、造型和高度不能遮挡视线，不影响交通，不影响人车安全通行。

3. 基于艺术性要求，道路节点空间景观造型设计的考虑

（1）由于道路节点空间位于不同道路的交汇点，是人车行进过程中一个段落的起始点，起着承上启下的作用。因此，道路节点空间景观设计在道路中应起着过渡、引导的作用，具有导向的特征。

（2）道路节点空间还具有别它性，其景观绿化起着标志性的作用。根据对公众认知度的调查，由问卷的统计结果看，使用者对城市道路节点空间的认知，首要认知要素是标志性建筑，其次是绿化景观，最后才是建筑功能和环境设施。在不同的交叉口都有一定特征的建筑使司机或行人能在一定距离外识别交叉口位置，并产生距离感，以便做出对交通方向的抉择。如交叉口毫无特征，就会使不熟悉本地区情况的司机难以识别。因此，道路节点空间景观绿化设计要结合周边建筑景观环境及商业发展，力图创造节点空间核心区域绿化景观，增强区域内设施设计的系统性和完整性，力图创造具有历史文化积淀和现代文化氛围的人文景观，以满足周边中高及高端消费群体对道路节点空间景观的更高要求。

（3）道路节点空间还有弥补空间不足，改善道路单调呆板的环境，丰富视觉、唤醒热情的作用，可以为道路增加艺术的节奏与韵律感。在商业区周围的道路节点空间应设计一些规则、有次序感的景观，而在大的生活区周围应设计别致、有亲和力、亲切感的景观，以软化环境，丰富空间。

路缘石可以运用带有间隔灯光或间隔造型的路缘石，这样，一方面可以起到引导路线与视线的导向作用，另一方面可以产生节奏与韵律感，增添温馨气氛。另外，交叉口处的建筑高度与体量要与交叉口的大小相协调，小型交叉口的高层建筑与大型交叉口的低矮建筑都是不相称的。

（4）运用不同的灯具造型来烘托道路节点空间艺术氛围。幽雅的高杆路灯、典雅的行道灯、温馨的草坪灯、色彩斑斓的景观灯以及静谧的埋地灯在不同的节点空间可以烘托出各种不同的氛围。行道灯、草坪灯多用于广场、公园、步行街等场所或用作建筑小品、艺术景观照明等，地灯多用于广场、道路及草坪的照明。

4. 基于艺术性要求，道路节点空间景观绿化设计的考虑

（1）道路节点空间植物的配置要符合和加强节点空间功能的需要。节点空间作为道路视线的起点和终点，要起到相互对景的作用；要充分利用道路经过地带四周的景观空间，与周围景区内的建筑景观协调呼应，形成借景、对景的关系。例如可以利用植物与山石结合组景，与道路周围休闲广场的雕塑或山石景观形成对景。道路交叉口街角转弯区域的过街及休息区，以植物绿化为主，用草坪、铺地和休息座椅共同组合成环境优雅的景观，在保证车辆和行人视线通透的同时，为行人的短暂停留提供休息的空间场所。节点空间附近的一些空地，用小绿地隔开一边为建筑群的绿地绿化，可以采用中间布置硬质广场、周围布置不同植物的方法来营造一个安静的空间，广场上可以布置座椅设施，周围种植四季之物并用花灌木点缀，创造出小巧精致的休闲空间。造景时，还应注意落叶与常绿树种的搭配，四季开花植物的搭配，做到四季有景、季季有花，以体现南北地区气候差异下的温度变化与植物景观的关系。

（2）可以运用大块面色彩、图案的花坛造型来组景，形成视觉上的核心区域。利用植物的高低错落和层次变化丰富空间。植物的选择应以灌木为主，适量使用时令花卉，尽量不要使用高大的乔木，以免遮挡视线。可以利用花卉、草坪及常夏石竹、半支莲、鸢尾、百里香、紫茉莉等地被植物布置成花坛（模纹花坛、毛毡花坛、浮雕花坛、彩结花坛）、花境、花丛、花台等美化道路节点空间。花坛的边缘常用矮小的灌木绿篱或常绿草本作镶边栽植，如雀舌黄杨、紫叶小檗、葱兰、沿阶草等。

（3）城市交通岛绿地的绿化。交通岛绿地是指可绿化的交通岛用地。交通岛绿地分为中心岛绿地、导向岛绿地和立体交叉绿岛。中心岛绿地是位于交叉路口上可绿化的绿地，导向岛绿地是位于交叉路口上可绿化的绿地，立体交叉绿岛是指互通式立体交叉干道与匝道围合的绿化用地（图2-3-3）。

1）交通岛周边的植物配置各种灌木、转弯处植以草坪以增强导向作用，在行车视距范围内采用通道式配置。

2）中心岛绿地应保持各路口之间的车行视线通透，布置成装饰绿地或低矮花坛，配置色彩亮丽的四季草花以增添活力。

3）立体交叉绿岛应种植草坪等地被植物，草坪上可点缀树丛、孤植树和花灌木，以形成舒朗开阔的绿化效果。

4）导向岛绿地应配置地被植物。城市主干道交叉口的休息广场，尺度都比较

图2-3-3 某绿岛的设计方案

小，主要的变化在地面和绿化景观上。可以在不同的材质和尺度及低矮灌木上进行各种变化，比如间隔铺设宽窄不一的铺地材料或采用不同花色的灌木搭配以形成对比。此外还要在广场中为人们提供大量的休息设施，在人流比较大的区域，需要提供自行车停放点，防止车辆进入广场带来的危险。

5. 基于道路节点景观绿化现状调查评估结果，道路节点空间人性化设计的考虑

人性化其实是一种理念，具体体现在美观的同时能根据消费者的生活习惯、操作习惯，既能满足消费者的功能诉求，又能满足消费者的心理需求；并且协调技术与人的关系，使技术服务于人的需求。人性化设计是指在设计过程中，根据人的行为习惯、人体的生理结构、人的心理情况、人的思维方式等，在原有设计基本功能和性能的基础上，对设计对象进行优化，使消费者使用起来方便、舒适。人性化设计是在设计中对人的心理、生理需求和精神追求的双重尊重与满足，是设计中的人文关怀，是对人性的尊重。节点空间人性化设计就是以人为中心从各个方面来对人所使用的道路节点空间景观绿化及视觉系统进行优化设计。这种优化设计应该体现在以下几个方面：

（1）完善道路识别系统的标志、标牌以及红绿灯的警示系统，帮助步行人群安全通过或进入道路节点空间，进一步体现"以人为本"的理念。标志、标牌的设计应一目了然，达到醒目、易读的效果。另外，这些节点空间一般不宜设置广告牌、宣传栏等，而标志、护栏也不宜用太鲜艳、刺眼的颜色（图2-3-4）。

图2-3-4 绿岛的平面与立面设计关系

（2）根据人的行为模式确定道路节点空间景观绿化的尺度大小、间距以及造型。对人们的使用行为和人体尺度进行研究，更好地设计出舒适度更高的景观设施。道路节点空间人流量较大，经过道路节点空间的行人与车辆大部分是过路或短暂停留。调查结果显示，受访者在节点空间活动的基本模式是途经，其次是工作、餐饮、购物与娱乐，而受访者的活动模式意愿则首推娱乐，其次为交往，然后依次是工作、康体及餐饮。例如扬州万福路出入口景观主要以车辆及行人路过为主，因此节点空间设计得平坦舒缓，植物低矮稀疏布置，只做点缀，并不影响行车视线。

（3）景观设计要照顾到不同年龄不同群体的感受，残疾人、老年人、孕妇、幼儿等需要得到更多关爱的人群。节点绿地内可以专为老人或孕妇、儿童设置休息座椅。从现状调查评估结果显示，受访者希望在城市道路节点空间活动时，各类设施的使用是便利的、人性化的，能照顾到不同类型的人群，如老幼、妇孺等，同时，受访者也表达了对参与城市公共活动的向往。

（4）要更多地关注人文及精神层面的内容，展示其地域性和文化性。道路节点空间设计中，其标志性景观对社会文化的展示十分重要，从调查的结果看，受访者对广州市城市道路节点空间的整体评价满意度最高的是节点空间的可识别性，其次是人文气氛。图 2-3-5 所示为结合徽派古村风格设计的路口广场——夕辰广场，通过植物造景、小品设置来体现当地的风土人情、地域文化特色，寓意着这个拥有深厚的历史人文底蕴和 600 年历史的古村落之旅，并不是一次快餐之旅，而是一次能让人回味无穷的古村落建筑欣赏的文化之旅。

图 2-3-5 某道路节点景观标志物效果

（5）充分考虑绿化方案的可实施性，既保存当地生态不被破坏，又将高标准与因地制宜相结合，以乡土植物造景为主，既体现粗犷、气魄和力度，又具有简洁、明快、统一流畅的风格和动态的观赏效果。绿化造景应充分利用原有的植被，采用与周围环境条件相适应的树种及恰当的绿化形式来维护环境景观的协调一致，为结合古村落地方特点、结合当地水塘的面貌而做的规划方案剖面图，以草波入水，加以水生植物，树木护岸，设计成具有自然、野趣和生态特色的村落景观环境（图 2-3-6）。

由此可见，要想提高城市道路节点空间的环境品质、获得公众更广泛的认可以及实现经

图 2-3-6 某道路节点剖面图

济效益和社会效益的协调发展，就要从安全性要求、合理性要求、艺术性要求以及人性化与精神内涵等各个方面去合理规划、设计道路节点空间景观绿化，这样，才能使公共交通系统更好地为城市生活发挥作用，满足城市居民日益提高的道路安全以及生理、心理需要，有针对性地优化道路景观设计。

【复习思考】

1）城市道路节点空间指的是什么？

2）城市道路节点空间的景观设计需要注意什么？

3）谈谈城市道路节点空间的植物配置如何设计？

【实训项目】

本案例如图 2-3-7 所示进行道路节点绿地设计，要求图纸为 A3 图纸，给出方案的平面

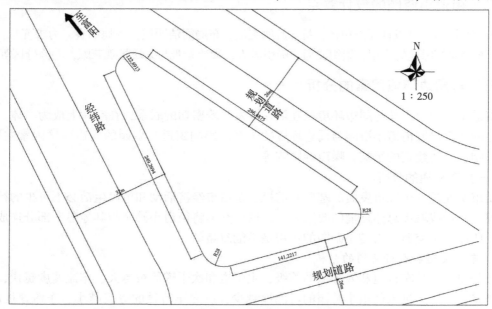

图 2-3-7 某市道路交通节点绿地现状

图、立面图、效果图和设计说明等图纸，比例自定。

任务四　街道小游园的规划设计

【设计任务】

了解街道小游园的规划设计要求、设计步骤与方法，并通过案例进行街道小游园的设计练习。

（1）掌握街道小游园的设计原则。

（2）通过案例掌握街道小游园的设计方法和步骤。

（3）了解街道小游园的植物配置要求。

【任务分析】

（1）分析给定的街道小游园的现状图。

（2）分析街道小游园的规划设计思路。

（3）识读分析街道小游园的方案。

【知识链接】

一、街道小游园的定义

街道小游园是指在城市干道旁供居民短时间休息、活动之用的小块绿地，又称街头休息绿地、街头小花园。

二、街道小游园的设计要点

街道小游园规划设计要点包括：特点鲜明突出，布局简洁明快，因地制宜，力求变化，小中见大，充分发挥绿地的作用，组织交通，吸引游人，硬质景观与柔质景观兼顾，动静分区等。

三、对周边环境因素的分析

街道小游园的设计与周边环境相互依存并发生着密切的联系，在空间上成为一体。因此从整体的角度研究街道小游园与周边环境的关系。影响街道小游园的周边环境因素主要有：交通影响，周边建筑的影响，噪声的影响等。

（一）对交通的分析

城市交通是一个城市发展的基础和前提，是城市经济活动和市民生活必不可少的社会公共资源，是构成城市总体环境的要素之一。城市交通将街道小游园与其他各个部分连成一个整体，所以城市交通对街道小游园的作用是不能忽略的。

1. 车行交通和人行交通的分析

首先要分清楚车行道和人行道的等级，主干道和次干道等级越大、车流速度越快，车的数量越多，所以人进入街道小游园的可能性越少，反之车行道的等级越小、车流速度越慢，人进入街道小游园的可能性越大。

2. 车行交通对人行交通的影响

汽车在道路上行驶遇到最多的是行人，特别是大、中城市道路上行人更多。行人是道路交通中的主要情况之一，不同的人有不同的心理，所表现出来的行为也是多种多样。因此，汽车与行人发生的车辆事故是一个较为突出的交通问题，必须高度重视。

目前交通的主要发展方向是人行道的扩大，车行道越大人行道就有一定程度的减少，可是对于街道小游园来说，人行道是人进入小游园的最近的道路，所以人行道的发展对小游园起着重要的作用。

（二）街道小游园周边建筑的影响

街道小游园周边建筑的性质会影响街道小游园绿地的设计和功能，通过现场调查明确周边建筑的性质以后，在设计当中要根据周边的整体建筑设计提供给人们一个舒适而美好的休闲憩息场所。

（三）城市噪声对街道小游园的影响

城市噪声的主要来源有交通噪声、工厂噪声和生活噪声，街道小游园主要是为人服务，给人提供一个舒适的休息场所，可是噪声对人的休息与交谈等活动影响很大，所以为了减少噪声对人的影响要合理规划，增加城市植被覆盖率，最终创造出良好的绿化，构成简洁、大方、鲜明、自然和开放的景观。

【规划设计】

一、人的主要活动以及对应的设施和场地

园林场所中，人的活动内容主要分为以下几类。户外活动类型：上班、上学、候车、等人和出差等。必要性活动：散步、坐憩、卧憩、乘凉、日光浴、垂钓。休闲性质的活动：观赏、进食、拍照、玩扑克和下棋等。体育运动和娱乐性质的活动：慢跑、掷飞碟、放风筝、打球、做操、武术、嬉水和划艇。游戏性质的活动：跳舞、旱冰、玩滑板和表演等。交际性质的活动：聊天、寒暄、谈话和打招呼等。通过对人的调查以后知道在街道小游园来往最多的是什么样的人，来往的人可能是过路的人，也可能是居民，他们之间有老年人、青年人和儿童。所以应该按照人口结构特点及其活动来规划对应的设施和场地。

二、人的需求以及对应的设施场地（在植物方面）

美国心理学家马斯洛（A·Maslow）把人的需求归结为五个层次，由低到高依次为生理需求、安全需求、社交需求、尊重需求和自我实现需求，每个人都具有这五种基本需要，不同的人的需要层次高低顺序可能有所不同。这一理论在一定程度上反映了人类行为和心理活动的共同规律。在大力倡导"人性化设计"的今天，无论是室内环境还是室外环境，园林设计已经越来越成为与人们生活密切相关的话题。

植物景观设计也随着人的需求层次的变化而不断发展和完善。人类需要怎样的生活环境，理想的住宅花园、公园绿地和校园景观应该是怎么样的，这些问题的答案都决定了植物景观设计未来的发展方向。

植物景观应满足领域性安全的需求即植物景观能够满足人类要求保障自身安全、摆脱威胁的需要。马斯洛认为，整个有机体是一个追求安全的机制，人的感受器官、效应器官、智

能和其他能量主要是寻求安全的工具，甚至可以把科学和人生观都看成是满足安全需要的一部分。当然，当这种需要一旦相对满足后，也就不再成为激励因素了。在个人化的空间环境中，人需要能够占有和控制一定的空间领域。心理学家认为，领域不仅提供相对的安全感与便于沟通的信息，还表明了占有者的身份与对所占领域的权利象征。所以领域性作为环境空间的属性之一，自古已有之，而且无处不在，因此园林植物配置设计应该尊重个人空间，使人获得稳定感和安全感。

三、基于社交需求，植物景观应营造交往的环境

社交需求是指人希望获得友谊和爱情，得到关心与爱护。这一层次的需要包括两个方面的内容：一是友爱的需要，即人人都需要朋友关系融洽或保持友谊及忠诚。二是归属的需要，即人都有一种归属于一个群体的感情，希望成为群体中的一员，并相互关心和照顾。人类需要自由开阔的公共空间，环境心理学家曾提出社会向心与社会离心的空间概念，园林绿地也可分绿地向心空间和绿地离心空间。

四、基于尊重需求，植物景观应体现宜人性

尊重的需要是指人人都希望自己有稳定的社会地位，要求个人的能力和成就得到社会的承认。尊重的需要又可分为内部尊重和外部尊重，内部尊重是指一个人希望在各种不同情境中有实力、能胜任、充满信心和能独立自主。总之，内部尊重就是人的自尊。外部尊重是指一个人希望有地位、有威信、受到外界的尊重、信赖和高度评价。马斯洛认为，尊重需要得到满足，能使人对自己充满信心，对社会满腔热情，并且体验到自己活着的用处和价值。

一般来说，某一层次的需要相对满足了，就会向高一层次发展，追求更高一层次的需要就成为驱使行为的动力。马斯洛需求层次论为研究植物景观设计提供了理论依据，更加深刻地剖析了人性的各类特征，充分了解人的心理和需求，从使用者的角度出发，想想他们需要得到一个什么样的环境，在什么样的环境中才能发挥最大的能动性，这是一个优秀景观设计的成功所在。

五、街道小游园设施功能

在景观规划设计中，应把园林绿地设施作为一个整体单元来考虑，景观总体设计应力求和谐，强调连续空间和动态视觉美感。景观及绿地设施的格局与尺度要符合人的视觉观赏位置、角度以及人体工程学的要求，座椅的摆放位置要考虑人对私密空间的需要，除此以外，还应充分考虑到老人及残疾人对景观环境的特殊需要。优秀的园林绿地设施景观设计在不影响城市建设的情况下，可以将重点文物古迹与公园景观结合而成为环境景观的重要部分，既保护了文化遗产又使景观设计富有文化内涵，在艺术小品的设计方面应该传承文化内涵。

现代园林绿地中，雕塑应凝聚地方历史，对人们起着教育和潜移默化的作用。在设计时，要先对周围环境特征、文化传统、空间和城市景观等有全面准确的理解和把握，然后确定雕塑的形式、主题、材质、尺度和位置等，使其和环境协调统一。

在娱乐设施方面，娱乐设施应以活泼的造型，鲜明的色彩，舒适的质感，促进儿童、青少年和成年人身心健康发展为主要的设计主旨，在绿地中选择合适的位置来架设，要满足融入环境的要求。

六、当地的气候因素与植物的选择和植物造景

在园林植物之间及与其他园林要素配置过程中，应充分发挥出各类植物的形体、线条、姿态和色彩等自然美的特点，满足人们的观赏需求。植物配置不仅要掌握各种植物的观赏特性（观花、观叶和观果等），还需要掌握植物的生理生态习性（如植物对光、水、气及土等的需求）。

植物合理搭配（如植物种间关系、种群密度及树种搭配等）还要注意艺术手法、合理的布局和设景，使植物充分发挥其表现时空、创造景观、分割空间、改造地形、衬托景物和创作意境等的功能。要主次分明，每一块园林绿地或在某一局部，都要选择 1～2 种树木为主要树种来突出绿化的主题。然后再适当搭配其他树种来烘托主题、丰富景观。如果主景树与配景树配置得当、主次分明，就能充分显示植物群落的群体美、和谐美和强烈的艺术感染力。

植物配置还必须考虑植物组合构图，色彩季相，园林意境，以及园林植物与其他园林要素如山石、水体以及建筑等之间的相互搭配。应从客观实际出发，统筹考虑园林的局部与整体、近期与远期的比例关系，既要求植物本身的比例适当，还要求树木的高低、大小与山水、建筑及园路等自然环境和人工环境的比例恰当。只有匀称的比例，才能充分体现出绿化的意境，才能给人以和谐、协调的美感。

七、文化元素与设计的结合

无论是街道小游园还是公园，居住区体现各个民族的文化特点是很重要的。民居建筑的用材、结构、形式、工艺、装饰以及空间划分、使用等，都表现出鲜明的民族个性，形成各民族独特的传统和风格。

八、植物配置与空间的布局方式

空间设计的目的在于提供给人们一个舒适而美好的外部休闲憩息场所。例如，维吾尔族人们平常在院子的中间种无花果，门前种桑树，门两边种葡萄，人们把这些植物因素跟周边的建筑整体地结合在一起，通过建筑的装饰创造了美丽的花园。在街道小游园的植物配置和空间的布局方面需要按照当地的情况来选择这些因素。

九、小结

现代城市公园的类型逐年增多，街道小游园作为城市公园的一个类型，它具有自己的特点，注意与周边地区这一特定城市空间环境的整体整合是当务之急，从设计规划层面来讲，功能布局、空间形态、交通组织、整体文化与形象设计等有形的物质形体设计是重点内容，设计重点是突出文化特色，要真正地使小游园成为为人服务的空间，就应该要始终贯彻以人为本的原则，考虑人们的需求，营造一个良好的人性空间，充分体现对人的关怀。

【复习思考】

（1）街道小游园指的是哪种类型的绿地？

（2）街道小游园的景观设计步骤是怎样的？其设计需要注意哪些？

【实训项目】

如图 2-4-1、2-4-2 所示，本案例为例进行街头绿地设计，要求图纸为 A3 图纸，给出方

案的平面图、立面图、效果图和设计说明等图纸，比例自定。

昆明路街头绿地平面图（方案一）

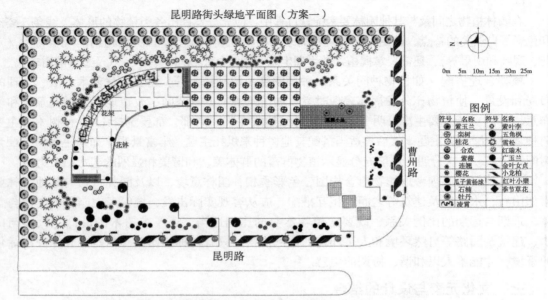

图 2-4-1　某市街道小游园规划设计

昆明路街头绿地平面图（方案一）

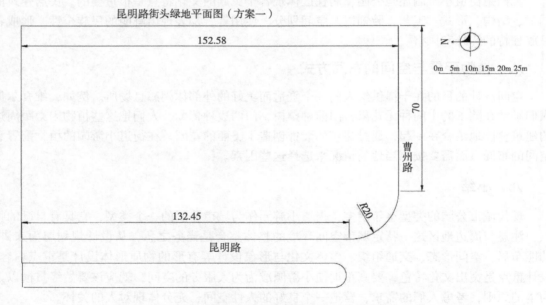

图 2-4-2　某市街道小游园现状图（单位：m）

任务五　林荫道绿地的设计

【设计任务】

通过识读林荫道绿地的优秀案例，进行林荫道绿地的景观设计方法和步骤解读，并了解林荫道绿地的植物配置方法和品种选用原则。

【任务分析】

1）掌握林荫道绿地的设计原则。

2）掌握林荫道绿地的设计方法和步骤。

3）掌握林荫道绿地的植物配置方法和步骤。

【知识链接】

林荫道利用植物与车行道隔开，在其内部不同地段辟出各种不同休息场地，并有简单的园林设施，供行人和附近居民作短时间休息之用。目前在城镇绿地不足的情况下，可起到小游园的作用。它扩大了群众活动场地，同时增加了城市绿地面积，对改善城市小气候、组织交通、丰富城市街景起到了很好的作用。例如北京正义路林荫道、上海肇家滨林荫道、西安大庆路林荫道等都在相应的环境中起到了很好的作用。

1. 林荫道的类型

1）设在街道中间的林荫道即两边为上、下行的车行道，中间有一定宽度的绿化带，这种道路类型较为常见。例如：北京正义路林荫道、上海肇家滨林荫道等。主要供行人和附近居民作暂时休息用。此种类型多在交通量不大的情况下采用，出入口不宜过多。

2）设在街道一侧的林荫道由于林荫道设立在道路的一侧，减少了行人与车行道的交叉，在交通比较拥挤的街道上多采用此种类型，往往也因地形情况而定。例如傍山、一侧滨河或有起伏的地形时，可利用借景将山、林、河、湖组织在内，创造了更加安静的休息环境。例如上海外滩绿地、杭州西湖畔的六合塔公园绿地等。

3）设在街道两侧的林荫道与人行道相连，可以使附近居民不用穿过道路就可达林荫道内，既安静又使用方便。

2. 林荫道设计的原则

1）设置游步道时，一般8m宽的林荫道内，设一条游步道；8m以上的林荫道内，设两条以上为宜。

2）设置绿色屏障时，车行道与林荫道绿带之间要用浓密的绿篱和高大的乔木组成的绿色屏障相隔，屏障立面布置成外高内低的形式较好。

3）设置建筑小品如小型儿童游乐场、休息座椅、花坛、喷泉、阅报栏和花架等建筑小品。

4）留有出口的林荫道可在长75～100m处分段设立出入口，人流量大的人行道、大型建筑处应设出入口。出入口布置作为艺术上的处理应具有特色，以增加绿化效果。

5）林荫道总面积中，道路广场不宜超过25%，乔木占30%～40%、灌木占20%～25%、草地占10%～20%及花卉占2%～5%。南方天气炎热需要更多的浓荫，故常绿树占地面积可大些，北方则落叶树占地面积大些。

6）宽度较大的林荫道的布置形式宜采用自然式布置，宽度较小的则以规则式布置为宜。

3. 林荫道绿地设计的案例

兰布拉斯林荫道的空间设计手法成熟而丰富，空间处理极富变化。中央步行道自始至终种植双排悬铃木，密布售货亭及露天艺术展示，是步行者的天堂，而不同街段的步行区略有差异。例如哥伦布纪念柱附近，中央步行道宽度有所增加，以便港口区的人流疏散，同时强调兰布拉斯景观序列的开始。从街道中心远眺海滨的视觉效果由于入口处街道宽度的放大，也在一定程度上弥补了透视的收缩。同时，圣莫尼卡街北端巴塞罗那语言学院前的中心步行道变窄、临街步行区局部加宽，顺势完成泰特雷广场的空间组织，在广场中心立有雕塑，靠近建筑的区域布置室外咖啡座，边缘利用为地下停车出入口。

兰布拉斯以通长的线性街道串联了临近街区的众多文化设施和开放空间。著名的雷阿尔广场即位于街道一侧，穿越两侧建筑间的过道，即是立有高迪灯柱的新古典主义风格广场。类似的广场还有语言学院广场，由教学楼和周围住宅围合而成，同样种有高高的椰子树。为加强与周围街区历史建筑的联系，兰布拉斯的设计师还在沿街建筑造型上进行一定处理，例如街道中段20世纪90年代建成的影院，背后是中世纪的德卡萨教堂，设计师将影院作了减法构成，预留了从街道观赏教堂的视觉通道，从而丰富了林荫道的景观元素。临街建筑形式多样，有新哥特风格的戈诺夫诊所，现代主义风格的博盖利亚市场，后现代主义风格的语言学院，新现代主义的圣莫尼卡教堂等，更多的则是形成于18～19世纪的古典主义风格的官邸或住宅。街区综合了商业、娱乐、餐饮、居住、教育以及办公等功能，有意保留了传统的底商模式，延续了既往的街道生活传统。

林荫道的步行区为反映街区的历史面貌，采用波浪形马赛克铺装，来象征地下的水流。街道小品除了保留19世纪的街灯、雕塑之外，大多是后来新设的，数量多，造型简洁，具有宜人的尺度。值得一提的是，街道上设有数量众多的真人雕塑，或背靠一颗悬铃木，或依附一盏街灯，奇装异服的表演者更是展现了历史人物、故事和传说等场景，吸引过路人驻足（图2-5-1）。

图2-5-1　兰布拉斯林荫道

【复习思考】

（1）林荫道绿地的设计原则是什么？

（2）林荫道绿地的植物配置要求是什么？

【实训项目】

请根据案例，如图 2-5-2、图 2-5-3 所示进行适当的景观改造，通过所学知识，设计次块林荫道绿地的平面图、立面图及剖面图纸，并给出效果图，附上设计说明，图纸为 A2 图纸，比例自定。

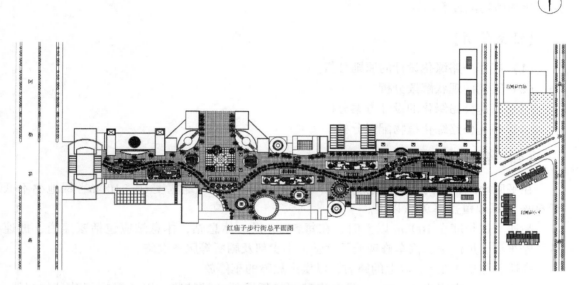

图 2-5-2　某市步行街林荫道绿地设计方案

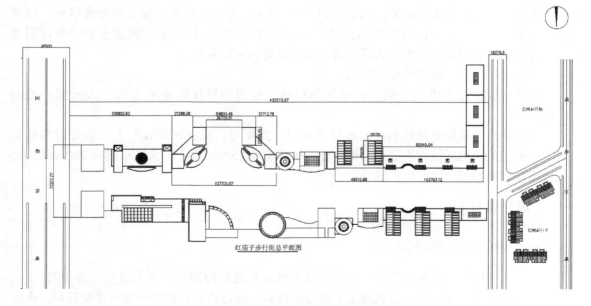

图 2-5-3　某市步行街林荫道绿地设计

任务六　高速公路绿化设计

【设计任务】

了解高速公路绿化设计的设计方法、设计步骤和设计原则，并通过案例分析掌握高速公路绿化的植物配置等内容。

【任务分析】

（1）高速公路绿化设计的原则分析。
（2）案例的现状解读分析。
（3）高速公路绿化的设计方案分析。
（4）高速公路绿化植物配置分析。

【知识链接】

在平原地区，路两侧绿地宽度各 30～50m，共计实有绿地宽度 60～100m，绿地率不低于 60%，绿地覆盖率 90% 以上。

高速干道长度在 100km 以上时，在每 50km 设一休息站，休息站应包括减速道、加速道、停车场、加油站、汽车修理处及食堂、小卖部及厕所等服务设施。

高速公路要求 3.5m 以上的路肩，以供出故障的车停放。

中央分隔带宽度为 5～20m，只允许种草或低矮的地被植物，以免影响驾驶员的视线，同时也可避免乔木落叶满地造成滑车事故。

隔离带宽度应为 4.5m 以上，其内可种植花灌木、草皮、绿篱和矮的整形常绿树，较宽的隔离带还可以种植一些自然树丛，但不宜种植成行乔木，以免影响高速行进中的司机视力。分车带内必须装设喷灌或滴灌设施，采用自动或遥控装置。

如隔离带较窄，则需增设防护栏。

遇到下坡转弯路段的外侧宜种植树丛树群，起到诱导视线和增强驾驶人员安全感的作用。

植物种植在采用遮光种植时，种植的间距、高度与司机视线高和前大灯的照射角度有关。树高根据司机视线高决定。小轿车要求树高需在 150cm 以上，大轿车需在 200cm 以上，但过高会影响视界，同时也不够开敞。

【规划设计】

一、设计原则的确定

高等级公路是经过国家有关部门的审批而规划建设的国家乃至地方重点工程项目之一，在工程立项、报批的同时，也就确定了道路的性质、功能以及近期和远期的建设目标。在此基础上，根据道路所处的地域范围、地形地貌及立地条件等自然因素和地域特色、文物古迹及风俗习惯等人文因素进行综合，确定相应的设计原则。一般情况下要做到以下几个方面。

（一）因地制宜为前提

强化结合利用现状地形、设计地形宜树则树、宜草则草，在尽可能减少工程量的前提下，达到良好的视觉效果和环境效果。这是符合中国园林"虽由人作，宛自天开"这一基本设计思想的。

（二）环境保护为基础

高速公路的建设必须建立在环境保护的基础上，依据国家在相关方面的法律、法规依法办事，才能真正走上可持续发展的良性循环。否则，会给子孙后代留下遗患。

（三）美学理论为指导

公路景观的形成不能脱离社会审美观的要求而独立存在。由于道路的性质和功能，决定了公路景观不可能凌驾于交通功能之上而成为首先考虑的方向，必须在满足其功能的前提下，以美学理论为指导，进行相应的规划与设计。

（四）风格鲜明为特点

高等级公路一般位于城市之间（也有旅游点之间的），跨地区、跨地域特点十分明显，因此，充分地结合地域特征和人文特点，才能创造出具有鲜明风格的道路景观。

（五）兼顾效益为目的

高速公路建设的目的就是为了发展经济，提高社会生产力，其经济效益和社会效益不言而喻。但在建成后能否最大限度地发挥环境效益，则是贯穿了工程项目从可行性分析、报批立项、勘察设计、施工过程以及后期养护管理等全过程，需要认真对待、全面调查和仔细分析。

二、景观结构

高速公路景观结构由以下部分组成。

（一）隔离带景观

隔离带属于高速公路景观，宽度一般在 3~5m 之间，用高大乔木进行布置，高度控制在 1.3~1.5m，后期需精心的养护管理。

（二）立交景观

从功能上看，立交是高速公路整体结构中的节点，也是与其他道路交叉行驶时的出入口。从景观构成的角度看，它是公路景观设计中场地最大、立地条件最好且景观设置可塑性最强的部位。因此可以将其看作是公路景观结构中最重要的部分之一，往往可与入口的管理区连在一起统一考虑、整体布局。

（三）两侧带状景观

在高速公路与城区连接的部分，两侧的带状景观具有防扩的功能。道路沿线的两侧绿化带的设置，与道路中央隔离带一起构成"二板三带"基本结构的形式。

（四）边坡地被景观

边坡地被具有很强的护坡功能，它能够使道路的边坡免遭雨水的冲蚀而形成部分的水土流失，甚至造成路基的塌陷；而从造景意义上来看，就好像道路漂浮在绿色的植被之上，因此这一景观具有强烈的双重作用，同时又不像中央隔离带那样要求严格，具备一定的可塑性。

（五）休息站景观

高速公路的长度在 100km 以上时要设置休息站，一般为每 50km 左右设置一处，供司机和乘客停车休息，休息站还包括减速车道、加速车道、停车场、加油站、汽车修理设施、餐厅、小卖及厕所等服务设施。

三、景观设计

（一）景观序列构成

公路景观虽然是由公路特定的线条骨架来构成的，但与其他园林景观有着大致相同的结构形式，主要表现在景观序列的节奏和韵律方面。试比较以下序列形式。

园林景观序列两段式：起景（入口）—高潮（主景）。

空间形式：合（小空间）—开（大空间）。

三段式：起景（入口）—引申（过度、前奏）—高潮。

多段式：起景—前奏—过度—高潮—结束。

空间形式：封闭（小空间）—半封闭或半开敞（小空间或借景空中间）—开敞（主景大空间）—封闭或半封闭（小空间）。

道路景观序列：开始（立交）—引导（道路标志）—延伸（节奏、韵律、隔透及连续）—结束—个立交预示着新的开始。

空间形式：开敞或半开敞（入口）—开敞为加少量封闭（沉降路段）—结束（下一个入口）。

了解以上序列结构有助于在道路全线景观设计时，处理点与一般的关系。

（二）功能性贯穿全线的隔离带设计

隔离带设置的目的是为了防眩，以利于车辆的安全通行，最大限度地将眩光引起的事故减少到最低，因此其高度和宽度必须满足设计的要求。虽然从造景的角度出发，不具备有太多变化的特点，但从简单、重复的韵律节奏以及线形上同样具有一定的观赏美的效果。植物的选择常常以常绿、耐寒、耐旱及耐修剪为原则，色彩以深绿色浅绿色、淡黄绿色等各种不同绿色为主进行搭配，在一定限度内充分表现植物的季相变化。

（三）两侧绿化带设计

两侧绿化带的设计分为与城区接壤部分和主线部分。

1. 与城区接壤的绿化带设计

这一绿化带景观具有与防护功能结合的双重性，设计时其结构应参照一定的技术参数。根据有关部门和国外资料显示如下：

（1）林带宽度：市内以 6~15m，市区以 15~30m 为宜。

（2）林带高度：10m 以上。

（3）林带与声源的距离：应尽量靠近声源而不是受声区。

（4）林带结构：以乔、灌、草结合的紧密林带为好，阔叶树比针叶树有更好的减噪效果，特别是高绿篱的防噪声效果最好。

（5）根据日本近年调查，40m 宽结构良好的林带可减低噪声 10~15dB。

（6）在美国这一宽度为 45~100m，种植草花、宿根花卉、灌木及乔木，其林型由低到高，既起到防护作用，又不影响行车视线。上述数据表明，这一区域的绿地景观从理论上讲，应该是越宽越好，但受城市用地的限制和减少建设费用的角度来看，合理地规划林带宽度和高度，尤其是宽度的划定是影响该带状景观的主要因素。考虑到生态与景观的双重作用，可以确定绿化的林带结构为封闭式结合部分半通透式；至于半透式出现的部位，应以城市景观相结合，遵循"佳期则收之，俗则屏之"的原则，充分体现城市景观与道路景观在这一生态区域的有效融合。

2. 主线部分设计

沿道路主线两侧的绿化设计，是高速公路连续景观"线"的主要表现形式，构成了道路景观的基础。由于这一部分具有跨地区、地形地貌起伏变化大的特点，设计时应从以下方面进行考虑。

（1）根据道路所跨区域的土壤、水文、气象、地形、护坡结构、涵洞以及桥梁等条件及其特点，划分典型设计断面，并标出起讫点的位置。

（2）确定道路全线植物品种的基调树种、搭配树种以及功能性隔离品种。

（3）处理好重点与一般的关系。如收费站等道路两侧 $500 \sim 1000m$ 的范围属于重点处理部位。

（四）立交部分设计

高速公路立交区域的景观设计，是道路景观构成的重要区域，也是道路的标志性景观，它的成败直接影响到道路景观总体。

1. 立交的平面构成

立交的平面构成是由其交通功能所决定的，规模的大小受交通量的制约。道路本身的线形是由直线和流线两种线形组成，直线是交叉干道的主线形，一般位于立交的底部，流线是两条或多条分流路线的连接道路，具有与其他干道相适应的立体特点。

2. 绿化景观设计

我国的立交绿化景观设计有一个明显的发展过程，从最初的模仿到现在真正意义上的设计，从完全图案式的布置到拟自然与图案的结合，再走向以自然为主、部分地结合功能方面的要求且少量地运用规则式的布局，无不反映出这一变化与民族的审美情趣一致性的特点。立体交叉道路的建设本身就是一种城市或城郊人工景观，采用哪种形式的布局，是由其规模大小和地理位置等综合因素决定的。如何运用绿化的手段使这一景观发挥最大的效应，是值得深入研究探讨的。

（1）规则式设计。运用规则的布局形式进行设计，首先反映在其观赏平面和立面上是以图案设计为主的，利用不同的植物进行不同的色彩搭配组成具有一定设计意义的图案，按照环境的比例关系布置其间，形成构图的中心。虽然图案所表现的意义比较明确，内涵也许丰富，同时具有一定的具象外形等，但是，由于使用的材料都是选用低矮的植物，在立面和季相上缺乏丰富的变化因素，表现出很大的局限性；又由于大部分的立交规模不是太大，往往形成对称的绿化区域，图案布置也出现对称，在总体构图上显得呆板和没有活力，而且对后期的养护管理要求非常严格，与中国园林的基本格调和民族的总体审美观念有一定的距离，因此，这一形式目前有原则性淘汰的趋势。

（2）自然式设计。自然式的设计形式，一般适应于大型立交地段。设计时首先要考虑交通功能的要求，不能因为设计的需要而本末倒置忽视了道路功能的要求。其次，才考虑设计本身的特点。具体设计从以下几个方面入手。

1）构图骨架的形成：由于立交绿化区与纯粹的园林绿化景观在功能上的要求不同，所以也不可能像后者一样，具有植物搭配构图骨架的同样密度，换句话说，就是不具备园林中连续的高低错落的林冠线及林缘线布局。因此，骨干树种的选择和在数量上需要适应这一特点的要求，但也要形成高度之间的不同搭配。一般选用常绿乔木如雪松、白皮松等树冠紧凑、树形优美的树种来完成这一任务，位置选择一定要注意主干道路的走向和次干道的关系。

2）搭配植物的运用：搭配树种可选用一些季相变化丰富的色叶树，并考虑与骨干树种所形成的前景与背景的构图关系、比例尺度以及自然栽剪方式等的内容。

3）基色调的选择：花灌木的色彩配置构成了立交的基色调。首先要了解立交的地理位置和环境，如与城区连接的立交，色调可以布置得五彩缤纷一些，远离城市的立交可布置得稍微淡雅一些。其次，花灌木的配置，根据绿化空间的分布情况，遇面则面、遇角则角，自由布置，不拘一格。

4）平面背景的处理：护坡植被利用固土性能强的植物如小冠花、狗牙根及迎春等，有利于对路基的保护，同时也有利于建成以后的养护管理。

（3）混合式设计。对于地处城乡接合部或市区内的立交，可以采用这种形式，只是在运用时侧重不同。前者以自然为主，后者以规则为主。设计时在分清道路主次的同时，也就确定了具体布局的关系。对于前者来说，一般规模比较大，考虑在主干道的入口处绿化空间中以规则式设计布局，而其他大部分绿地仍以自然为主。对于后者，由于地处闹市区，人流量和车流量都较大，所以还是以低矮的规则式图案布局为好，只是在不影响交通功能的前提下，局部形成自然的形式，更能提示性地表现回归自然界的趋势。

四、高速公路景观设计内容

（一）两侧边坡设计

在确保稳定的前提下，边坡的形状要尽可能与周围的景观协调，并用植物进行绿化（可结合各种土工防护结构和其他绿化基础工程综合实施）处理，对坡脚、坡顶及坡面相交等处进行防护，减少边坡坍塌的可能。山区公路大多沿山腰布线，横断面设计中填方边坡难收脚，在高填方路段则不可避免会增加防护工程数量，容易造成水毁，在使用期维修养护困难，严重影响路基稳定性。因此在横断面设计中合理运用绿化种植技术，可减少防护工程，增加路基稳定性，并减少填方边坡坍塌的可能性。

（二）普通边坡景观绿化设计

边坡的地被植物以绿化、防止水土流失以及美化环境等方面为目的，它是高速公路景观的背景色。

（1）边坡岩层和土壤的影响。高速公路施工造成路堑边坡形成新土剖面或岩层剖面；土壤中有机物质含量少、含水率低、植物生长困难；路堤边坡是泥土堆积碾压而成，虽无表土层，但石块多、质地较为疏松，常有种子和残根萌芽生长。

（2）坡度对景观绿化的影响。高速公路边坡坡度与坡面安全性和工程量均成反比，一般在45°～70°，上边坡比下边坡坡度大，大于45°的坡面易引发水土流失和光、水的再分配，造成植物生长缓慢。所以坡度越大边坡绿化越困难。

1. 路堑边坡景观绿化设计

（1）岩石型路堑边坡景观绿化设计。一般是开挖原有的自然岩石，或者为了固土护坡，用新的片石在山坡上贴面。挖方边坡第一级可采用垂直绿化形式，即通过种植爬墙虎、辟荔等藤类植物，使之爬满边坡，以三维网植草边坡达到视觉上软化边坡的目的，或在石面上预设一些草绳及铁丝网，然后在边坡下种植一些攀援植物如啤酒花、山葡萄、地锦等，植物长大后，沿坡向上爬，绿化整个坡面并起固土护坡作用。第二级以岩石边坡，可采用生物防护新技术，即喷混植生、三维网植草骨架梁护坡植草或用安装刚性骨架回填土植草等方法来达到目的。

（2）砂石型路堑边坡景观绿化设计。挖方边坡为砂、石，可用拱形或"人"字形浆砌片石骨架或小块碎石在坡上砌出一个个方格区，在区内清除石块后换土，然后种植草坪并点缀一些花卉，也可采用三维网植草。

（3）砂土型路堑边坡景观绿化设计。挖方边坡为砂土及黏土时，边坡景观绿化设计的主要目的是固土护坡、防止泥石流。在平整、清理场地后，边坡稳定的前提下可用液压喷草防护，在一些特殊景观用途的边坡可用草坪作底色，用花灌木或硬质材料造景，形成景观面。

（4）路堑边坡碎落台景观绿化设计。在挖方边坡的碎落台上种植与中央分隔带相衬的灌木形垂枝植物，打破边坡绿化过于单调的格局。

（5）半堑半坡景观绿化设计。路堑边坡景观绿化设计中的半堑半坡设计也是设计中的重点，在以往的绿化是往往不加以注重，现在却成了高速公路景观的亮点。它的半边平地景观比较宽敞，视野开阔，半边是坡体，采用多种处理方法可以有许多形式的组合景观。

2. 两侧绿化带设计

分为与城区接壤部分和主线部分。这一绿带景观具有与防护功能结合的双重性，设计时其结构应参照一定的技术参数。根据有关部门和国外资料显示如下：

1）林带宽度：市内以 6～15m，市区以 15～30m 为宜。

2）林带高度：10m 以上。

3）林带与声源的距离：应尽量靠近声源而不是受声区。

4）林带结构：以乔、灌、草结合的紧密林带为好，阔叶树比针叶树有更好的减噪效果，特别是高绿篱防噪声效果最好。

5）根据日本近年调查，40m 宽结构良好的林带可减低噪声 10～15dB。

五、中央分隔带设计

（一）中央分隔带的作用

中央分隔带绿化的目的是遮光防眩、引导视线、美化环境、降低噪声、隔离车道以及降低硬性防护成本等，给广大司乘人员一种安全、舒适和自然的美感。

（二）中央分隔带绿化的用途

中央分隔带的绿化有多种用途，它可使路容美观，还可诱导路线方向，防止对方来车眩光照射，对行车安全起到综合效果。

（三）中央分隔带绿化的方法

新的公路工程技术标准，提倡宽的中央分隔带，因此在其中可种植低密灌木丛如绿篱，将它们植株密集，修剪得体，显得整齐美观，使人感到生机盎然。

（四）中央分隔带树种的选择

中央分隔带树种应选择抗逆性强、耐修剪、生长慢且保持树型的植物。树高低于 1.5m，树冠为 40～80cm，抗逆性、抗病虫害力强、易植、易成活、易修剪、见效快、自身污染小且不影响交通安全。同时还需根据植物的季节变化，选择丰富多彩，姿态优美者。可选用的植物：圆柏（桧柏）、紫薇、海桐、马尼拉草及沿阶草。中央分隔带的地面可以种草，以增加路域内的绿化面积，且可防止雨水冲刷地面泥土，以保持路面洁净。

六、高速公路互通立交景观设计

绿化是立交景观的重要组成部分，它兼起到宏观景观和微观景观的作用。位于匝道两侧的矮小灌木、草皮对景观还起着良好的衬托作用。由于匝道的平曲线半径一般较小，因而在曲线外侧的树木会使曲线变化显得非常明显，而在内侧的树木既可增加识别匝道特征的能力，又能使景观与造型恰当地配合，但应注意的是，在立交内应种植矮小的灌木，以利于整个立交的通视，保证车辆的行驶安全。这些绿化仅仅能起到宏观景观的作用，作为互通式立交的绿化，还需设计一些集中的景观绿化。

七、服务区景观设计

服务区室外环境主要体现在停车的分隔带和主建筑的门前、广场、休息广场以及服务区周边绿化，以高大灌木形成绿篱，以高大乔木形成带色的林带，服务区主要部位以常绿植物为主。

这里往往拥有较宽面积的空地，绿化时应充分加以利用。最适宜采用自然式绿化组合方式形成景点。既可与工程结构物桥梁、匝道和草坪、花木及盆景等组成绚丽多姿的各式图案。同时又以各类植物、不同层次、不同颜色及不同品种的花灌木，并以地形高低、植物群落的大小、行株的间距，拼凑成各式各样的图形或文字，尤其在有条件时，可采用具有地方性特色的图案，体现出当地地方的特色文化。

路侧防护栏一般用金属或砌体做成。但前者易腐蚀、耐久性差且易破损；后者有压抑感，透气性不好。因此，目前在植物易于生长的地区，逐渐在推广绿篱。如用枸杞、美国刺等灌木林，或以乔、灌木相结合的绿色篱笆。总的要求是点状绿化与带状绿化相结合、乔灌木结合，内外搭配、高低搭配，不要长距离种植同一品种，就不会显得单调。如限于经费，可采取分期投入种植，速生与慢生植物相结合的方式进行。使其既可满足及时绿化、又可满足长远发展的需要。

【复习思考】

（1）高速公路绿化设计原则是什么？

（2）高速公路绿化设计材料可选用哪些？

（3）高速公路绿化设计中植物品种宜选择哪些？

【实训项目】

如图 2-6-1、图 2-6-2 所示，参考某市的高速公路绿化设计方案，并针对此方案进行重

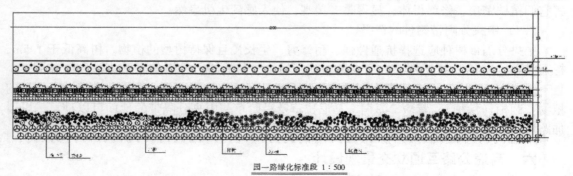

图 2-6-1 某市高速公路绿化设计方案

新设计，要求绘制该方案的平面图、立面图以及剖面图，给出效果图，并附上设计说明，比例自定，A3 图纸进行绘制。

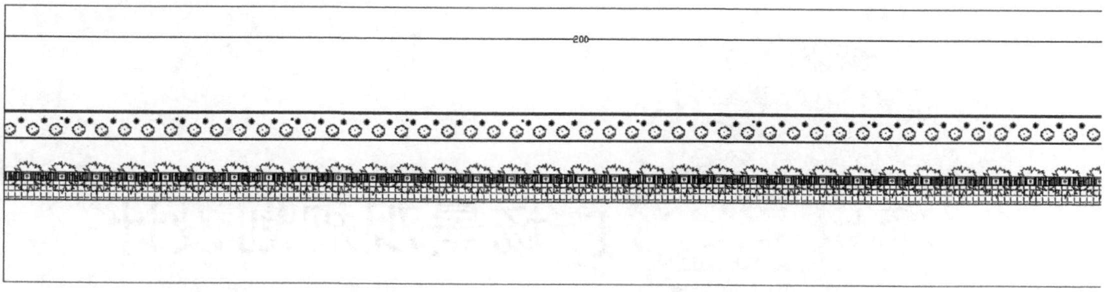

图 2-6-2　某市高速公路绿化设计

项目三 广场景观规划设计

教学目标

(1) 熟悉城市广场的类型与特点。
(2) 熟练掌握城市广场绿地设计原则。
(3) 掌握城市广场绿地设计的方法与步骤。

技能要求

实地调查所在城市的广场绿地，总结其所属类型，分析其设计的优缺点。
通过本章实训项目的训练，能够进行各类广场绿地的规划设计。

任务一　市政广场绿地设计

【设计任务】

调查常见的城市市政广场，进行对比、分析和总结，并列表对比，分析常见城市市政广场的功能与特点，分析各市政广场在规划设计过程中的异同之处，了解各类城市市政广场规划设计、绿化设计的特点。

【任务分析】

分析市政广场的主要功能作用、设计要点有哪些？

【知识链接】

市政广场一般位于城市中心地区，通常是市政府、城市行政区中心、老行政区中心和旧行政厅所在地，或者布置在通向市中心的城市轴线道路节点上，用于政治集会、庆典、游行、检阅、礼仪及民间传统节日等活动，如天安门广场（图3-1-1）。

图3-1-1　天安门广场

在大城市中市政广场周围以行政办公建筑为主，中小城市的市政广场周围可集中安排城市的其他主要公共建筑物。市政广场作为城市的标志，要能让人产生深刻的印象，在设计时就要突出其特点，好的市政广场可以提升城市形象，增加城市吸引力。

（一）设计要点

（1）市政广场面积较大，以规则式布局为主，甚至是以中轴对称的，强调其雄伟、庄严。标志性建筑物常位于轴线上，其他建筑、小品对称或对应布局，一般不安排娱乐性、商业性很强的设施和建筑。

（2）市政广场多以硬质材料铺装为主，为大量的人群提供自由活动、节日庆典的空间，如北京天安门广场、莫斯科红场等；也有以软质材料绿化为主的，如美国华盛顿市中心广场，其如同一个大型公园。

（3）市政广场要合理有效地解决好人流、车流问题，可采用立体交通方式，实现人车分流。

（4）市政广场应与周边的建筑布局协调，无论平面、立面、透视感觉、空间组织、色彩和形体对比等，都应起到相互烘托、相互辉映的作用，反映出中心广场非常壮丽的景观。

（二）市政广场绿地规划设计原则

（1）布局统一。

（2）功能一致。广场绿地的功能与广场内各功能区相一致，更好地配合和加强该区功能的实现。

（3）多方协调。协调好风向、交通及人流等诸多因素，提高环境质量，改善小气候，形成良好、多元的空间体系。

（4）地方特色。结合地理区位特征，选择符合植物区系规律的物种，突出地方特色。

（5）保护历史。保留原有大树，有利于人们对广场场所感的认同。

【规划设计】

通过对市政广场调查分析和相关知识的学习，分别从其主要功能作用、布局形式、广场特点和绿化设计要点等方面进行对比分析。

【复习思考】

分析你所熟悉的城市市政广场绿地设计。

【实训项目】

给定一块空地及周围的环境作为市政广场，对其进行设计绘制平面图，对广场绿地进行种植设计，绘制整体平面图和局部效果图，编制说明书及各种表格。

任务二　纪念广场绿地设计

【设计任务】

调查常见的城市纪念广场，进行对比、分析和总结，并列表对比，分析常见城市纪念广场的功能与特点，分析各纪念广场在规划设计过程中的异同之处，了解各类纪念广场规划设计、绿化设计的特点。

【任务分析】

分析纪念广场的主要功能作用、设计要点有哪些？

【知识链接】

城市纪念广场可用于纪念某一人物或某一事件。一般远离商业区、娱乐区，严禁交通车辆在广场内穿越，多位于宁静和谐的环境中。

设计要点：

（1）纪念广场的大小没有严格限制，只要能达到纪念效果即可。

（2）纪念广场有时也与政治广场、集会广场合并设置为一体，例如北京的天安门广场。

（3）纪念广场中心或轴线以纪念雕塑（或雕像）、纪念碑（或柱）、纪念建筑或其他形式纪念物为标志，主体标志物应位于整个广场构图的中心位置，如图3-2-1所示。

（4）纪念广场因为通常要容纳众人举行缅怀纪念活动，所以应考虑广场中具有相对完整的硬质铺装地，而且与主要纪念标志物（或纪念对象）保持良好的视线或轴线关系。如南昌八一广场（图 3-2-2）。

图 3-2-1　巴黎协和广场

图 3-2-2　南昌八一广场

【规划设计】

通过对纪念广场调查分析和相关知识的学习，分别从其主要功能作用、布局形式、广场特点及绿化设计要点等方面进行对比分析。

【复习思考】

分析你所熟悉的城市纪念广场绿地设计。

【实训项目】

某南方城市拟建一纪念广场，设计环境如图 3-2-3 所示，场地现状地势基本平坦，土质良好。广场位于城市主干道交汇处，四面均有公共建筑物。要求根据城市纪念广场规划设计的相关知识，规划设计出能符合相关的功能要求，具有地方特色，且又能有较高景观效果、生态效果的纪念广场，绘制整体平面图和局部效果图，编制说明书及各种表格。

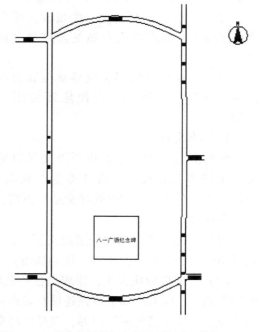

八一广场纪念碑

图 3-2-3　某南方城市纪念广场现状图（单位：mm）

任务三　交通广场绿地设计

【设计任务】

调查常见的交通广场，进行对比、分析和总结，并列表对比，分析常见交通广场的功能与特点，分析各交通广场在规划设计过程中的异同之处，了解各类交通广场规划设计、绿化设计的特点。

【任务分析】

交通广场的主要功能作用、设计要点有哪些?

【知识链接】

交通广场主要为组织交通,包括人流、车流等,起到交通、集散、联系、过渡及停车的作用,也可装饰街景,是城市交通系统的有机组成部分。

（一）交通广场的分类

1. 站前交通广场

站前交通广场位于城市内外交通汇合处,往往是一个城市或城市区域的轴线端点,是城市多种交通汇合转换处的广场,如火车站、长途汽车站站前广场。

设计要点:

（1）广场的规模与转换交通量有关,应有足够的行车面积、停车面积和行人场地。

（2）一般以铺装为主,少量设置喷泉、雕像和座椅等。如南昌火车站站前广场（图3-3-1）。

（3）广场的空间形态应尽量与周边环境相协调,体现城市风貌,方便旅客使用,印象深刻。

图3-3-1 南昌火车站站前广场

2. 环岛交通广场

环岛交通广场位于城市干道交叉口处,通常处于城市的轴线上。有效地组织城市交通,包括人流、车流等。它是连接交通的枢纽,起交通集散、联系过渡及停车的作用。

设计要点:

（1）环岛交通广场地处道路交汇处,尤其是四条以上的道路交汇处,以圆形居多,三条道路交汇处常常呈三角形（顶端抹角）。

（2）一般以绿化为主,构成完整的色彩鲜明的绿化体系,有利于交通组织和司乘人员的动态观赏,同时广场上往往还设有城市标志性建筑或小品（喷泉、雕塑等）。例如西安市的钟楼、法国巴黎的凯旋门等,都是环岛交通广场上的重要标志性建筑。

（3）有绿岛、周边式与地段式三种绿地形式:

1）绿岛是交通广场中心的安全岛。可种植乔木、灌木并与绿篱相结合。面积较大的绿岛可设地下通道,围以栏杆。面积较小的绿岛可布置大花坛,种植一年生或多年生花卉,组成各种图案,或种植草皮,以花卉点缀。冬季长的北方城市,可设置雕像与绿化相结合,形成景观。

2）周边式绿化是在广场周围地段进行绿化,种植草皮、矮化树,或围以绿篱,例如大连中山广场（图3-3-2）。

3）地段式绿化是将广场上除行车路线外的地段全部绿化,种植除高大乔木外,花草、灌木皆可。形式活泼，不拘一格。

（二）交通广场绿地设计原则

1. 绿化应符合行车视线和行车净空的要求

（1）行车视线要求。在广场交叉口视距三角形范围内和弯道内侧的规定范围内种植的树木不得影响驾驶员的视线通透，保证行车安全；在弯道外侧的树木边缘整齐，连续种植，预告变化，诱导驾驶员行车视线。

（2）行车净空要求。广场绿地设计规划在各种道路的一定宽度和高度范围内为车辆运行的空间，树木不得进入该空间。具体范围应根据道路交通设计部门提供的数据确定。

图3-3-2 大连中山广场

2. 绿化应最大限度地发挥其生态功能

交通广场绿化的主要功能是遮阴、滤尘、减弱噪声、防眩光、改善交通沿线的环境质量和美化城市。以灌木为主，乔木、地被植物相结合的广场绿化，防护效果最佳、地面覆盖最好，景观层次丰富，能更好地发挥其功能作用。

3. 树种选择要适地适树

选择适于在该地生长的树木，以利于树木的正常生长发育，抵御自然灾害，保持较稳定的绿化成果。

4. 符合美学要求

交通广场绿化要处理好区域景观与整体景观的关系，使广场在满足交通功能的前提下，要与街景中其他元素相互协调，创造有特色、有时代感的城市环境。

【规划设计】

通过对交通广场调查分析和相关知识的学习，分别从其主要功能作用、布局形式、广场特点和绿化设计要点等方面进行对比分析。

【复习思考】

分析你所熟悉的交通广场绿地设计。

【实训项目】

1. 实训目的

了解交通广场绿化的形式，掌握交通广场绿地规划设计的原则，种植设计的方式及树种的搭配与组合等。

2. 材料工具

测量工具、绘图工具等。

3. 实训内容及步骤

（1）调查当地的土壤、地质条件，了解适宜树种选择范围。

（2）构思总体设计方案及种植形式，完成初步设计（平面图）。

（3）正式设计。绘制设计图纸，包括平面图、立面图及效果图等。

4．作业

给定一块空地及周围的环境作为交通广场，对其进行设计绘制平面图，对广场绿地进行种植设计，绘制整体平面图、立面图和局部效果图，编制说明书及各种表格。

任务四　商业广场设计

【设计任务】

调查常见的商业广场，进行对比、分析和总结，并列表对比，分析常见商业广场的功能与特点，分析各商业广场在规划设计过程中的异同之处，了解各类商业广场规划设计、绿化设计的特点。

【任务分析】

商业广场的主要功能作用、设计要点有哪些？

【知识链接】

传统的商业广场一般位于城市商业街内或者是商业中心区，而当今的商业广场通常与城市商业步行系统相融合，有时是商业中心的核心，如上海市南京路步行街中的广场（图3-4-1）。商业功能可以说是城市广场最古老的功能，商业广场也是城市广场最古老的类型。商业广场的形态空间和规划布局没有固定的模式，而是根据城市道路、人流、物流和建筑环境等因素进行设计。但商业广场必须与其环境相融、功能相符且交通组织合理，同时应充分考虑人们购物休闲的需要。商业广场是为商业提供综合服务的功能场所，其设计要点如下：

图3-4-1　南京路步行街

（1）商业广场具有独特的构成因素，这些因素也是满足现代城市生活的需要，构成城市环境风貌的组成部分，如：地面铺装、标志性景观（如雕塑、喷泉）、招牌广告、街道小品、街道照明、休息座椅、绿化植物配置和特殊的如街头献艺等活动空间，其设计繁杂程度绝不亚于设施建筑，不过最关键的还是城市环境的整体连续性、人性化、类型的选择和细部。因此设计中，要抓住城市自身的文脉和传统，利用城市小品和各种娱乐设施，丰富商业广场的空间构成。

（2）商业广场绿化形式要结合其特点，灵活多样，统一协调，以行道树为主，以花池为辅，适当点缀店铺前的基础绿化、角隅绿化、屋顶绿化和平台绿化等形式，达到装点环境、方便行人的目的。行道树池要加盖美观的池箅子，或布置围树座椅，或采用移动树池。花池边缘设计成方便行人坐憩的尺度，增加可移动的花钵、花车和花篮等花器，植以时令花卉，常年开花不断。

（3）商业广场上的植物宜选择树冠丰满、树形优美挺拔和枝叶繁茂的树种，不宜选择丛生、低矮的灌木。商业广场高楼林立，应注意耐阴树种的选择。商业广场绿化应尽量选择大规模苗木，一次成型见效。草坪种植也应尽量选用草坪卷铺植方式，多植大乔木用以遮阴。与此同时应保持步行街空间视觉的通透，不遮挡商店的橱窗、广告等。

【规划设计】

通过对商业广场调查分析和相关知识的学习，分别从其主要功能作用、布局形式、广场特点和绿化设计要点等方面进行对比分析。

【复习思考】

分析你所熟悉的商业广场绿地设计。

【实训项目】

1. 实训目的

了解商业广场绿化的形式，掌握商业广场绿地规划设计的原则，种植设计的方式及树种的搭配与组合等。

2. 材料工具

测量工具、绘图工具等。

3. 实训内容及步骤

（1）调查当地的土壤、地质条件，了解适宜树种选择范围。

（2）构思总体设计方案及种植形式，完成初步设计（平面图）。

（3）正式设计。绘制设计图纸，包括平面图、立面图和效果图等。

4. 作业

给定一块空地及周围的环境作为商业广场，对其进行设计绘制平面图，对广场绿地进行种植设计，绘制整体平面图、立面图和局部效果图，编制说明书及各种表格。

任务五　休闲娱乐广场设计

【设计任务】

江西某市拟建一休闲娱乐广场，场地现状是基本平坦，土质良好。广场位于城市公共建筑物一侧，其余三面均为城市主干道。要求根据城市休闲娱乐广场规划设计的相关知识，规划设计出能符合群众文化、娱乐及休闲活动等的功能要求，具有地方特色，且又能有较高景观效果和生态效果的休闲娱乐广场。

【任务分析】

依据功能和特点不同，城市广场分为很多类型，但各类城市广场的规划设计大的原则和程序是一样的，只是在设计时应根据不同的功能要求和环境特点，做出具体的设计方案。要完成本课题必须结合现场分析和广场具体要求，依据规划设计程序，广场设计应该是从宏观到微观、从整体到局部、从大处到细节以及从功能形态到具体构造，因此，需要把工作分为以下几个阶段：

1. 广场设计的准备阶段

了解并掌握各种有关广场的外部条件和客观情况，收集相关图纸和设计资料，确定广场规划设计的目标。

2. 广场总体规划阶段

总体规划阶段是广场设计过程中关键性的阶段，也是整个设计思路基本成型的阶段。主要完成以下几项工作：

（1）广场的布局形式和出入口的设计。

（2）广场功能分区的规划设计。

（3）广场标志物的规划设计。

（4）地方特色的规划设计。

3. 广场详细设计阶段

在总体规划设计的基础上，详细设计确定整个广场和各个局部的具体做法，如地形设计、铺装设计以及水景设计等各部分确切尺寸关系、机构方案等具体内容，主要表现为详细设计图和施工设计图。

4. 广场规划设计文本编制阶段

根据详细设计方案和施工图，编制设计文本，包括设计说明书和工程量清单（或概算）两部分。

【知识链接】

近年来，随着人民生活水平的提高和生活方式的变化，休闲娱乐广场已成为广大市民最喜爱的重要户外活动空间，强调生态环境和人性化空间设计依然是发展的趋势。在我国，从20世纪70年代的小游园到90年代初的城市广场都曾以其独特魅力让人流连忘返，20世纪90年代的广场热可谓方兴未艾。值得庆幸的是，从热潮中走出来的人们对城市建设更加务实，以人为本的思想已为上下所认同。休闲娱乐广场绿地凭借布局灵活、环境宜人以及景观优美等特点，正逐渐被人们所认可并呈现出较强的吸引力。

休闲娱乐广场，是供市民休息、娱乐、游玩以及交流等活动的重要场所，其位置常常选择在人口较密集的地方，以方便市民使用为目的，如街道旁、市中心区、商业区甚至居住区内。

设计要点：

（1）休闲娱乐广场的布局不像市政广场和纪念性广场那样严肃，往往灵活多变，空间多样自由，但一般与环境结合很紧密。

（2）广场的规模可大可小，没有具体的规定，主要根据现状环境来考虑。

（3）广场可以让人轻松愉快为目的，因此广场尺度、空间形态、环境小品、绿化及休闲设施等都应符合人的行为规律和人体尺度要求。

（4）单纯的休闲娱乐广场可以没有明确的中心主题，但每个小空间环境的主题、功能是明确的，每个小空间的联系是方便的。

（5）为了强调城市深厚的文化积淀和悠久历史的广场，应有明确的主题。

（6）选择植物材料时，可在满足植物生态要求的前提下，根据景观需要去进行。若想创造一个热闹欢乐的氛围，不妨以开花植物组成盛花花坛或花丛；若想闹中取静，则可依靠一角落，设立花架，种植枝繁叶茂的藤本植物。文化娱乐休闲广场的植物配置是比较灵活自由的，也最能发挥植物材料的美妙之处。

【规划设计】

在学习掌握了休闲娱乐广场规划设计的相关知识后，根据规划设计程序，来分步完成这一休闲娱乐广场的规划设计。

一、广场设计的准备阶段

该阶段的主要任务是对这一广场的社会环境、人文环境、自然条件及周边环境进行调查，并收集有关的图文资料。主要包括自然条件，地形、气候、地质及自然环境等。城市规划对广场的要求，包括广场用地范围的红线、广场周围建筑高度和密度的控制等。城市的人文环境，包括交通、供水及供电等各种条件和情况。使用者对广场的设计要求，特别是对广场所应具备的各项使用功能要求。

通过现场踏勘、座谈及调查相关资料等，了解到该区域具有浓郁的儒家文化氛围，民风淳朴，历史悠久。建设该广场的目的就是宣传儒家传统文化，为群众提供生态健全，景观效果良好，服务设施完善，集休闲、娱乐、健身和活动为一体的高品位文化场所。

二、广场总体规划阶段

在上述调查分析的基础上，根据广场规划设计的程序，首先应该解决以下问题，具体规划设计如图图 3-5-1 所示。

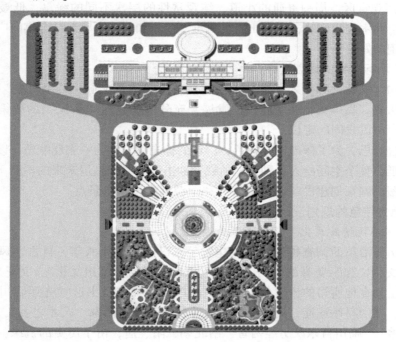

图 3-5-1　文化广场总体规划方案

（一）广场的布局形式和出入口的规划

1. 广场布局形式的确定

依据该地区总体规划，以及考虑到本广场的设计既要体现文化主题又要满足周围市民的休闲娱乐活动，因此确定该广场的总体布局形式为混合式。本方案的布局为"一心一脉，两轴四区"，"一心"是指公园核心部分的文化广场，"一脉"是指贯穿整个公园的文脉，"两轴"指的是南北和东西向的两个主轴，"四区"是指艺术文化区、历史文化区、文化休闲区和休闲观赏区。

2. 出入口设计

根据广场周围环境，在临近公共建筑一侧设置主出入口，与主干道邻近的绿地边缘分别设置3个次要出入口。

（二）广场功能分区的规划设计

根据广场设计的要求，广场拟建设艺术文化区、历史文化区、文化休闲区和休闲观赏区四个部分。

（1）艺术文化区。位于广场的西北角，这个区域主要由大型树阵及景观亭组成。这个区域称为"艺韵留痕"，主要要反映的是让临川人引以为豪的"临川四梦"及临川的一些戏曲文化，亭内也将成为戏曲爱好者互相交流的好场所，充分体现政府亲民的一面。

（2）历史文化区。该区域位于公园东北角，主要由文化景墙和景观石凳构成。该区域记录了临川文化的深厚历史和辉煌的现在，让它激励当代的临川人奋发图强，创造更多的辉煌。

（3）文化休闲区。这个区域主要以假山石和旱溪构成"源远流长"景点。众所周知"临川文化"产生于秦汉，兴盛于两宋，延绵于明清，影响于当今。

（4）休闲观赏区。周围贯通的小道，纯观赏性的层次不同的绿篱，低矮的四季草花及平坦的草坪与乔木交相辉映，展现出一种典雅、简朴和宁静之感，结合棋韵广场，将成为老年人养身休闲的好去处。

（三）广场标志物的规划设计

设计紧扣"文化之邦，才子之乡"的主题，以"继承文脉，传承历史"为核心，展现临川文化的历史和临川文化在新时代的发展，充分体现政府"亲民"的政策，也充分考虑人与人和政府与民之间的定位。

通过综合构思，为了体现地方特色，广场的标志物设计为一主题雕塑，以体现临川文化的内涵和外延，整个空间给人一种强烈的视觉冲击，以畅想临川未来的不断飞跃。

主题雕塑周围规划建设"艺韵留痕"和"源远流长"等景点。

（四）地方特色的规划设计

1. 地方风俗民情及文化、历史沿革的调查

通过对历史沿革的调查得知：临川建置于东汉和帝永元八年，自古文风昌盛，英才辈出，有着"文化之邦"美誉的临川，孕育了辉煌灿烂的"临川文化"，文化事业繁花似锦。早在唐朝，王勃在他所写的传世名作《滕王阁序》中，就发出过"光照临川之笔"的由衷赞叹。至宋，又因科举连捷，流光溢彩，被著名学者董震誉为"人才之乡"，民间大众俗称为"才子之乡"。临川自东汉历经两晋、南北朝、隋、唐，由于历史的机缘，大书法家王羲之、颜真卿，诗人谢灵运、戴叔伦，词人冯延巳，文学家刘义庆，文学评论家钟嵘，史学家

杜佑等都在这里做过地方官，对临川文化的发展产生过积极影响。

2. 地方特色的表达形式及内容

广场以主题雕塑作为标志物，在其周围的"艺韵留痕"主要由大型树阵及四个景观亭构成，这四个亭子分别代表了《牡丹亭》《紫钗记》《南柯记》以及《邯郸记》，在亭子上分别布置或绘画上和这"四梦"相关的东西，使其各具特色。

另外，历史文化区主要由文化景墙和景观石凳构成。该景墙一部分记录临川历史上的文化名人和与临川有关的历史诗句，另一部分记录当代涌现的临川人才，当代的临川教育文化是新时代临川文化的一大亮点，从临川出去的才子遍布世界各地。文化休闲区主要以假山石和旱溪构成"源远流长"景点。以假山石为源头，以蜿蜒曲折的旱溪寓意临川文化的久远，并在这个区域安排儿童游戏场所，让他们在其中游戏时，能够受到文化的熏陶，同时在儿童游戏场所旁边布置景观构架，以供照看小孩的大人们休息。

另外，在植物配置方面，灵活运用植物材料，尤其是选用乡土植物种类，无论是周边围合，还是零星小块区域，利用多种植物配置形式，增加广场的绿地率、绿化覆盖率，增强广场的生态美化功能。

三、广场详细设计阶段

做出广场的总体规划方案后，要邀请有关的专家、领导对方案进行讨论和修改，方案中哪些是适宜的，哪些需要修改，还应该增加些什么内容，甚至还可就方案的有关内容征求周围群众的意见，让群众从规划阶段就来参与广场的建设。这样也会使方案更加完善，更加为群众所接受。

在上述工作的基础上，可以进入广场的详细设计阶段。该阶段就是将广场规划方案具体化，形成广场设计的总平面布置图、详细设计图及施工设计图等。

（一）详细设计内容

（1）首先确定广场主入口的具体位置，主入口至主题雕塑的轴线，并确定出轴线两旁布设的景观和设施类型及位置。确定出主题雕塑标志物的大小和范围，周边"源远流长"等景点的布局及其他园林要素的配合与烘托等。

（2）具体确定出跌水的形式，溪流的尺度和走向，以及周边的景物配合。

（3）确定出拟建露天舞台的形式、位置、范围大小及配套设施。

（4）设计出儿童活动场地以及休闲区域、健身区域和其他区域的具体位置、范围、设施及其他景观的配合。

（5）根据广场的总体设计，提出绿化设计的原则和景观要求。

（二）技术设计内容

该阶段是在完成广场详细设计平面图的基础上，对平面图上所有园林要素所做的技术设计，往往需要有很多方面的工程设计人员参加，比如有些桥梁、文化长廊、亭及其他一些建筑物就需要建筑设计师去完成。

1. 建筑物的设计

广场上所有建筑物需要设计出具体尺寸、造型和材质结构等。

2. 水景的设计

设计出跌水的具体尺寸，岸线的材质及处理，池底结构的处理，溪流的具体尺寸及桥梁等景物的配合等。

3. 广场铺装的设计

广场铺装的材质、纹样图案和具体尺寸等。

4. 植物景观的设计

依据休闲娱乐广场的景观要求，结合当地自然条件和植被类型，确定各区绿化景观的骨干树种和种植形式；依据详细设计的内容，完成休闲娱乐广场绿地各组成部分的详细设计图纸的绘制。

根据详细设计方案和相关施工图纸，分别按建筑、水景、铺装及植物等不同的园林要素，列出各自的工程量清单，以便参照不同的定额，进行投资预算。例如对于广场设计中所用的铺装材料来讲，要统计出种类、规格要求、数量及其他标准等。

【复习思考】

（1）分析你所熟悉的休闲娱乐广场绿化设计。

（2）简述休闲娱乐广场的设计要点。

【实训项目】

（一）实训目的

通过对面积较大广场绿地设计的训练，综合运用所学的知识对其规划形式、植物造景以及小品景观等进行综合布置，掌握其绿地设计要点。

（二）实训内容

对某城市未设计的广场绿地或者已经设计好的庭院绿地进行测绘并整理出地形图，在老师给出的一定参考资料和指导下，学生对其进行园林设计。

具体内容和步骤为：

（1）实训准备，主要进行实训动员和设计工具的准备工作。

（2）平面图现场勘查，主要完成指导教师布置的现场踏勘所需资料。

（3）根据踏勘所得的资料进行分析，做出设计方案图。

（4）调研一些优秀的广场绿地设计并做出分析。

（5）模拟方案汇报。

（三）实训方式

1. 实训准备

（1）实训动员：主要采取室内讲座的方式进行实训任务布置，做好实训工作计划的安排工作。

（2）室外调查学习和室内学生老师交流互动的教学方法的准备工作。

2. 平面图方案和调查学习

（1）老师带领学生到一些设计比较好的广场绿地进行现场分析，然后做记录；

（2）老师带领学生现场踏勘，学生先进行分析，老师后面总结。

（3）教室内集中进行平面图检查与分析总结。

3. 参观、考核

（1）现场参与施工和现场设计以及参观一些知名的庭院绿地设计。

（2）整理记录和报告以及速写，进行考核。

（四）实训要求

1. 基本要求

要求学生运用所学的知识把图纸规划设计出来，交设计图纸。并准备所需的各种作图工具、图纸和资料。

2. 图纸要求

原图比例是 1:1000 或者其他比例，图纸图别和要求如下：

（1）园林设计总平面图一幅：表现规划用地范围内各种造园要素（如园林建筑小品、山石、水体及园林植物等）的总体平面布局图纸，要求环境优雅、布局合理且植物的配置季相分明，具有时代性、创造性。

（2）透视图或鸟瞰图一幅：表示园林中各个景点、各种设施及地貌等在高程上的高低变化和协调统一的图纸，主要表现规划用地范围内各种造园要素（如园林建筑小品、山石、水体及园林植物等）的高程等内容。

（3）园林植物种植设计图：表示设计植物的种类、数量、规格、种植位置及类型和要求的平面图纸。

（4）景观分析图：表示设计中自己设计的景观轴线来表明设计意图。

（5）不少于 500 字的简要文字说明。

（6）表现手法不拘。

（7）图纸大小为 A2 或 A3。

（8）体现广场的优雅性，要有立意，并与实地相符，达到优美的效果。

（五）考核与汇报

为体现团队精神，实训期间以组为单位，每组设计一套图纸，并安排组员进行模拟方案汇报。

1. 考核形式

对实践环节提交的图纸进行评定，按百分制评分。

2. 成绩评定

按百分制评分，标准为：方案能力（30%）、动手能力（15%）、图面效果（20%）、创新能力（15%）、版面情况（10%）（图纸的完整性）、可操作性（10%），具体见园林设计综合实训项目考核通用标准。

3. 实习总结

实习总结不少于 1000 字。

任务六　儿童游戏广场设计

【设计任务】

调查常见的儿童游戏广场，进行对比、分析和总结，并列表对比，分析常见的儿童游戏广场的功能与特点，分析各儿童游戏广场在规划设计过程中的异同之处，了解各类儿童游戏广场规划设计、绿化设计的特点。

【任务分析】

儿童游戏广场的主要功能作用、设计要点有哪些？

【知识链接】

随着社会经济快速发展和儿童数量的不断增加，儿童游戏广场存在数量不足、规模偏小以及布局不均等问题日渐突出。儿童是现实社会的弱势群体，他们是需要去指引、帮助和关爱的，这是所有人的共识。但是我国儿童活动环境的整体水平却极低，以往的一些儿童游戏广场，受场地和资金的局限，往往将考虑的重点放在儿童器械上，基本上还停留在沙坑搭配滑梯的模式，强迫现在的儿童去接受千篇一律的游戏内容，比较孤立也缺少主题，不能组成一个对孩子有吸引力的游戏场空间。总地来说，就是忽视儿童行为与心理的需要，公众关注程度与规划设计水平极不相称。

但随着我国经济、生活和国际的逐渐接轨，儿童游戏广场将成为一种新兴的广场方式。而且国外的经验与实例说明，一个好的儿童游戏场地是能培养和锻炼儿童的各方面能力的。

设计要点：

1. 了解儿童的需要

了解儿童和他们的需要，这一点很重要。儿童有游戏的权利，在游戏中见到令人愉快的颜色，体会游戏的愉悦和从中获得知识的幸福。儿童游戏并没有明确的目的，只是出于一种本能。他们的游戏是成人世界的反映，是以他们的方式成为一个完整的人。儿童是社会中特殊的群体，设计者很难从自身找到与他们的相似点。因此，如何在设计时把握儿童的心理，让儿童对设计者的设计产生兴趣显得尤为重要。

儿童游戏广场设计要对儿童心理、行为进行分析，包括游戏内容、游戏路线以及游戏器具的款式、颜色等对儿童意识的作用，另外尺度把握、高程变化、植物配置以及标志标识等场地内容也应符合儿童行为心理特征。

2. 划分年龄分组

我国是将 14 岁以下的孩子定义为儿童的。首先要考虑儿童心理、生理和行为特征。不同年龄阶段的儿童有着不同的行为特征和需求，活动方式也不尽相同，年龄是儿童分组活动的依据，为儿童提供不同层次的活动给予他们不同的选择权，这是儿童游戏广场在进行分区时应考虑的重要因素之一。

3. 场地的客观条件

界定儿童游戏广场的面积和边界。特别注意会影响游乐设施放置的那些客观因素，如下水道、障碍物及灯柱等。

4. 场地的出入口

儿童游戏广场的选址必须考虑周围的交通状况，要方便在游乐场内骑自行车或滑板，也要便于携带婴儿车或轮椅进入。

5. 设备的摆放与色彩

光、影、日晒及风吹等因素都必须考虑到。另一个重要的因素是场地的颜色。颜色对儿童的影响很明显，明亮愉悦的颜色会带给儿童愉快的情绪。

6. 游戏设备的材料选择

确认供应商通过了国家的相关认证。不使用含有毒物质的材料，如含有铝、砷的木料，以及其他废旧材料，如旧电线杆，铁路枕木等。如有疑问请查询相关资料。

7. 地面材料防护

地面防护必须与该区域的游戏设施相符。防护地面可以是沙地、安全地垫和木屑地表，但是必须有足够的厚度来减缓冲击力。

8. 了解产品的功能

无论是对儿童还是他们的成人陪同者，儿童游戏广场必须是激动人心、激发灵感和富有挑战性的场所。游乐设施必须经过精心挑选，选择各种场地游乐设施，如秋千，滑梯和水，沙等。不同的游戏种类构成儿童游戏广场的整体氛围，满足所有年龄儿童的游戏需求。所以设计儿童游戏广场必须不断了解儿童的发展阶段和需要。

9. 空间类型

一个完备、成熟的儿童游戏广场应包括以下六种空间类型：

（1）游戏设施空间。以提供游戏设施为目的的空间，此类空间是目前小区中最为常见的空间类型。

（2）自然空间。由植物、水和泥土等自然元素组成的空间，是儿童游戏最基本也是最重要的空间。

（3）开放空间。允许儿童尽情奔跑的外部空间，大到能容纳最有活力的游戏行为的空间。

（4）休息、交流空间。是儿童游戏空间的配套、附属空间。

（5）冒险空间。这是一些目的不明的空间，激发儿童的想象力。

（6）隐藏空间。儿童在此隐藏秘密，多数儿童成长过程中都存在这种拥有老师和父母不知道的独立空间的经历。

10. 设计尺度较难掌握

儿童无论在生理和心理上都和成人有着差别，他们喜欢攀登到高处向下看，喜欢在操场上嬉戏，喜欢有水的小池子。因此，在设计时必须以他们的高度和角度来考虑，不能用常规的手法去设计。

11. 植物种植

植物设计在儿童活动环境中非常重要。儿童好奇、好探险。有的时候可以在某些地段密植树丛，在光线上给人黑暗，预示着危险，其实没有危险，对较大的儿童，大多可以吸引他们去探险，从而带来了游玩的刺激性，让他们去接触大自然的质感，对他们的成长有利。

在栽植中树种不宜过多，一般选择春夏观花，秋季观果，冬季观枝的四季景观。同时在树形、叶色和习性等方面满足儿童们利用的特征，最好是能有触觉、味觉、视觉和嗅觉的植物材料，突出表现植物景观的同时，增加体验、感受和认识自然的机会，寓教于学。忌种有毒、有刺、有刺激性和有奇臭、易招致病害及易结浆果、给人体呼吸道带来不良作用的植物。

【复习思考】

分析你所熟悉的儿童游戏广场绿地设计。

【实训项目】

1. 实训目的

了解儿童游戏广场绿化的形式，掌握儿童游戏广场绿地规划设计的原则，种植设计的方式及树种的搭配与组合等。

2. 材料工具

测量工具、绘图工具等。

3. 实训内容及步骤

（1）调查当地的土壤、地质条件，了解适宜树种选择范围。

（2）构思总体设计方案及种植形式，完成初步设计（平面图）。

（3）正式设计。绘制设计图纸，包括平面图、立面图和效果图等。

4. 作业

给定一块空地及周围的环境作为儿童游戏广场，对其进行设计绘制平面图，对广场绿地进行种植设计，绘制整体平面图、立面图和局部效果图，编制说明书及各种表格。

项目 四 滨水景观规划设计

教学目标

（1）理解滨水景观的特点，掌握滨水景观要素设计的特点和方法。
（2）理解滨水生态景观的特点和意义，掌握一般滨水生态景观的设计方法。

技能要求

（1）掌握滨水景观空间总体平面和竖向的设计。
（2）掌握滨水景观小品、道路、植物及驳岸等要素的详细设计。
（3）掌握一般滨水生态景观设计的方法。

任务一 城市滨水空间的处理与竖向设计

【设计任务】

图 4-1-1 所示是某城市一条滨水绿地现状图，现要求结合当地自然条件及社会条件，完成该滨水景观的空间处理与竖向设计。

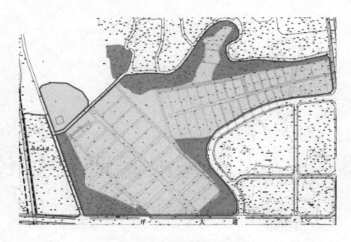

图 4-1-1 某城市滨水绿地现状图

【任务分析】

根据对上述任务的分析以及甲方的设计要求，可分以下几个步骤来完成此路段的绿化设计任务：

1. 调查研究
（1）自然环境的调查。
（2）社会环境的调查。
（3）设计条件或绿地现状的调查。

2. 设计构思
（1）景观风格的定位。
（2）滨水空间设计。
（3）滨水绿地竖向设计。
（4）滨水绿地建筑小品设计。
（5）植物生态群落设计。

3. 图纸绘制
通过规范的图纸，完成对设计方案的表达。主要完成以下图纸：
（1）平面图。
（2）效果图。

【知识链接】

城市滨水地带的规划和景观设计，一直是近年来的热点。滨水区设计的一个最重要特征，在于它是复杂的综合问题，涉及多个领域。作为城市中人类活动与自然过程共同作用最为强烈的地带之一，河流和滨水区在城市中的自然系统和社会系统中具有多方面的功能，如水利、交通运输、游憩、城市形象以及生态功能等。因此滨水工程涉及航运、河道治理、水源储备与供应、调洪排涝、植被及动物栖息地保护、水质、能源、城市安全以及建筑和城市设计等多方面的内容。这就决定了滨水区的规划和景观设计，应该是一种能够满足多方面需求的、多目标的设计，且要求设计人员能够全面、综合地提出问题，解决问题。

滨水区景观设计的目标，一方面要通过内部组织，达到空间的通透性，保证与水域联系的良好的视觉走廊；另一方面，滨水区为展示城市群体景观提供了广阔的水域视野，这也是一般城市标志性、门户性景观可能形成的最佳地段。滨水空间的规划设计，必须考虑到生态效应、美学效应、社会效应和艺术品位等方面的综合，做到人与大自然、城市与大自然和谐共存。

（一）滨水景观内涵与特点

1. 城市滨水区的内涵

滨水一般指同海、湖、江、河等水域濒临的陆地边缘地带。水域孕育了城市和城市文化，成为城市发展的重要因素。世界上知名城市大多伴随着一条名河而兴衰变化。

城市滨水区是指城市范围内水域与陆地相接的一定范围内的区域，其特点是水与陆地构成环境的主导要素。它是城市中自然因素最为密集、自然过程最为丰富的地域，同时这里也是人类活动与自然过程共同作用最为强烈的地带之一。城市滨水区是构成城市公共开放空间的重要部分，并且是城市公共开放空间中兼具自然地景和人工景观的区域，其对于城市的意义尤为独特和重要。

2. 滨水景观的类型与特点

滨水区空间形态设计的质量，主要取决于滨水区空间的组合关系。滨水区主要包含以下组成要素：

（1）水体边缘：水体及亲水边缘空间。

（2）步行活动区域：游憩空间。

（3）滨水街区：滨水区的城市职能空间。

（4）滨水绿化：自然空间。

按各要素之间的组合方式可分为以下三种类型：

（1）集约型：滨水区各要素充分展现、相互映衬，并以高度的集约而形成具有强烈凝聚力的开放空间。集约型滨水区充满活力，往往因其标志性的建筑群体和较大规模的滨水开放空间而引人注目，因而成为城市的象征。

（2）紧凑型：滨水区空间要素以简练、紧凑的形式组合。通常由滨水步行活动区域和滨水街区两个要素组成。

（3）松散型：滨水区各要素以相对自由活泼的方式组合，滨水空间融入自然空间之中，自然空间成为主体。

3. 营造滨水景观的意义

滨水空间是城市中重要的景观要素，是人类向往的居住胜境。水的亲和与城市中人工建筑的现实形成了鲜明的对比。水的动感、平滑又能令人兴奋和平和。水是人与自然之间情结的纽带，是城市中富于生机的体现。在生态层面上，城市滨水区的自然因素使得人与环境间达到和谐、平衡的发展；在经济层面上，城市滨水区具有高品质的游憩、旅游的资源潜质；在社会层面上，城市滨水区提高了城市的可居性，为各种社会活动提供了舞台；在都市形态层面上，城市滨水区对于一个城市整体感知意义重大。

营造滨水城市景观，即充分利用自然资源，把人工建造的环境和当地的自然环境融为一体，增强人与自然的可达性和亲密性，使自然开放空间对于城市、环境的调节作用越来越重要，形成一个科学、合理、健康和完美的城市格局。

（二）滨水区景观道路系统的处理

滨水绿地内部道路系统是构成滨水绿地空间框架的重要手段，是联系绿地与水域、绿地与周边城市公共空间的主要方式（图4-1-2）。现代滨水绿地道路的设计就是要创造人性化的道路系统，除了可以为市民提供方便、快捷的交通功能和观赏点外，还能提供合乎人性空间尺度、生动多样的时空变换和空间序列。要想达到这样的要求，滨水绿地内部道路系统规划设计应遵循以下主要原则和方法：

图 4-1-2　滨水道路系统

（1）提供人车分流、和谐共存的道路系统，串连各出入口、活动广场及景观节点等内部开放空间和绿地周边街道空间。这里所说的人车分流是指游人的步行道路系统和车辆使用的道路系统分别组织、规划。一般步行道路系统主要满足游人散步、动态观赏等功能，串连各出入口、活动广场及景观节点等内部开放空间，主要由游览步道、台阶蹬道、步石、汀步及栈道等几种类型组成。车辆道路系统（一般针对较大面积的滨水绿地考虑设置，一般小型带状滨水绿地采用外部街道代替）主要包括机动车（消防、游览及养护等）和非机动车道路，主要连接与绿地相邻的周边街道空间，其中非机动车道路主要满足游客利用自行车、游览人力车游乐、游览和锻炼的需求。

规划时宜根据环境特征和使用要求分别组织，避免相互干扰。例如苏州金鸡湖滨水绿地，由于湖面开阔，沿湖游览路线除考虑步行散步观光外，还考虑无污染的电瓶游览车道以满足游客长距离的游览需要，做到各行其道，互不干扰。

（2）提供舒适、方便且吸引人的游览路径，创造多样化的活动场所（图4-1-3）。绿地内部道路、场所的设计应遵循舒适、方便和美观的原则。其中，舒适要求路面布局相对平整，符合游人使用尺度；方便要求道路线性设计尽量做到方便快捷，增加各种活动场所的可达性，现代滨水绿地内部道路考虑观景、游览趣味与空间的营造，平面上多采用弯曲自然的线形组织环形道路系统，或采用直线和弧线、曲线结合，道路与广场结合等形式串连出入口和各节点以及沟通周边街道空间，立面上随地形起伏，构成多种形式、不同风格的道路系统；美观是绿地道路设计的基本要求，与其他道路相比，园林绿地内部道路更注意路面材料的选择和图案的装饰以达到美观的要求，一般这种装饰是通过路面形式和图案的变化获得的，通过这种装饰设计，创造多样化的活动场所和道路景观。

图 4-1-3　滨水道

（3）提供安全、舒适的亲水设施和多样的亲水步道，增进人际交往与地域感。滨水绿地是自然地貌特征最为丰富的景观绿地类型，其本质的特征就是拥有开阔的水面和多变的临水空间。对其内部道路系统的规划可以充分利用这些基础地貌特征创造多样化的活动场所，诸如临水游览步道、伸入水面的平台、码头、栈道以及贯穿绿地内部各节点的各种形式的游览道路、休息广场等，结合栏杆、座凳及台阶等小品，提供安全、舒适的亲水设施和多样的亲水步道，以增进人际交流和创造个性化活动空间。具体设计时应结合环境特征，在材料选择、道路线形、道路形式与结构等方面区别对待，材料选择以当地乡土材料为主，以可渗透材料为主，增进道路空间的生态性，增进人际交往与地域感。

（4）配置美观的道路装饰小品和灯光照明。人性化的道路设计除对道路自身的精心设计外，还要考虑诸如座凳、指示标牌等相关的装饰小品的设计，以满足游人休息和获取信息的需要。同时，灯光照明的设计也是道路设计的重要内容，一般滨水绿地道路常用的灯具包括路灯（主要干道）、庭院灯（游览支路、临水平台）、泛光灯（结合行道树）以及轮廓灯（临水平台、栈道）等，灯光的设置在为游客提供晚间照明的同时，还可创造五彩缤纷的光影效果。

（三）竖向分析与设计

作为"水陆边际"的滨水绿地，多为开放空间，其空间的设计往往兼顾外部街道空间景观和水面景观，人的站点及观赏点位置处理有多种模式，其中有代表性的有以下几种：外围空间（街道）观赏；绿地内部空间（道路、广场）观赏、游览、停憩；临水观赏；水面观赏、游乐；水域对岸观赏等。为了取得多层次的立体观景效果，一般在纵向上，沿水岸设置带状空间，串连各景观节点（一般每隔300～500m设置一处景观节点），构成纵向景观序列（图4-1-4）。

竖向设计考虑带状景观序列的高低起伏变化，利用地形堆叠和植被配置的变化，在景观上构成优美多变的林冠线和天际线，形成纵向的节奏与韵律；在横向上，需要在不同的高程安排临水、亲水空间。滨水空间的断面处理要综合考虑水位、水流、潮汐、交通、景观和生态等多方面要求，所以要采取一种多层复式的断面结构。这种复式的断面结构分为外低内高型、外高内低型及中间高两侧低型等几种。低层临水空间按常水位来设计，每年汛期来临时允许淹没；高层台阶作为千年一遇的防洪大堤。这两级空间可以形成具有良好亲水性的游憩空间。各层空间利用各种手段进行竖向联系，形成立体的空间系统。

滨水绿地陆域空间和水域空间通常存在较大高差，由于景观和生态的需要，要避免传统的块石驳岸平直生硬的感觉，临水空间可以采用以下几种断面形式进行处理：

图 4-1-4　滨水空间的处理

（1）自然缓坡型。通常适用于较宽阔的滨水空间，水陆之间通过自然缓坡地形，弱化水陆的高差感，形成自然的空间过渡，地形坡度一般小于基址土壤自然安息角。临水可设置游览步道，结合植物的栽植构成自然弯曲的水岸，形成自然生态、开阔舒展的滨水空间（图 4-1-5）。

图 4-1-5　自然缓坡

（2）台地型。对于水陆高差较大，绿地空间又不是很开阔的区域，可采用台地式弱化空间的高差感，避免生硬地过渡。即将总的高差通过多层台地化解，每层台地可根据需要设计成平台、铺地或者栽植空间，台地之间通过台阶沟通上下层交通，结合种植设计遮挡硬质挡土墙砌体，形成内向型临水空间（图 4-1-6）。

图 4-1-6　台地

（3）挑出型。对于开阔的水面，可采用该种处理形式，通过设计临水或水上平台、栈道满足人们亲水、远眺观赏的要求。临水平台、栈道地表标高一般参照水体的常水位设计，通常根据水体的状况，高出常水位 0.5 ~ 1.0 m，若风浪较大的区域，可适当抬高。在安全的前提下，以尽量贴近水面为宜。挑出的平台、栈道在水体较深区域应设置栏杆，当水体较浅时，可以不设栏杆或使用座凳栏杆围合（图4-1-7）。

图 4-1-7　挑出型

（四）景观风格的定位与建筑、小品的设置

滨水绿地为满足市民休息、观景以及点景等功能要求，需要设置一定的景观建筑、小品，一般常用的景观建筑类型包括：亭、廊、花架、水榭、茶室、码头、牌坊（楼）及塔等；常用景观小品包括：雕塑、假山、置石、座凳、栏杆和指示牌等（图4-1-8）。

图 4-1-8　滨水建筑小品

滨水绿地中建筑、小品的类型与风格的选择主要根据绿地的景观风格的定位来决定，滨水绿地的景观风格也正是通过景观建筑、小品来加以体现的。滨水绿地的景观风格主要包括古典景观风格和现代景观风格两大类。其中，古典景观风格的滨水绿地往往以仿古、复古的形式，体现城市历史文化特征，通过对历史古迹的恢复和城市代表性文化的再现来表达城市的历史文化内涵，该种风格通常适用于一些历史文化底蕴比较深厚的历史文化名城或历史保护区域。而对于一些新兴的城市或区域，滨水绿地景观风格的定位往往根据城市建设的总体要求会选择现代风格的景观，通过雕塑、花架及喷泉等景观建筑、小品加以体现。

滨水绿地景观风格的选择，关键在于与城市或区域的整体风格的协调。建筑小品的设置应该体量小巧、布局分散，将建筑小品融于绿地大环境之中，这样才能设计出富有地方特色的有生命力的作品来。

【规划设计】

根据对上述任务的分析，分以下几个步骤来完成此路段的绿化设计任务。

1. 调查研究

（1）自然环境的调查。主要是调查滨水绿地所在地周围的自然环境以及水域环境。

（2）社会环境的调查。主要对滨水绿地所在地的历史、人文、社会及风俗习惯等基本情况进行调查，目的是通过对社会环境的调查，了解当地的风俗习惯、文化传统等因素，以便为后期的设计构思提供素材。

（3）设计条件或绿地现状的调查。这部分工作的目的是了解绿化用地范围内现状条件，包括原有建筑、植被和地形等情况。

2. 设计构思

（1）景观风格的定位。根据城市或绿地周围的整体风格选择与之协调的景观风格。若周围整体风格为古典式绿地则选择古典景观风格，反之则选择现代景观风格。

（2）滨水空间设计。根据外部街道空间景观和水面景观，人的站点及主要观赏点位置等外部条件，选择合适的空间设计模式。沿水岸设置带状空间，串连各景观节点，构成纵向景观序列，如图4-1-9所示。

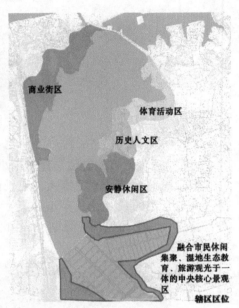

图4-1-9　滨水景观绿地中景观节点

（3）滨水绿地竖向设计

1）综合考虑水位、水流、潮汛、交通、景观和生态等多方面要求确定滨水空间的断面形式。

2）根据常水位来设计低层临水空间，每年汛期来临时允许淹没。高层台阶作为千年一遇的防洪大堤。各层空间利用各种手段进行竖向联系，形成立体的空间系统。

3）选择合适的临水空间断面形式。

（4）滨水绿地建筑小品设计。

1）根据绿地的景观风格的定位来决定滨水绿地中建筑、小品的类型与风格。

2）建筑小品应融于绿地大环境之中，并应源于地方文化，以确保作品的生命力。

（5）植物生态群落设计。

1）绿化植物品种的选择。应注重以培育地方性的耐水性植物或水生植物为主，同时高度重视水滨的复合植被群落。

2）城市滨水绿地绿化应尽量采用自然化设计，模仿自然生态群落的结构。

3. 图纸绘制

图纸要求符合设计规范。图4-1-10所示为此滨水绿地设计的平面图

图 4-1-10 滨水绿地设计的平面图

案例分析

贵溪滨河绿地

贵溪滨河绿地位于贵溪市沿河路南侧，南面与信江相隔，现南岸已建成景观滨水绿地，北面为贵溪市主城区，东面为贵溪发电厂，西面为住宅区和商业用地，区域内交通便捷，是河北主城区的重要观赏休憩场所。本次景观设计总建设用地约34026m²，范围包括信江大桥西面休闲公园和桥东公园，约800m 长的滨河绿带，地段呈狭长形，宽度为12m 到41m 不等，考虑到绿地系统的完整性，将约796m² 的浮石半岛纳入设计范围，总设计面积达到3.48 万 m²。

通过现场调查发现，原有绿地景观较好，市民对场地的满意度较高，只是局部场地不够品味、缺乏文化内涵。本设计留住场地精神，在充分理解场地空间的基础上，对景点采取设计手法是：保留、利用、充实、调整和提高。

方案在整体布局上将信江北岸绿地分为五大景观分区：西林晚唱景观区、柳堤东晓景观区、雄石印记景观区、闲庭信步景观区和四面晴方景观区。

（1）西林晚唱景观区——强调人与人的对话空间，不是忘却，而是再创记忆的场所。

西林晚唱景观区位于信江大桥桥西绿地，设计尊重原有场地精神，保留原有的女贞林、大樟树林荫和休闲舞蹈区等场地记忆空间，结合林下波形铺装以及木质平台等景观元素和"桥拱意长"等景点布局，设计营造人与人的对话空间，不是忘却，却是再创记忆的场所（图4-1-11）。

图 4-1-11　西林唱晚景观区景点效果图

（2）柳堤东晓景观区——强调人与自然的
对话空间，不是破坏，而是再创人间第二自然。

柳堤东晓景观区位于信江桥东面与茶楼之
间的绿地，设计利用空间开合变化，营造适合
不同人群行为需要的景观感受，通过穿越儿童
乐园、古院新韵和石林广场等不同场所体验，
感受人与自然和谐的对话空间（图 4-1-12）。

图 4-1-12　柳堤东晓景观区景点效果图

（3）雄石印记景观区——强调文化与景观
的对话，景观传承历史文化，空间沉淀地方特色。

设计创意来源于贵溪风情"十不得"中"浮石浮不得"，该浮石是贵溪人最为熟悉的标
志，也是北岸最具代表性景观，就像刻在信江河美丽画卷上的一个印章一样，记载着信江的
涨涨落落，贵溪的点滴变化和蓬勃发展。

（4）闲庭信步景观区——强调城市、人、生态和谐共融的景观主题。

原有的场地是居民放风筝，嬉戏追逐的大草坪，但是种植缺乏层次，景观相对单调。设
计打破原有的空旷，通过雪松大草坪、溪石雾泉枯山水和闲庭信步等景点布局，营造一个空
间开合有致的景观格局。

（5）四面晴方景观区——强调景观与自然的对话，运动在绿色中，徜徉在江水边。

位于信江北岸绿地的东面，东与贵溪发电厂的绿地相衔接，原有门球场、儿童活动场
地、花架等景观，但调查发现该场地人流量相对较少，居民满意度不高，场地缺乏空间感。
设计改变原有布局，利用林荫树阵广场、生命之光和儿童游乐场等空间布局，塑造为一个市
民休闲、运动及娱乐的充满人气的场所（图 4-1-13）。

图 4-1-13　四面晴方景观区景点效果图

【复习思考】

滨水绿地的特点是什么？具有哪些功能？

【实训项目】

（一）实训目的

通过对滨水景观的设计训练，进一步提高综合所学知识对滨水景观的规划形式、景观要素进行合理布置的设计技能，并能达到实用性、科学性与艺术性的完美结合。

（二）实训方式

1. 分析与学习

采用室外现场参观等形式，对滨水绿地景观设计优秀作品进行分析、学习。

2. 具体项目设计实训

拟定一项具体的滨水绿地建设项目，让学生进行方案设计，并按内容要求形成一套完整的设计文件。

（三）实训内容

对某滨水绿地进行生态景观设计。

具体步骤与内容如下：

（1）对滨水绿地优秀作品进行分析、学习。

（2）实训准备，主要进行实训动员和设计的准备工作。

（3）对初步设计方案进行分析、指导。

（4）修改、完善设计方案，并形成相对完整的设计方案。

（四）实训要求

1. 基本要求

要求学生综合运用所学的知识，对给定的滨水绿地建设项目进行规划设计，呈交一套完整的设计文件。

2. 图纸要求

设计图纸要求每人独立完成一套，并附植物配置表。具体图纸要求如下：

（1）绿地设计总平面图。表现各种造园要素（如园林建筑和小品、山石水体、园林植物等），要求功能区布局合理、植物的配置季相分明。

（2）透视或鸟瞰图。手绘滨水绿地实景，表示绿地中各个景点、各种设施及地貌等。要求色彩丰富，比例适当，形象逼真。

（3）园林植物种植设计图。表示设计植物的种类、数量、规格、种植位置及类型和要求的平面图纸。要求图例正确，比例合理，表现准确。

（4）局部景观表现图：用手绘或计算机辅助制图的方法表现设计中有特色的景观。要求特点突出，形象生动。

所有图纸的图面都要求表现能力强，线条流畅，构图合理，清洁美观，图例、文字标注、图幅等符合制图规范。

3. 设计说明编写要求

设计说明要求语言流畅，言简意赅，能准确地对图纸补充说明，体现设计意图。

（五）考核与汇报

实训期间以组为单位，培养团队精神，采取任务驱动法，每组设计一套图纸，并安排组员进行模拟方案汇报。

1. 考核形式

对实践环节提交的图纸进行评定，按百分制评分。

2. 成绩评定

按百分制评分，标准为：方案能力（30%）；动手能力（15%）；图面效果（10%）；创新能力（15%）；版面情况（10%）（图纸的完整性）；可操作性（20%）。具体见园林设计综合实训项目考核通用标准。

3. 实习总结

实习总结不少于1000字。

任务二　滨水生态景观设计

【设计任务】

调查常见的滨水景观，进行对比、分析和总结，并列表对比，分析常见滨水景观的生态功能与特点，分析各滨水景观在规划设计过程中的异同之处，了解各类滨水景观规划设计、生态设计的特点。

【任务分析】

滨水生态景观的主要功能作用、设计要点有哪些？

【知识链接】

（一）基础知识讲解

生态规划设计以满足可持续发展的需求为原则，以顺应基址生态环境、节约物质与能源、保护生物多样性和提高植物生态效益为标准。在传统设计方法的基础上以生态学设计原则和方法为指导重新分析、评价、整理和改良常规设计，如此两者循环往复，形成最终方案。

城市滨水绿地是一个包含水域和陆域，富含丰富的景观和生态信息的复合区域。滨水绿地的生态规划设计的内容主要包括对绿地内部复合植物群落、临水驳岸、景观建筑小品和道路铺装系统等基础元素的设计与处理（图4-2-1）。

1. 滨水绿地植物生态群落的设计

植物是恢复和完善滨水绿地生态功能的主要手段，以绿地的生态效益作为主要目标，在传统植物造景的基础上，除了要注重植物观赏性方面的要求，还要结合地形的竖向设计，模拟水系形成自然过程所产生的典型地貌特征（如河口、滩涂和湿地等），创造滨水绿地植物适生的地形环境，以恢复城市滨水区域的生态品质为目标，综合考虑绿地植物群落的结构。另外在滨水生态敏感区引入天然植物要素，比如在合适地区建设滨水生态保护区，以及建立多种野生生物栖息地等，建立完整的滨水绿色生态廊道。

图 4-2-1　滨水植物景观

　　绿化植物品种的选择除常规观赏树种的选择外，还应注意以培育地方性的耐水性植物或水生植物为主，同时高度重视水滨的复合植被群落，它们对河岸水际带和堤内地带这样的生态交错带尤其重要。植物品种的选择要根据景观、生态等多方面的要求，在适地适树的基础上，还要注重增加植物群落的多样性。利用不同地段自然条件的差异，配置各具特色的人工群落（图 4-2-2）。常用的临水、耐水植物包括：垂柳、水杉、池杉、云南黄馨、连翘、芦苇、菖蒲、香蒲、荷花、菱角、泽泻、水葱、茭白、睡莲、千屈菜以及萍蓬草等。

图 4-2-2　滨水生态景观

　　城市滨水绿地绿化应尽量采用自然化设计，模仿自然生态群落的结构。具体要求：一是植物的搭配——地被、花草、低矮灌木与高大乔木的层次和组合，应尽量符合水滨自然植被群落的结构特征；二是在水滨生态敏感区引入天然植被要素，比如在合适地区植树造林恢复自然林地，在河口和河流分合处创建湿地，转变养护方式培育自然草地，以及建立多种野生生物栖息地等。这些仿自然生态群落具有较高生产力，能够自我维护，方便管理且具有较高的环境、社会和美学效益，同时，在消耗能源、资源和人力上具有较高的经济性。

2. 驳岸的设计

传统控制洪水的工程手段主要是对曲流裁弯取直，加深河槽，并用混凝土、砖、石等材料加固堤岸、筑坝和筑堰等。这些措施产生了许多消极后果，加大规模的防洪工程设施的修筑直接破坏了河岸植被赖以生存的基础，缺乏渗透性的水泥护堤隔断了护堤土体与其上部空间的水气交换和循环。推广使用生态驳岸，采用生态规划设计的手法应该可以弥补这些缺点。生态驳岸是指恢复后的自然河岸或具有自然河岸可渗透性的人工驳岸，它可以充分保证河岸与水体之间的水分交换和调节功能，同时具有一定的抗洪强度。

生态驳岸一般可分为以下三种：

（1）自然原型驳岸。主要采用植物保堤岸，以保持自然堤岸的特性，如临水种植垂柳、水杉、白杨以及芦苇、菖蒲等具有喜水特性的植物，由它们生长舒展的发达根系来稳固堤岸，加之柳枝柔韧，顺应水流，增加抗洪、保护河堤的能力。

（2）自然型驳岸。不仅种植植被，还采用天然石材、木材护底，以增强堤岸抗洪能力，如在坡脚采用石笼、木桩或浆砌石块等护底，其上筑有一定坡度的土堤，斜坡种植植被，实行乔灌草结合，固堤护岸。

（3）人工自然型驳岸。在自然型护堤的基础上，再用钢筋混凝土等材料，确保抗洪能力，如将钢筋混凝土柱或耐水圆木制成梯形箱状框架，并向其中投入大的石块，或植入不同直径的混凝土管，形成很深的鱼巢，再在箱状框架内埋入大柳枝、水杨枝等；邻水侧种植芦苇、菖蒲等水生植物，使其在缝中生长出繁茂、葱绿的草木。

【规划设计】

通过对滨水生态景观调查分析和相关知识的学习，分别从其主要功能作用、布局形式、广场特点和绿化设计要点等方面进行对比分析。

案例分析

杭州太子湾公园

太子湾公园位于杭州西湖风景区，东邻张苍水祠，南倚九曜山、南屏山，西接赤山埠，北临花港公园。南宋皇室庄文、景献两太子就埋葬在这里，故有太子湾之称。公园总面积80.03hm²，为西湖南线新建的一处蕴含乡情野趣和梦幻色彩的大型公园。

该园始建于1988年，原为西湖疏浚淤泥的堆积场。建园时，因山就势，巧妙地挖池筑坡使其地形高低起伏，错落有致，追求自然拙朴的个性特点。园中以西湖引水工程的一条明渠作为主线，积水成潭，截流成瀑，环水成洲，跨水筑桥，形成了诸如琵琶洲、翡翠园、逍遥坡、玉鹭池、颐乐苑及太极坪等空间开合收放相宜、清新可人的景点。使中国传统的造园艺术和现代的园林美学达到了和谐的统一。春天，太子湾满园盛开绚丽多彩的郁金香，数十万株鲜花使这里成了花的世界。太子湾公园获得国家优秀公园设计一等奖。现在，这里已成为杭州著名的婚庆公园、新人世界。

太子湾公园超群脱俗，山（九曜、南屏）为屏，水（明渠）为脉，山障水绕，气韵生动。全园以园路、水道为间隔，约划分为东、中、西三块景区，东部景区为望山坪、颐乐苑等。望山坪系一大草坪，坪面宽广，视野开阔，既可眺翠微山色，又可在草地上或卧憩，或嬉戏。大草坪南端，有一处用浅红、灰黑两色磨面石块拼砌而成的太极圆形铺装，其直径约10m，游人到此晨可练拳习武，夜可歌咏欢娱。中部景区以琵琶洲与翡翠园为主景点。琵琶洲高高隆起，翡翠园参差毗接，上遍玉兰、含笑及樱花等观赏花木，下层衬以绣球、火棘及宿根花卉，花影照眼，馨香沁人（图4-2-3）。

图4-2-3　杭州太子湾公园实景

【复习思考】

谈一谈滨水生态景观设计的内容与方法。

【实训项目】

（一）实训目的

通过对滨水景观的设计训练，进一步提高综合所学知识对滨水景观的规划形式、景观要素进行合理布置的设计技能，并能达到实用性、科学性与艺术性的完美结合。

（二）实训方式

1. 分析与学习

采用室外现场参观等形式，对滨水绿地景观设计优秀作品进行分析、学习。

2. 具体项目设计实训

拟定一项具体的滨水绿地建设项目，让学生进行方案设计，并按内容要求形成一套完整的设计文件。

（三）实训内容

对某滨水绿地进行生态景观设计。

具体步骤与内容如下：

（1）对滨水绿地优秀作品进行分析、学习。

（2）实训准备，主要进行实训动员和设计的准备工作。

（3）对初步设计方案进行分析、指导。

（4）修改、完善设计方案，并形成相对完整的设计方案。

（四）实训要求

1. 基本要求

要求学生综合运用所学的知识，对给定的滨水绿地建设项目进行规划设计，呈交一套完整的设计文件。

2. 图纸要求

设计图纸要求每人独立完成一套，并附植物配置表。具体图纸要求如下：

（1）绿地设计总平面图。表现各种造园要素（如园林建筑和小品、山石水体、园林植物等）。要求功能区布局合理、植物的配置季相分明。

（2）透视或鸟瞰图。手绘滨水绿地实景，表示绿地中各个景点、各种设施及地貌等。要求色彩丰富，比例适当，形象逼真。

（3）园林植物种植设计图。表示设计植物的种类、数量、规格、种植位置及类型和要求的平面图纸。要求图例正确，比例合理，表现准确。

（4）局部景观表现图。用手绘或计算机辅助制图的方法表现设计中有特色的景观。要求特点突出，形象生动。

所有图纸的图面都要求表现能力强，线条流畅，构图合理，清洁美观，图例、文字标注、图幅等符合制图规范。

3. 设计说明编写要求

设计说明要求语言流畅，言简意赅，能准确地对图纸补充说明，体现设计意图。

（五）考核与汇报

实训期间以组为单位，培养团队精神，采取任务驱动法，每组设计一套图纸，并安排组员进行模拟方案汇报。

1. 考核形式

对实践环节提交的图纸进行评定，按百分制评分。

2. 成绩评定

按百分制评分，标准为：方案能力（30%）；动手能力（15%）；图面效果（10%）；创新能力（15%）；版面情况（10%）（图纸的完整性）；可操作性（20%）。具体见园林设计综合实训项目考核通用标准。

3. 实习总结

实习总结不少于1000字。

项目五 居住区绿地景观规划设计

教学目标

（1）能够熟练掌握居住区绿化设计的相关术语及绿地组成等。

（2）能够准确地指出居住区绿地的建筑布局形式。

（3）熟练掌握居住区小游园绿地、组团绿地、宅旁绿地、道路绿地规划设计的基本理论。

（4）明确居住区绿地规划设计的原则和植物配置的原则。

技能要求

（1）会对居住区调查所得的资料进行整理和分析，做出方案的初步设计（草图）。

（2）能完成居住区小游园绿地、组团绿地、宅旁绿地、道路绿地规划设计的平面图。

（3）能完成居住区小游园绿地、组团绿地、宅旁绿地、道路绿地规划设计的植物种植设计图。

（4）会编制设计说明书。

（5）会利用手绘或者计算机绘制局部效果图或者鸟瞰图。

任务一　居住区小游园规划设计

【设计任务】

居住区小游园规划设计

如图 5-1-1 所示，为某城市中心地段某居住小区小游园设计示意底图，该小游园绿地南北方向长 200m，东西方向长 150m，北侧为一商务楼，南、东、西三侧均为住宅区，场地较为平整，要充分考虑居民的活动规律，结合地段特征为小区居民提供一个良好的休闲娱乐场所。

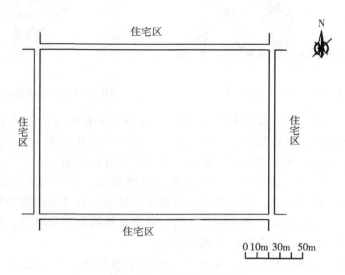

图 5-1-1　某游园设计底图

【任务分析】

通过对该游园场地的现场踏查和场地分析，再结合甲方要求，按照园林规划设计的程序，进行该小游园绿地的方案设计。

【知识链接】

居住小区中心游园主要供小区内居民使用。如图 5-1-2 所示，服务半径为 300 ~ 500m，步行 3 ~ 5min 即可到达。主要服务对象是老人和青少年，提供休息、观赏、游玩、交往及文娱活动场所。小游园要求位置适中，多数布置在小区中心。也可在小区一侧沿街布置，以形成绿化隔离带，美化街景，方便居民及游人休息。

居住小区中心游园设计要点包括以下 8 个方面。

（1）确定小游园的位置及规划形式。居住区小游园一般在小区侧沿街布置或在道路的转弯处两侧沿街布置，可以形成绿化隔离带，能减弱干道的噪声对临街建筑的影响，还可以美化街景，便于居民使用。位置确定后根据小游园构思立意、地形状况、面积大小、周边环境和经营管理条件等因素，小游园平面布置形式可采用规则式、自然式（图5-1-3）或混合式。

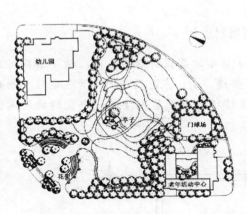

图5-1-2 天津市华苑居小区游园

图5-1-3 天津市华苑十区游园

（2）功能分区。根据游人不同年龄特点划分活动场地和确定活动内容，特别要考虑老人和儿童健身锻炼所需的场地和配套设施。场地之间既分隔又紧凑，将功能相近的活动布置在一起。重点考虑动静两区之间在空间布局上的联系与分隔问题。

（3）入口。结合园内功能分区、地形条件和道路系统，在不同方向设置出入口，数量不少于两个，以方便居民进出，但要避开交通拥挤的场所。入口处应适当放宽道路或设小型内外广场以便集散。内设花坛、假山石、景墙、雕塑及植物等作为对景，这样有利于强调并衬托入口设施。同时主出入口应采取无障碍设计。

（4）地形处理。小游园地形应力求在空间竖向上有变化，在考虑土方基本平衡的原则下，结合自然地形做微地形处理，不宜堆砌大规模假山。如图5-1-4所示，或者根据功能分区设计出上升或下沉、开放或封闭的地形，又营造出不同感受的园林空间。同时应尽量利用和保留原有自然地形和原有植物。地形的设计必须利于排水。

图5-1-4 小游园绿地中地形景观

（5）水体设计。为了满足游人的亲水性，小游园中的水体设计可根据居住区的园林风格，确定水体的规划形式是规则式还是自然式。如图5-1-5所示，结合一定的造景手法创造出"一峰山太华千寻，一勺水江湖万里"的效果。同时考虑水体循环问题，强化安全防护措施。水景的面积不宜超过绿地面积的5%。

图 5-1-5　某小区小游园中水体景观

（6）植物配置。植物种类的选择既要统一基调，又要各具特色，做到多样统一。注意季相变化和色彩配合，选择观赏价值较高的植物种类，多采用乡土树种，避免选择有毒、带刺或易引起过敏的植物（图 5-1-6）。

图 5-1-6　某小游园植物配置景观

（7）小游园道路及广场。园路布局宜主次分明、导游明显。园路宽度以不小于两人并排走的宽度为宜，最小宽度为 0.8m，一般主路宽 3m 左右，次路宽 1.5 ~2m。园路要随地形变化而起伏，随景观布局的需要而弯曲、转折，在转弯处布置树丛、小品及山石等，增加沿路的趣味性，设置座椅处要局部加宽。当园路加宽到一定程度就成为广场，小游园中广场的主要作用是集散人流、休息场地和活动场地等。一般广场地面、主路采用硬质铺装。小游园中的次路和支路可用虎皮石、卵石及冰裂纹等样式铺砌（图 5-1-7）。

图 5-1-7　某小游园中园路景观

（8）园林建筑小品。小游园以植物造景为主，但适当布置园林建筑小品，能丰富绿地内容，增加游憩趣味，使空间富于变化，起到点景的作用，也为居民提供停留休息观赏之所。小游园面积小，又被住宅建筑所包围，因此要有尺度感，总地说来宜小不宜大、宜精不宜粗、宜巧不宜拙，使之起到画龙点睛的作用。小游园的园林建筑及小品有亭、廊、榭、棚架、水池、座凳、雕塑、果皮箱、宣传栏及园灯等。

【规划设计】

（一）调查研究阶段

1. 自然环境

调查小游园所在地的气候、水文、土壤和植被等自然条件，完成此项任务的目的主要是为下一步的植物种植设计做准备，通常可以通过网络查询来完成该部分的任务，适当的时候也可以去相关部门索要。

2. 社会环境

调查小游园所在地的历史、人文和风俗习性等。完成此项任务的目的主要是为了供后续设计中文化性和地方特色性所需。

3. 现场踏查

不管设计绿地面积的大小如何，作为设计者都应该去现场踏查，明确设计范围、收集设计资料、掌握绿地现状、绘制相关现状图、现场构思等，适当的时候拍摄照片作为补充。同时要对绿化用地范围内现有的植物资源详细地调查，对于可以保留利用的部分，应该在现状图中做好标记，在设计时就要考虑进去。

（二）编制任务书阶段

根据调查研究的实际情况，结合甲方的设计要求与相关的设计规范，编制设计任务书。

1. 绿地规划的目标

居住区绿化是城市园林绿化的重要组成部分，是改善城市生态环境的重要环节，而居住区小游园绿地又为其最为集中的绿地。随着人们物质、文化生活水平的提高，人们对居住环境质量的要求也越来越高，因此，把居民的日常生活与周围环境的观赏、游憩结合起来，将环境的科技性、文化性、艺术性有机地结合起来，设计中应该突出植物造景的作用，重视生态效益，要求营造出一个四季常青、三季有花、两季挂果、整体美化且局部香化，文化、艺术及科技相结合的绿色空间。

2. 绿地规划设计的内容

居住区绿地应结合其他用地统一规划，全面设计，形成和谐统一的整体，满足多种功能需要，具体设计内容如下：

（1）总体规划设计。根据总体规划设计原则，依据小游园绿地的周围环境要求和功能要求，合理的进行景观分区和功能分区，并依据绿地的实际大小进行绿化设计，以满足各使用者的需求。

（2）景观规划设计。在整体规划的前提下，进行景观空间序列的规划，确定不同的景观内容，以植物造景为主，合理设计硬质景观，以形成美观整洁的游憩环境，并根据景观特征为各景区、景点命名。

（3）植物种植设计。以乡土树种为主，适当引进景观树种，要求乔灌木结合，常绿与落叶结合，做到季相分明，四季有景可观。

（三）总体规划设计阶段

根据设计任务书中明确的设计目标、内容和原则等具体要求，着手进行总图规划设计，主要有以下三个方面的工作。

（1）功能分区。

（2）景观规划。

（3）植物规划。

（四）完成图纸绘制

（1）设计平面图（图5-1-8）。

（2）景观分析图。

（3）主要景点立面图。

（4）效果图。

（5）植物配置表。

（6）设计说明书。

设计说明书（文本）主要包括项目概况、规划设计依据、设计原则、艺术理念、景观设计和植物配置等内容，以及补充说明图纸无法表现的相关内容。

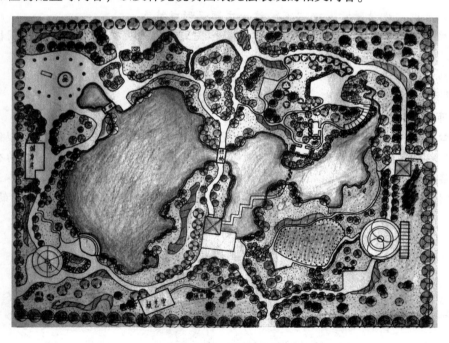

图5-1-8　小游园设计平面图

案例分析

山东省临沂苗庄小区中心小游园绿地设计

空间环境设计在满足人们使用功能的基础上，同时应满足人们精神及心理方面的需求。20世纪80年代后期，西方出现了一些新的园林思潮，强调园林形式应当具有语言功能可表达某种含义，应当继承历史传统和地方文脉，并具有人情味。

环境的立意创造在设计中至关重要，一个没有思想、没有灵魂且缺乏主题的园林设计往往格调不高。而形式则是表达立意的手段，一个有新颖的立意或主题，却无有效的手段形式来表现的作品往往形同说教、显得平庸。如何通过"形"来表现、深化"意"是设计师在实践中所应重视的问题。笔者所介绍的苗庄小区为政府建设的安居工程，小区中心绿地面积 $10000m^2$。在中心绿地设计过程中，笔者对"意"与"形"的关系处理作了一次尝试。

（一）设计思想

此次设计的指导思想为：以人为本、以绿为主，深入分析主题，挖掘传统文化文脉，艺术性与科学性相结合，创造主题鲜明、景观优美且具有时代感的居住区室外休憩空间。

1. 立意

安居工程是国家为解决职工住房困难而采取的一项措施，进入安居工程中的居民都希望自己拥有一个温暖、幸福的家。安居是他们真切的愿望，回家是一个美好、温馨的概念。小区中心绿地设计以"家"立意，创造合宜的主题；同时注重植物造景，为小区居民创造一个自身融于其中的室外休憩环境。虽不是花园别墅、城市公园，却能够享受到充分的阳光、绿树和温馨。

2. 原则

（1）特色原则，设计紧紧围绕"家"这一主题而形成特色。

（2）以文化、艺术及科技相结合的原则挖掘传统文化，强化艺术处理，并强调植物配置的科学性。

（3）因地制宜，适地适树原则，尽量选用乡土树种。

（二）总体布局及分区处理

1. 总体布局

小区中心绿地采用规则式与自然式相结合的手法进行布局。绿地中心广场、小型铺装广场为规则式，以抽象的造型通过传统与时代的对话来反映主题，同时形成中心绿地的公共活动空间。道路系统、绿化布置则以自然式的手法展现，给人以轻松、宁静之感。整体上注意二者之间的协调统一，变而不乱，创造不同的功能空间，满足居民多层次的需要（图5-1-9）。

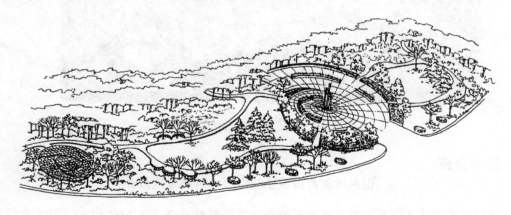

图5-1-9　苗庄小区中心绿地设计鸟瞰图

2. 分区处理

（1）中心广场。小区绿地中心广场不仅是平面布局的中心，同时在烘托主题上也起着重要的作用，是中心绿地"意"和"形"相统一最为集中的体现。中心广场通过平面布局、雕塑设置和植物造型等处理手法突出、烘托中心绿地的主题，将"家"的意境高度展现。中心广场平面布局形式从不同角度看，分别为数字"6"和"9"的抽象造型（图5-1-10），"6"和"9"都是中国传统文化中吉祥的数字，同时"9"又谐音"天长地久"的"久"字。此处以吉祥的造型隐喻稳定、团结的家庭才能美满、幸福，同时也是对小区家庭良好的祝愿。中心广场主题雕塑"家"将环境氛围的创造推向高潮。雕塑"家"充分挖掘传统文化内涵，以三根高分别为8m、7m、6m，直径为25 cm的混凝土喷砂立柱呈三角形布局于广场中心，三角形的稳定性暗喻家的稳定、和谐；错落有致的不锈钢钢管将三根立柱密切相连，暗示家庭成员要紧密相连；三个方向的钢管上分别以五线谱音符、简谱音符和花朵作雕饰，五线谱和简谱的形式寓意不同的家庭正以不同的旋律奏出优美、和谐和幸福的家庭生活乐章；装饰花朵代表幸福家庭通过辛勤耕耘开出的幸福之花。三根立柱上分别以魏碑阴刻"家是一首诗""家是一支歌"和"家……"，画龙点睛的处理手法，给人留下了对"家"的无穷遐想，引起人们情感上的共鸣。

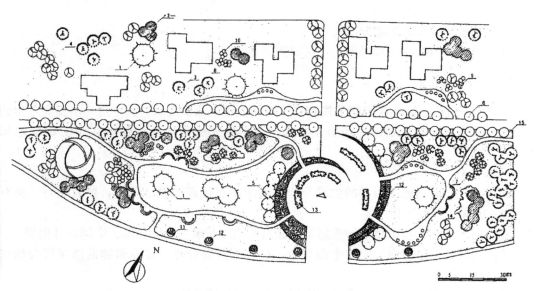

图5-1-10　苗庄小区中心绿地绿化种植设计平面图

广场上围绕中心主题雕塑而设的花坛，考虑以人为本的思想，集功能性、观赏性为一体，既能充当座凳供人们交流、休憩之用，同时极具动态的造型又体现出时代特征，并起到了围合空间的作用。花坛内以满铺的瓜子黄杨为衬托，以金叶女贞组成"如意"图案，又一次烘托了主题，将"吉祥如意"的主题氛围加以强化。

（2）小型铺装广场中心绿地西部靠近儿童活动区。为满足儿童户外活动的需要，在绿地西部设有一直径8m的小型铺装广场。广场中心组成抽象的图案，形式似含苞待放的花蕾，又似照相机镜头，花蕾隐喻儿童是社会、家庭的未来和希望，是初升的太阳；镜头似儿童睁大眼睛在看世界，表现出儿童的天真、好奇。广场外围采用生态铺装，既能起到改善生态环境、美化生活的作用，同时又能引起儿童的好奇。

（三）绿化种植设计

绿化种植设计以有生命的植物材料构成景观空间，是园林中最富有色彩和形态变化的素材。精心设计的绿化不仅能丰富景观，同时还会起到烘托主题，渲染气氛的作用。

苗庄小区中心绿地绿化种植采用自然式的手法，注重常绿、落叶树种的搭配和季相、色相的变化，强调绿化的层次，力求创造生态园林空间。绿化以合欢和枫香为基调树种，常绿树种黑松、雪松、桂花、挂子黄杨及金叶女贞等与落叶树种柳树、合欢、枫香、栾树及樱花等以群落的形式相组合，形成落叶大乔木（枫香）→常绿乔木（黑松）→落叶乔木（樱花）→常绿灌木（桂花）→地被植物→草坪的合理配置，构成了春有花、夏有荫、秋有色、冬有绿，且层次丰富的绿化总体格局。片植的乡土树种柳树和基调树种合欢、枫香形成绿地中部疏林草地的背景，增加了观赏的层次。绿地内分布的丛丛合欢，隐喻出合家欢乐，再一次烘托了主题。

【复习思考】

（1）居住区小区游园的服务半径是多少？

（2）小游园设计的原则。

（3）小游园设计的功能分区。

（4）居住区内的建筑布局形式包括哪些类型？

【实训项目】

在学习了居住小区小游园绿地规划设计的相关理论知识之后，为了进一步提高学生的实践技能，培养学生的规划设计能力，可选择让学生完成当地某居住小区小游园绿地规划设计。

1. 设计要求

（1）充分考虑当地使用者的生理与心理需求，有较好的设计理念，要有创意，富有个性，特色鲜明，具有文化内涵。

（2）因地制宜，巧于组景，规划布局能满足功能要求，分区合理，空间设计恰当。

（3）以植物造景为主，突出生态效益，植物配置要合理，注意植物的选择符合居住小区游园的种植特点。

（4）游园中主要景观小品设计要得当，比例尺度要适宜。

（5）设计成果的表现方式为墨绘淡彩或计算机绘图表现。图纸按规定要求无缺漏，设计内容要完整，图面布图要合理，比例准确，表达清楚，具有较好的表现力。

2. 步骤

（1）现场踏查，设计者必须到设计现场实地踏查，熟悉具体的设计环境等，查阅资料为后续的具体设计做准备。

（2）收集具体的图纸资料，部分图纸资料可以向建设单位索要，若所需图纸资料建设单位不全，也可以自己现场测量绘制。

（3）依据现场踏查和图纸资料以及设计要求，归纳总结并绘制设计草图。

（4）征求意见，修改草图，确定设计方案。

（5）依据园林制图规范要求，完成设计图纸的绘制。

3. 设计成果

（1）规划设计总图：绘制到 A1 或 A2 图纸上，该图纸要求对小游园中的道路、广场及园林建筑小品等规划布局，并标注尺寸。

（2）收集具体的图纸资料，部分图纸资料可以向建设单位索要，若所需图纸资料建设单位不全，也可以自己现场测量绘制。

（3）小游园设计总平面图（包含绿化设计图），比例为 1:200～1:300。

（4）设计说明书。

（5）植物名录表。

（6）重点景观立面图。

（7）效果图。

4. 评分标准

学习项目评价见表 5-1-1。

表 5-1-1　学习项目评价表

学习项目评价标准	分值	教学评价			总评
		小组评价 20%	学生评价 20%	教师评价 60%	
资料准备情况、参与的积极性、完成方案的态度	20				
设计方案的合理性、创新性	40				
方案表达（制图、效果图绘制、设计说明等）	20				
方案的可实施性	20				
小计	100				

任务二　居住区组团绿地规划设计

【设计任务】

图 5-2-1 所示为某城市的一居住小区春风新苑的绿地现状平面图，场地较为平整，充分考虑居民的活动规律，结合地段特征完成此次设计。

【任务分析】

通过对该场地的分析可以看出，春风新苑小区由若干个组团组成，设计景观分区可依据组团划分，可以是一个组团一个区，也可以是两个及两个以上的组团一个区，可以依据道路的走向划分为 A 区、B 区、C 区及 D 区，也可以有别的划分方法。因为小区名为"春风新苑"，所以在设计立意时可以以表现"春"为出发点，进行设计。

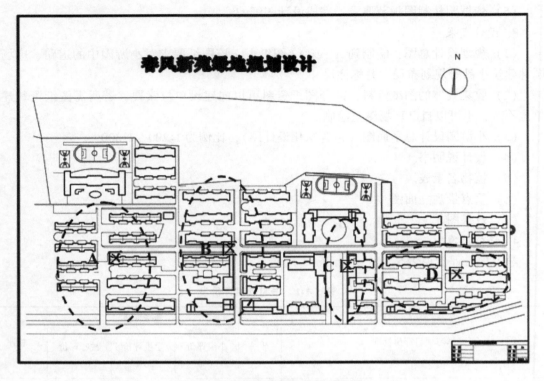

图 5-2-1　春风新苑绿地现状平面图

【知识链接】

居住区组团绿地规划设计

　　居住区组团绿地是直接靠近住宅的公共绿地，通常是结合居住建筑组群布置，服务对象是组团内居民。主要为老人和儿童就近活动和休息的场所。有的小区不设中心游园，而分散在各组团内的绿地、路网绿化和专用绿地等，形成小区绿地系统。

　　组团绿地面积小、用地少、布置灵活、见效快且使用效率高，为居民提供了一个安全、方便、舒适的休息、游憩和社交场所（图 5-2-2）。

　　1. 组团绿地的布置类型

　　（1）周边式住宅中间。这种组团绿地环境安静、有封闭感，可以获得较大面积的绿地，有利于居民从窗内看管在绿地玩耍的儿童（图 5-2-3）。

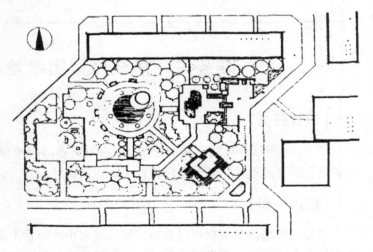

图 5-2-2　天津南苑居住区凤园南里组团绿地

图 5-2-3　采用周边式建筑布局形式的居住区

（2）行列式住宅山墙之间。这种组团绿地空间缺乏变化，比较单调。适当增加山墙之间的距离，将其开辟为绿地，可以打破行列式布置的山墙间所形成的狭长胡同的感觉。可以将其与前后庭院绿地空间相互渗透，丰富空间变化（图 5-2-4）。

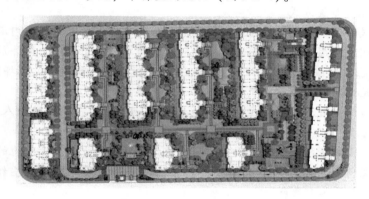

图 5-2-4　采用行列式建筑布局形式的居住区

（3）扩大住宅建筑的间距。在行列式布置的住宅之间，适当扩大间距达到原间距的1.5~2 倍，即可以在扩大的间距中开辟组团绿地。

（4）住宅组团一角。在不便于布置住宅建筑的角隅空地安排绿地，能充分利用土地，但由于在一角，加长了服务半径。

（5）结合公共建筑。结合公共建筑布置，使组团绿地同专用绿地连成一片，相互渗透，扩大绿化空间感。

（6）临街布置。在居住建筑临街的一面布置，使绿化和建筑互相映衬，丰富了街道景观，也成为行人休息之地（图 5-2-5）。

图 5-2-5　临街道布置的组团绿地

（7）穿插布置。自由式布置的住宅，组团绿地穿插其间，组团绿地与庭院绿地结合，扩大绿化空间，构图也显得自由活泼（图5-2-6）。

图 5-2-6　穿插布置小区绿地景观

2. 组团绿地的布置方式

（1）开敞式。不以绿篱或栏杆与周围分隔，居民可以自由进入绿地内活动。

（2）半封闭式。用绿篱或栏杆与周围分隔，但留有若干出入口，允许居民进出。

（3）封闭式。绿地被绿篱、栏杆等所围合，居民不能进入，绿化主要以草坪和模纹花坛为主。

3. 组团绿地的设计要点

（1）出入口的位置和道路、广场的布置要与绿地周围的道路系统及人流方向结合起来考虑，以便捷为准。

（2）绿地内要有足够的铺装地面，方便居民休息活动，也有利于绿地的清洁卫生。

（3）组团绿地要有特色。一个居住小区往往有多个组团绿地，这些组团绿地从布局、内容及植物布置上要各有特色。

（4）针对主要的使用人群，即老年人与儿童，分别设置安静休息区和游戏活动区。安静休息区设在远离道路的区域，周边通过植物围合以便形成安静的氛围。同时布置亭、花架及座椅等休息设施。安静休息区要布置一些防滑的铺装地面或草地，供老年人进行散步、打拳等健身活动时使用，并设置一些辅助性的设施，如扶手等。

（5）游戏活动区可分别设计幼儿和少儿活动场，供儿童进行游戏和体育活动。该区的园林建筑小品要考虑尺度设计，颜色要明亮，造型要新颖。地面铺装以草坪或海绵塑胶及沙地为主。同时场地周边必须种植冠大荫浓的乔木，解决儿童和家长的遮阳问题，并且要有相应的休息设施。

（6）充分利用植物的线形、色彩、体量和质感等景观设计元素，进行各种乔灌木、藤本植物、宿根花卉与草本植物的生态构筑，使居民能在美好的绿化环境中进行各种户外活动。组团绿地中不同活动内容应有不同的绿化形式，如：晨练、遛鸟和下棋等积极休息活动处，种植庇荫效果好的落叶乔木，保证足够的活动空间；交谈、赏景和阅读等安静活动处，种植一些树形优美，花香、色彩宜人的树木及时令花卉，为居民提供舒适的园林环境；在儿童活动区，选择色彩明快、耐踩踏、抗折压且无毒无刺的树木花草为宜；在散步区，以季相构图明显的自然带植，乔、灌、花、草复层种植形式为佳，有利于人们心情的放松。

【规划设计】

在掌握了必要的理论知识之后，根据园林规划设计的程序以及居住区宅旁绿地规划设计的原则与方法，来完成本次设计任务。

1. 调查研究阶段

（1）自然环境。调查组团绿地所在地的水文、气候、土壤及植被等自然条件，一般可以通过网络查询来完成本阶段的任务。

（2）社会环境。调查组团绿地所在地、小区的历史、人文及风俗习惯等内容。同时，应该与甲方多交流与沟通。

（3）设计条件或绿地现状的调查。通过现场踏查，明确规划设计范围、收集设计资料、掌握绿地现状和绘制相关现状图等内容。

2. 总体规划设计阶段

春风新苑分为 A、B、C 三个组团和一个中央绿地 D，三个组团分别命名为桃园、李园、杏园（图 5-2-7）。

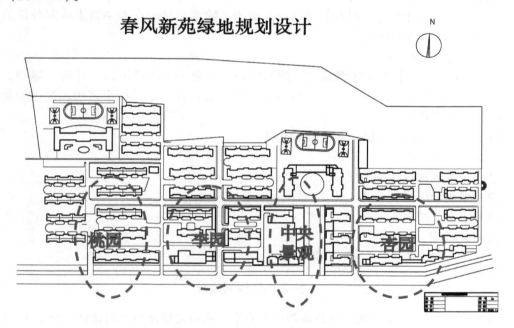

图 5-2-7 春风新苑景观分区图

（1）规划指导思想

1）充分反映新村的"春风"特点，做到切题准确，立旨明确，突出特色。

2）强调植物造景，小品、铺装为点缀，突出"桃、李、杏"，全区以春景为主，兼顾四季，做到春景烂漫，四季常青，花果飘香。

3）充分发掘"桃、李、杏"的科学及传统文化内涵，从小品造型、题名到植物布局都充满强烈的文化气息。

4）尽量使用乡土树种，做到投资少，见效快，便于养护管理。

（2）总体规划

1）全区依道路分隔为 3 个组团和 1 处中央绿地，以桃、李、杏作为特色树种，分别命名为"桃园""李园"和"杏园"。

2）小区人口部分设"知春"雕塑，紧扣了"春"的主题。

3）桃、李、杏各区均设有小体量的小品，强调文化内涵。

（3）分区规划

1）桃园区：设一"结义廊架"和"同心"雕塑，使人想到桃园结义，使每个到达此处的人都能想到刘关张三人结义，既有功能性，又有文化传统内涵和趣味性。同时，在雕塑周围的绿地上以紫叶桃为骨架，种植有金丝桃、月季和丝兰等植物。

2）李园区：在红叶李庇荫下的大片草地上，布置几个小型西瓜雕塑，营造出"瓜田李下"的景象，主中心绿地仍以红叶李、李、花梨、腊梅、梅等进行植物造景，挖掘"李"的文化内涵，反映到小品设计中，充分发挥小品画龙点睛的作用，富有童趣，注重了趣味性和观赏性。

3）杏园区：主中心绿地中间设为"杏花亭"，入口一侧置一景石。上书"杏花村"与之对应绿地种植杏花，草坪上设小"牧童"雕塑小品，与"杏花村"相呼应，表达"牧童遥指杏花村"的设计寓意，向人们展示杏花烂漫、牧童悠然骑在水牛背上吹起牧笛的江南田园风光，充满了盎然意趣。

4）中央景观轴

中央景观轴也是依据主道路而定，圆形广场上布置一蔷薇科植物"花瓣"雕塑，其一是与"桃""李"和"杏"这三种蔷薇科植物作呼应；其二是象征小区居民通过辛勤劳动开出的"幸福之花"。

植物优先选择乡土植物，考虑四季景观。

3. 完成图纸绘制

（1）小区绿地设计平面图。

（2）景观分区图。

（3）重点景观立面图。

（4）效果图。

案例分析

神兴小区规划设计

根据神兴小区 1~4 组团，按照楼群的布局形式来确定绿地的规划设计。由于 1、2 组团为一区域，3、4 组团为另一区域，因此，本规划设计是按区域进行的。两个区域既独立成景各具特色，又相互协调融为一体。居住小区绿地主要以楼间绿地为主。半圆形的中心绿地是小区面积最大最集中的绿地，是居民活动锻炼、休闲娱乐的室外空间，占绿地面积总量的第二位。而道路中心绿地由长短不一的小绿地组成，均为长条形，其绿地面积位居第三。通过绿地规划设计，为居民创造一个清静幽雅、明净秀美的人居环境。

1. 小区绿地规划

（1）楼间绿地规划。根据小区规划，主要道路分别为 8m 宽、6m 宽，楼间道路为 3m 宽。在主要道路的边缘设置了 1.5m 宽的便道，或用一定宽度的草坪砖铺装。楼间绿地规划根据以人为本的设计思想和尽量增加绿化量和绿化覆盖量的原则，在每个楼间绿地边缘和门口增设面积不等的草坪砖铺装绿地，设置了造型各异的座凳和健身设备，既方便了人们就近休息活动，又为车辆会车、自行车临时停放提供了场所。为防止车辆乱停乱放，还在楼端规划设置了数量不等的停车位。

另外，小区内一部分楼座门口相向对开，楼间绿地只好沿道路环绕成长条状，而且面积窄小。因此，在绿地中设置了树池、花坛。花坛和树池边沿高为40cm，即可保护绿地，又可代替路凳使用。绿地中间再设置一些健身路径，美观实用，简洁大方。为方便穿行和活动，对较宽的绿地采用了不同的设计手法，用直线、斜线或者是曲线将绿地空间分割成不同的形状。在这些小广场上，有的摆放着石桌石凳，可对弈品茶；有的设置座凳可休憩闲谈；有的铺设健身路径可活动锻炼。对于较小的绿地则栽植遮阳大树，树下由草坪砖铺地，树池边沿兼座凳使用，并可设置一些健身器材。

（2）1、2组团中心绿地规划设计。1、2组团中心绿地为一个3/4圆形（扇形），圆中心在两个主要出入口中心线上的交点上。中心绿地面积为1490m²，绿地中心设计成一个圆形的藏式喷（跌）水池，喷水时玉花四溅蔚然壮观，不喷水时便是造型别致清新无尘的雕塑广场，人们漫步其上悠然自得。喷水池中心圆台上竖立一个不锈钢"神兴之光"雕塑，寓意神兴事业兴旺发达。喷水池的外围，用红、白、黑、灰四色花岗石组成放射状图案，镶嵌着农历二十四节气的来历和传说，使人们在娱乐之中学到了一些科普知识。在广场南侧设计一弧线形罗马柱廊，西侧为环形花坛和座凳。中心广场是娱乐休闲活动的主要场所，其周围还规划设计了3个次广场，由一条1.5m宽的环形甬路与中心广场沟通。次广场上设置一些健身器材和儿童嬉戏的场所（图5-2-8）。

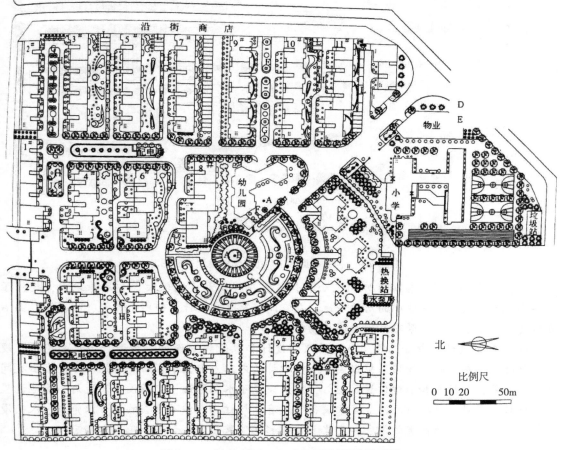

图5-2-8 神兴小区1、2组团规划设计平面图

（3）道路中心绿带规划设计。1、2组团两排楼间都有一条较宽的绿带，设计为以常绿树为主、月季花卉为辅的植物带状景观，突出表现植物群体的宏观效果。

（4）3、4组团中心绿地规划设计。3、4组团中心绿地为半圆形，根据所处位置和空间大小，规划为一个半圆形下沉的小广场。广场南部设计一个弧形表演台，表演台的背景为一面弧形浮雕艺术墙，表演台下面为一个半圆形花坛。广场周边的台阶和花坛自然结合在一起，是组织露天电影、戏剧、音乐演唱会和其他活动的理想地方，形成了一个功能多样的广场空间。中心绿地和北部的绿地相围合似断实连，扩大了中心活动广场，使之小中见大，步移景异（图5-2-9）。

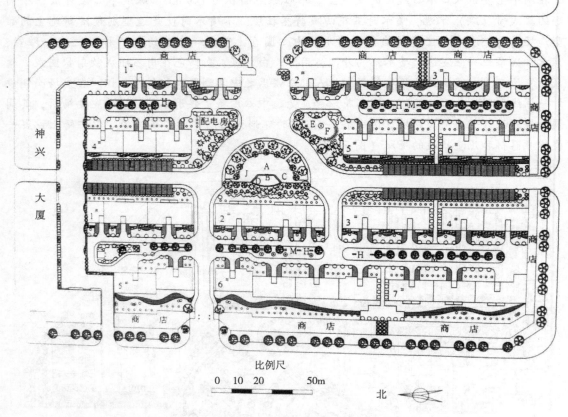

图5-2-9　神兴小区3、4组团规划设计平面图

（5）小花园设计。根据绿地的大小和位置，在楼端和楼间较大面积的绿地内，规划了一些小花园，设置了一些小的活动场地。在空间布局上又设计了一些小花架、小花坛，山石点缀其间，丰富了小区景观，增加了活动内容。

（6）灯光设计。中心广场、小花园照明设计和绿地规划设计同步进行。在小花园里规划了草坪灯，在中心广场内则根据园林小品设计的内容，配置了各种特色的灯光，突出夜间的景观效果，如柱廊和雕塑设置了射灯，喷泉设置了水下彩灯，广场设置了地灯，绿地设置了草坪灯。同时，草坪灯还结合音响设备组成音乐灯柱，在妙不可言的轻音乐声中，人们漫步其间，欣赏着广场优美的景色和变化多样的彩色喷泉，令人如醉如痴，踟蹰忘归。

2. 绿地种植设计

（1）主干路绿化种植。主干路是小区组团的纽带，因此在绿地边缘沿主路一侧栽植整齐划一的黄杨绿篱和绿荫如盖的遮阳树法桐。在法桐之间点缀春夏开花的花木，在绿地较宽的地方，种植潇洒的雪松和苍翠欲滴的桧柏。主干路绿化，简洁大方，宏观效果突出。主干路间的带状绿地，以雪松和月季组成色彩鲜明的植物景观，同时也体现了雪松等植物的个性美及群体美。

（2）楼间绿地种植。楼间绿地面积一般较小，但绿化美化既要各具特色，又要协调统一。为保证室内采光充足，楼南边种植较低矮的黄杨球，绿地铺装草坪，草坪上以大叶黄杨、金叶女贞、红叶小檗和月季组成不同的图案。沿路再栽植季相变化不同的花灌木，体现一楼一个种群，以白蜡、合欢及栾树为主，花木以紫玉兰、白玉兰、西府海棠及月季等品种组合搭配。对于较小的环岛绿地则种植少量法桐，以遮阳为主要功能。

（3）广场绿地种植。

1）主广场绿化场地是1、2组团。花坛内配置月季和龙爪槐。绿地基调以草坪为主，草坪上用彩色植物组成模纹花坛，使之四季有景可观。广场周边为道路绿化用地，种植黄杨篱和法国遮阳树，在配以春夏开花的榆叶梅和紫薇。在东部楼角处种植成片雪松作为屏障，与广场绿地相映成景，组成一幕绚丽多彩、优雅秀丽的园林景观。

2）3、4组团广场种植规划。广场的表演台后面绿地内栽植常绿树，组成植物障景作为表演台的背景，体现人与自然的协调统一。花坛内种植月季，周边配置花灌木、遮阳树和绿篱，红绿相间，成为四季常青、三月有花且优美清新的环境。

3. 树种选择

选择生长快，病虫害少、管理简便、适宜气候特点的树种，如雪松、龙柏、黄杨球、大叶女贞、剑麻以及法桐、栾树、合欢、白蜡、红瑞木等。观赏花木有西府海棠、白玉兰、紫玉兰、碧桃、榆叶梅、连翘、紫荆、丁香、迎春、紫薇、木槿、花石榴及丰花月季等。彩叶植物有红叶李、红叶碧桃、红叶小檗、金叶女贞等。观果植物有沙棘、石榴、金银木、山楂和海州常山等。地被植物有冷季型草、常夏石竹、地被菊、红花酢浆草、马蹄金、白三叶等。丰富多彩的植物品种，使得小区春季鲜花争艳，夏季绿荫匝地，秋季红叶似火、果挂枝头，冬季松柏苍翠。可谓"天然风韵随人意，好景全凭巧安排"，整个小区犹如坐落在花园之中，使人们生活在温馨、优雅和清新的环境中。

【复习思考】

（1）组团绿地的布置类型有哪些？
（2）谈谈组团绿地的设计要点。

【实训项目】

在学习了居住区组团绿地规划设计的相关理论知识之后，为了进一步提高学生的实践技能，培养学生的规划设计能力，可选择让学生完成当地某居住区组团绿地规划设计。

1. 设计要求

（1）充分考虑居民的生理与心理需求，有较好的设计理念，要有创意，富有个性，特色鲜明，具有文化内涵。

（2）因地制宜，巧于组景，规划布局能满足功能要求，分区合理，空间设计恰当。

（3）以植物造景为主，突出生态效益，植物配置要合理，注意植物的选择符合居住小区组团绿地的种植特点。

（4）绿地中主要景观小品设计要得当，比例尺度要适宜。

（5）设计成果的表现方式为墨绘淡彩或计算机绘图表现。图纸按规定要求无缺漏，设计内容要完整，图面布图要合理，比例准确，表达清楚，具有较好的表现力。

2. 步骤

（1）现场踏查，设计者必须到设计现场实地踏查，熟悉具体的设计环境等，查阅资料为后续的具体设计做准备。

（2）收集具体的图纸资料，部分图纸资料可以向建设单位索要，若所需图纸资料建设单位不全，也可以自己现场测量绘制。

（3）依据现场踏查和图纸资料以及设计要求，归纳总结并绘制设计草图。

（4）征求意见，修改草图，确定设计方案。

（5）依据园林制图规范要求，完成设计图纸的绘制。

3. 设计成果

（1）组团绿地设计总平面图。

（2）景观分区图、功能分析图。

（3）重要景点彩色效果图。

（4）设计说明书。

（5）植物名录表。

4. 评分标准

学习项目评价见表5-2-1。

表5-2-1　学习项目评价表

学习项目评价标准	分值	教学评价			总评
		小组评价 20%	学生评价 20%	教师评价 60%	
资料准备情况、参与的积极性、完成方案的态度	20				
设计方案的合理性、创新性	40				
方案表达（制图、效果图绘制、设计说明等）	20				
方案的可实施性	20				
小计	100				

任务三　宅旁绿地规划设计

【设计任务】

图5-3-1所示为康润家苑绿地现状平面图，完成宅旁绿地A、宅旁绿地C以及中心绿地B的方案设计。

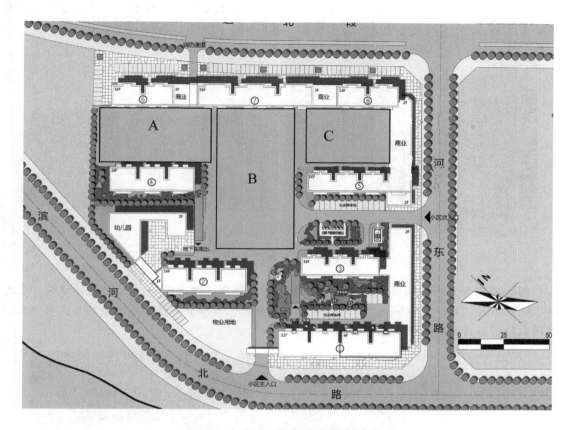

图 5-3-1　康润家苑绿地现状平面图

【任务分析】

通过对该场地的分析可以看出，需要设计的绿地是位于在 4#楼和 6#楼中间的宅旁绿地 A、位于 5#楼和 8#楼中间的宅旁绿地 C，以及中心绿地 B，设计时要注意景观设计立意构思的方法以及如何体现景观的文化内涵，依据甲方的设计要求以及园林规划设计的程序，完成本次设计任务。

【知识链接】

居住区宅旁绿地规划设计

宅旁绿地是住宅内部空间的延续和补充，它虽不像公共绿地那样具有较强的娱乐、游赏功能，但却与居民的日常生活起居息息相关。宅旁绿地使现代住宅单元楼的封闭隔离感得到较大程度的缓解，使以家庭为单位的私密性和以宅间绿地为纽带的社会交往活动得到了统一与协调。

1. 宅旁绿地的类型

宅旁绿地的形式多种多样，主要有以下几种：

（1）树木型。以高大乔木为主，大多数为开放式绿地，居民树下的活动面积大，对改善小气候有良好的作用。但缺乏灌木和花草的搭配，比较单调。同时应注意乔木与住宅墙面的距离在5m以外，以免影响室内通风采光（图5-3-2）。

图5-3-2　树木型的宅旁绿地

（2）游园型。在宅间以绿篱或栏杆围出一定的范围，布置花草树木和园林设施，色彩层次较为丰富，有一定私密性，为居民提供游憩场地，可布置成规则式或自然式，有时形成封闭式花园，有时形成开放式花园（图5-3-3）。

图5-3-3　游园型的宅旁绿地

（3）草坪型。以草坪绿化为主，在草坪边缘适当种植一些乔木、花灌木及草花。这种形式多见于高级独院式住宅，有时也用于多层或高层住宅（图5-3-4）。

图 5-3-4　草坪型的宅旁绿地

（4）棚架型。以棚架绿化为主，多采用紫藤、凌霄和炮仗花等观赏价值较高的攀缘植物，也可结合生产，选用一些瓜果或药用攀缘植物（图 5-3-5）。

图 5-3-5　棚架型的宅旁绿地

（5）植篱型。在住宅前后用常绿或观花、观果及带刺的植物组成绿篱、花篱、果篱、刺篱，分隔或围合宅间绿地（图 5-3-6）。

图 5-3-6　植篱型的宅旁绿地

（6）庭院型。在绿化的基础上，适当设置园林小品，如花架、山石、水景等，形成自然幽静的居住环境（图 5-3-7）。

图 5-3-7　庭院型的宅旁绿地

（7）园艺型。根据居民的喜好，在庭院绿地中种植果树、蔬菜，既能绿化环境，又能生产果品蔬菜，使居民享受田园之乐。

2. 宅旁绿地的特点

（1）贴近居民，领域性强。宅旁绿地是送到家门口的绿地，其与居民各种生活息息相关，具有通达性和实用观赏性。宅旁绿地属于半私有性质，常为相邻的住宅居民享用。因此，居住小区公共绿地要求统一规划、统一管理，而宅旁绿地则可以由住户自己管理，实行自由的绿化模式，而不必推行同一种模式。

（2）绿化为主，形式多样。宅旁绿地通常面积较小，多以绿化为主。宅旁绿地较之小区公共集中绿地，面积较小但分布广泛，且由于住宅建筑的高度和排列的不同，形成了宅间空间的多变性，绿地因地制宜也就形成了丰富多样的宅旁绿化（图 5-3-8）。

（3）以老人、儿童为主要服务对象。宅旁绿地的最主要使用对象是学龄前儿童和老年人，老人、儿童是宅旁绿地中游憩活动时间最长的人群，满足这些特殊人群的游憩要求是宅旁绿地绿化景观设计首先要解决的问题，绿化应结合老人和儿童的心理和生理特点来配置植物，合理组织各种活动空间、季相构图景观，保证良好的光照和空气流通。

图5-3-8 绿化为主的宅旁绿地景观

3. 宅旁绿地的设计要点

（1）入口处理。连接入口的通道，可设置成台阶式、平台式和连廊式绿化形式，让居民一路绿色、花香送到家门口。但要注意不要栽种有刺的植物，以免伤害出入的居民，特别是儿童。

（2）墙角及基础绿化。可通过花台、花境、花坛、花带、绿篱、对植、列植、墙附等多种植物景观形式，进行建筑的墙角及基础绿化、墙面的垂直绿化、建筑入口的重点绿化等，可美化建筑构图，表现环境主题（图5-3-9）。

图5-3-9 墙角及基础绿化景观

（3）丰富绿化内容，避免景色单调。整个居住小区宅旁绿地的树种应该丰富多样，树种选择要在基调统一的前提下，不同的宅旁绿地应各具特色，成为识别区分的标志。

（4）住宅建筑物周围的绿化。建筑物南侧，应配置落叶乔木；建筑物北面，可能终年没有阳光直射，因此应尽量选用耐阴观叶植物，若面积较大，可种植常绿乔灌木，抵御冬季西北寒风的侵袭；在建筑物东、西两侧，可栽植落叶大乔木或利用攀缘植物进行垂直绿化，可有效防止夏季西晒；在高层住宅的迎风面及风口应选择深根性树种。

（5）符合生态要求，满足生活需求。住宅周围因建筑物的遮挡而造成的阴影区，树种选择要注意耐阴性，保证阴影区域的绿化效果。

（6）养护管理方便，生长抗逆性强。宅旁绿地分布着高密度管网，同时游人活动频繁，通常养护管理水平比中心游园等小区公共集中绿地要低。因此，植物应选择当地生长健壮、抗性较强且适宜粗放管理的优良树种，以减少后期养护管理成本。

（7）绿化设计与空间组织。宅旁绿地绿化空间的设计与游憩赏景条件关系密切。因此，宅旁绿地设计要注意通过绿化创造各种空间环境。绿化空间的组织要满足居民在绿地中活动时的感受和需求。植物造景可利用乔木、灌木、地被等植物的高低、大小、疏密等的不同，形成开敞、封闭、半开敞等不同的视景空间，为居民的公共及私密活动创造宜人的环境氛围。

【规划设计】

在掌握了必要的理论知识之后，根据园林规划设计的程序以及居住区宅旁绿地规划设计的原则与方法，完成本次设计任务。

1. 调查研究阶段

（1）自然环境。调查组团绿地所在地的水文、气候、土壤、植被等自然条件，一般可以通过网络查询来完成本阶段的任务。

（2）社会环境。调查组团绿地所在地、小区的历史、人文、风俗习惯等内容。同时，应该与甲方多交流与沟通。

（3）设计条件或绿地现状的调查。通过现场踏查，明确规划设计范围、收集设计资料、掌握绿地现状、绘制相关现状图等内容。

2. 总体规划设计阶段

（1）设计原则。

1）人性化原则。

2）功能性原则。

3）生态型原则。

4）适地适树、季相变化原则。

（2）设计思路。以"和"为设计主题展开，将居住小区环境分为康和园、润和园和嘉和园，共同组成康润嘉苑，通过合理的景观规划布局，把小区设计成住户的理想家园。

1）康和园：位于4#楼和6#楼之间，通过健身运动场地的布置，体现运动的理念。使运动理念逐渐深入每个人的思维，在运动中快乐，同时带来健康、祥和的气氛。

2）润和园：位于5#楼和8#楼之间，通过合理布局，设计室外会客厅，运用植物围合，形成生态会客空间。伴随着时代的发展，室外会客厅已经逐渐成为趋势，也成为理想家园构成的主要部分。

3）嘉和园：位于整个小区的中心部位，通过合理的规划设计，使位于此景观周边的单元楼房成为景观最优的区域，从而提升为景观房。迎合两个出入口设计景墙小品和欧式人物小品，提升整个小区的景观档次及品味，在两个出入口轴线相交的地方设计景亭，形成景观视线的焦点。在靠近幼儿园的地段设计全龄化活动场，丰富幼儿园的功能。在整个地块的中央设计室外氧吧，运用植物围合，形成整个小区中空气最新鲜，最有利休闲的地方，在整个中心绿地的水泥路面上刷跑道分割线与标明刻度，形成小区的健身跑道，成为理想家园构成的主要因素。

3. 完成图纸绘制

（1）设计平面图（图5-3-10）。

（2）重点景观立面图。

（3）效果图。

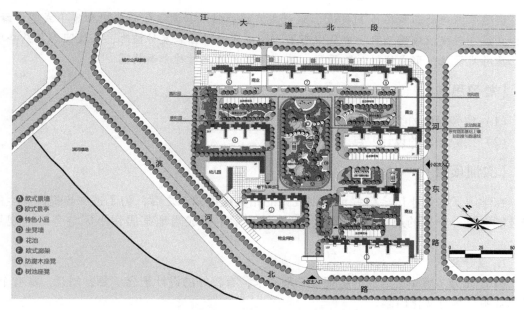

图 5-3-10 康润家苑设计平面图

案例分析

包头市某小区宅旁绿地设计

居住区宅旁绿地尽管面积不大，但是利用率比较高，设计时要因地制宜，体现以人为本的原则，图 5-3-11 所示为包头市某小区宅旁绿地的设计方案。

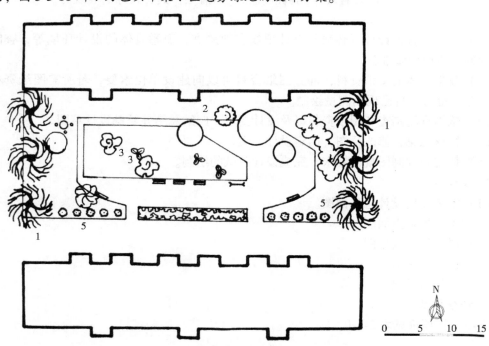

图 5-3-11 某宅旁绿地设计平面图

1—重柳 2—榆叶梅 3—玫瑰 4—黄刺玫 5—山桃

该宅旁绿地的面积约为 $1100m^2$，设计成直线、斜线和圆组合的非对称集中式宅旁绿地，是由直线、斜线组成的铺装场地集中布置，场地内部对称套置种植池，点缀圆形蘑菇亭和简易儿童游戏设施，形成线性对比强烈，具有趣味性的非对称平面构图。

【复习思考】

（1）宅旁绿地的类型有哪些？
（2）宅旁绿地的设计要点是什么？

【实训项目】

在学习了居住小区宅旁绿地规划设计的相关理论知识之后，为了进一步提高学生的实践技能，培养学生的规划设计能力，可选择让学生完成当地某居住小区宅旁绿地规划设计。

1. 设计要求

（1）充分了解小区居民的生理与心理需求，有较好的设计理念，要有创意，富有个性，特色鲜明，具有文化内涵。

（2）因地制宜，巧于组景，规划布局能满足功能要求，分区合理，空间设计恰当。

（3）以植物造景为主，突出生态效益，植物配置要合理，注意植物的选择符合居住小区宅旁绿地的种植特点。

（4）绿地中主要景观小品设计要得当，比例尺度要适宜。

（5）设计成果的表现方式为墨绘淡彩或计算机绘图表现。图纸按规定要求无缺漏，设计内容要完整，图面布图要合理，比例准确，表达清楚，具有较好的表现力。

2. 步骤

（1）现场踏查，设计者必须到设计现场实地踏查，熟悉具体的设计环境等，查阅资料为后续的具体设计做准备。

（2）收集具体的图纸资料，部分图纸资料可以向建设单位索要，若所需图纸资料建设单位不全，也可以自己现场测量绘制。

（3）依据现场踏查和图纸资料以及设计要求，归纳总结并绘制设计草图。

（4）征求意见，修改草图，确定设计方案。

（5）依据园林制图规范要求，完成设计图纸的绘制。

3. 设计成果

（1）宅旁绿地设计总平面图。
（2）重点景观立面图。
（3）局部景观效果图。
（4）设计说明书。
（5）植物名录表。

4. 评分标准

学习项目评价见表5-3-1。

表5-3-1　学习项目评价表

学习项目评价标准	分值	教学评价			总评
		小组评价 20%	学生评价 20%	教师评价 60%	
资料准备情况、参与的积极性、完成方案的态度	20				
设计方案的合理性、创新性	40				
方案表达（制图、效果图绘制、设计说明等）	20				
方案的可实施性	20				
小计	100				

任务四　居住区道路绿地规划设计

居住区道路绿地规划设计可以参阅本教材项目二城市道路绿地规划设计的相关内容。

【知识链接】

根据居住区的规模和功能要求，居住区道路可分为居住区级道路、小区级道路、组团级道路及宅前小路四级，道路绿化要和各级道路的功能相结合。

1. 居住区级道路

居住区级道路为居住区的主要道路，如图5-4-1所示，是联系居住区内外的通道，除人行外，车行也比较频繁，车行道宽度一般为9m左右，行道树的栽植要考虑遮阴与交通安全，在交叉口及转弯处只能种不超过0.7m高的植物，要考虑安全视距，保证行车安全。主干道两侧的行道树可选用体态雄伟、树冠宽阔的乔木，营造出绿树成荫的景观。乔木的分枝点高度要在2.5m以上。在人行道和居住建筑之间，可多行列植或丛植乔灌木，以草坪、灌木及乔木形成多层次复合结构的带状绿地，起到防尘、隔音的效果。

图5-4-1　居住区主干道

2. 小区级道路

小区级道路是联系居住区各组成部分的道路，一般路宽3～5m，如图5-4-2所示是组织和联系小区各项绿地的纽带，以人行为主，是居民散步之地。树木配置要灵活多样，多选小乔木及开花灌木，特别是一些开花繁密、叶色变化的树种，如合欢、樱花、五角枫、红叶李、栾树等。小区道路同一路段应有统一的绿化形式，不同路段的绿化形式应有所变化。在一条路上以一两种花木为主体，形成合欢路、紫薇路、丁香路等。次干道可以设计成隐蔽式车道，车道内种植不妨碍车辆通行的草坪花卉，铺设人行道，平日作为绿地使用，应急时可供特殊车辆使用，有效地弱化了单纯车道的生硬感，提高了景观效果。

图 5-4-2　小区级道路

3. 组团级道路

一般以通行自行车和人行为主，绿化与建筑的关系较为密切，一般路宽 2~3m，绿化多采用开花灌木。但其绿化布置仍要考虑交通要求，当车道为尽端式道路时，绿化还需与回车场地结合，使自然空间自然优美（图 5-4-3）。

图 5-4-3　组团级道路

4. 宅前小路

宅前小路是通向各住宅户或各单元入口的道路，宽 2m 左右，如图 5-4-4 所示，只供人

图 5-4-4　宅前小路

行。绿化布置要退后 0.5~1m，以便必要时急救车和搬运车驶进住宅。小路交叉路口有时可适当放宽，与休息场地结合布置，也显得灵活多样，丰富道路景观。行列式住宅的各条小路，从树种选择到配置方式都要多样化，形成不同景观，也便于识别家门。

【复习思考】

（1）根据居住区的规模和功能要求，居住区道路可分为几级，分别是什么？
（2）居住小区组团级道路一般多宽，在绿化设计时应该注意什么？

【实训项目】

在学习了居住区道路绿地规划设计的相关理论知识之后，为了进一步提高学生的实践技能，培养学生的规划设计能力，可选择让学生完成当地某居住区道路绿地规划设计，关于居住区道路绿地设计，可以结合着本教材项目二城市道路绿地设计的内容学习。

1. 设计要求

（1）充分考虑当地使用者的生理与心理需求，有较好的设计理念，要有创意，富有个性，特色鲜明，具有文化内涵。
（2）因地制宜，巧于组景，规划布局能满足功能要求，分区合理，空间设计恰当。
（3）以植物造景为主，突出生态效益，植物配置要合理，注意植物的选择符合居住区道路绿地的种植特点。
（4）绿地中主要景观小品设计要得当，比例尺度要适宜。
（5）设计成果的表现方式为墨绘淡彩或计算机绘图表现。图纸按规定要求无缺漏，设计内容要完整，图面布图要合理，比例准确，表达清楚，具有较好的表现力。

2. 步骤

（1）现场踏查，设计者必须到设计现场实地踏查，熟悉具体的设计环境等，查阅资料为后续的具体设计做准备。
（2）收集具体的图纸资料，部分图纸资料可以向建设单位索要，若所需图纸资料建设单位不全，也可以自己现场测量绘制。
（3）依据现场踏查和图纸资料以及设计要求，归纳总结并绘制设计草图。
（4）征求意见，修改草图，确定设计方案。
（5）依据园林制图规范要求，完成设计图纸的绘制。

3. 设计成果

（1）居住区道路绿地设计平面图。
（2）设计说明。
（3）效果图。
（4）植物名录表。

4. 评分标准

学习项目评价见表 5-4-1。

表 5-4-1　学习项目评价表

学习项目评价标准	分值	教学评价			总评
		小组评价 20%	学生评价 20%	教师评价 60%	
资料准备情况、参与的积极性、完成方案的态度	20				
设计方案的合理性、创新性	40				
方案表达（制图、效果图绘制、设计说明等）	20				
方案的可实施性	20				
小计	100				

 项目 **六** 单位附属绿地规划设计

教学目标

　　（1）能够熟练掌握工矿企业绿地、学校绿地、医疗机构绿地及机关单位绿地的用地组成、环境特点及设计的基本原则。

　　（2）能够准确分析工矿企业绿地、学校绿地、医疗机构绿地及机关单位绿地的现状条件，合理地进行树种选择和配置。

技能要求

　　（1）会对各类型附属绿地调查所得的资料进行整理和分析，做出方案的初步设计（草图）。

　　（2）能独立完成各类型单位附属绿地的平面图。

　　（3）能独立完成各类型单位附属绿地的植物种植设计图。

　　（4）会编制设计说明书。

　　（5）会利用手绘或者计算机绘制局部效果图或者鸟瞰图。

任务一　工矿企业绿地规划设计

【设计任务】

图 6-1-1 所示，为承德市某家用品有限公司现状平面图，该厂区面积 400 余亩[⊖]，场地较为平整，充分考虑职工的活动规律，结合地段特征对其进行设计。

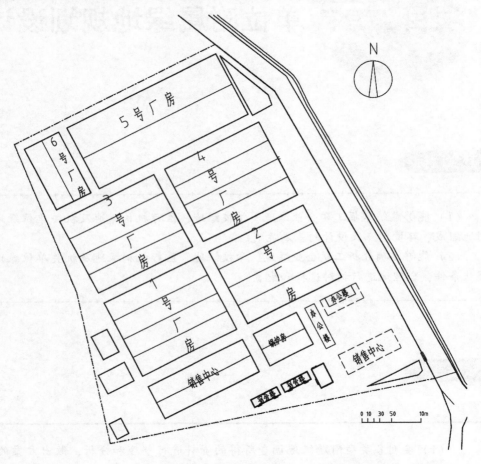

图 6-1-1　承德市某家用品有限公司现状平面图

【任务分析】

通过对该工厂场地的分析可以看出，在整个厂区面积中，厂房等占的面积相对较大，绿化用地面积相对较小，设计的关键部分为主入口处的办公室楼前绿地，要结合企业性质进行设计，再根据园林规划设计的程序，结合甲方的要求完成本次设计任务。

⊖　1 亩 = 666. $\overset{.}{6}$ m²。

118

【知识链接】

工厂绿地规划设计

（一）工厂绿地的功能

（1）保护生态环境，保障职工健康。具体表现为：①吸收 CO_2 放出氧气；②吸收有害气体；③吸收放射性物质；④吸滞烟尘和粉尘；⑤调节改善小气候；⑥减弱噪声；⑦监测环境污染等。

（2）美化环境，树立企业形象。

（3）改善工作环境。国外的研究资料表明：优美的厂区环境可以使生产率提高15%～20%，使工伤事故率下降40%～50%。

（4）创造经济效益。工厂绿化可以创造物质财富，产生直接和间接的经济效益。在进行工矿企业绿化设计时，应尽可能地注意将环境效应与工厂园林绿化的经济效益相结合。

（二）工厂绿地的环境特点

（1）环境相对恶劣，不利于植物生长。

（2）一定要把保证生产安全放在首位。

（3）用地相对紧凑，绿化用地面积较小。

（4）主要以本厂职工为其服务对象。

（三）工厂绿化的基本原则和要求

（1）满足生产和环境保护的要求，保证工厂安全生产。工厂绿化应根据工厂的性质、规模、生产和使用特点、环境条件对绿化的不同功能要求进行设计。在设计中不能因绿化工程而任意延长生产流程和交通运输路线，影响生产的合理性。要从生产的工艺流程出发，根据环境的特点，明确绿地的主要功能，确定适合的绿化方式、方法，合理地进行规划，科学地进行布局，才能达到预期的绿化效果。

（2）要体现为生产、为职工服务的宗旨。在设计时首先要体现为生产服务，要充分了解工厂及其车间、仓库、料场等区域的特点，综合考虑生产工艺流程、防火、防爆、通风、采光以及产品对环境的要求，使绿地景观服从或满足这些要求，这样才有利于生产和安全。

其次要为职工服务，在了解工厂及各个车间生产特点的基础上创造有利于职工劳动、工作和休息的环境，有益于工人的身体健康。尤其是生产区和仓库区，占地面积大，又是职工生产劳动的场所，绿化的好坏直接影响厂容厂貌和工人的身体健康，应作为工厂绿化的重点之一。

（3）要体现特色性原则。工厂绿地设计时要以厂内建筑为主体的环境净化、绿化和美化，设计要体现其特色和风格，充分发挥绿化的整体效果，结合园林规划设计的原则、手法，营造出别具一格的工业景观和独特优美的厂区环境。同时，工厂绿化还应根据本厂实际，在植物的选择配置、绿地的形式和内容、布置风格和意境等方面，体现出厂区宽敞明朗、洁净清新、整齐一律、宏伟壮观及简洁明快的时代气息和精神风貌。

（4）增加绿地面积，提高绿地率。工厂绿地面积的大小，直接影响到绿化的功能、工业景观，因此要想方设法，通过多种途径，采用多种形式来增加绿地面积，以提高绿地率、绿视率。为了保证工厂实行文明生产，改善厂区环境质量，必须有一定的绿地面积：重工业类企业厂区绿地面积应占厂区面积的10%，化学工业类企业绿地应占20%～25%，轻工业、纺织工业类企业绿地为40%~50%，精密仪器工业类企业绿地为50%，其他工业类企业绿地在30%左右。

（5）绿化应与全厂的分期建设协调并适当结合生产进行。工厂绿化应与全厂的分期建设紧密结合，并且可以适当结合生产进行。例如：在各分期建设用地中，绿地可以设置成苗圃的形式，既起到绿化、美化和保护环境的作用，又可为下一期的绿化提供苗木。

（6）统一规划、合理布局，形成点、线、面相结合的厂区绿地系统。工厂绿地设计要纳入厂区总体规划中，在对工厂建筑、道路及管线等进行总体布局时，要把绿化结合起来，做到全面规划，合理而已，形成点、线、面相结合的厂区园林绿地系统。

（四）工矿企业绿地的组成

（1）厂前绿地。厂前区由道路广场、出入口、门卫收发室、办公楼、科研实验楼、食堂等组成，既是全厂行政、生产、科研、技术和生活的中心，也是职工活动和上下班集散的中心，还是连接市区与厂区的纽带。厂前区绿地可分为广场绿地、建筑周围绿地等。厂前区面貌体现了工厂的形象和特色，是工厂绿化美化的重点地段。

（2）生产区绿地。生产区分布着车间、道路、各种生产装置和管线，是工厂的核心，也是工人生产劳动的区域。生产区绿地比较零碎分散，呈条带状和团片状分布在道路两侧或车间周围。

（3）仓库、堆场区绿地。原料和产品堆放、保管和储运区域，分布着仓库和露天堆场，绿地与生产区基本相同，多为边角地带。为保证生产，绿化不可能占用较多的地方。

（4）道路绿地。主要指工厂内部道路周围的绿化地段。

（5）绿化美化地段。主要指厂内的防护林带、小游园和花园等。

（五）工厂各分区绿化设计要点

1. 厂前区绿地设计

厂前区是工厂对外联系的中心，体现工厂面貌、工厂形象，也是工厂文明生产的象征，其环境好坏直接影响到城市的面貌。

（1）厂前区绿地一般应采用规则式或混合式。入口处的布置要富于装饰性和观赏性，强调入口空间。

（2）厂前区的绿化要美观、整齐、大方、开朗和明快，给人以深刻印象，还要方便车辆通行和人流集散。

（3）绿地设置应与广场、道路、周围建筑及有关设施（阅报栏、宣传牌等）相协调，一般多采用规则式或混合式。广场周边、道路两侧的行道树，选用冠大荫浓、耐修剪、生长快的乔木或树姿优美、高大雄伟的常绿乔木，形成外围景观或林荫道。

（4）植物配置要和建筑相协调，与城市道路联系，种植类型多用对植和行列式。

（5）入口处的布置要富于装饰性和观赏性，同时要注意入口景观的引导性和标志，以起到强调作用。建筑周围的绿化还要处理好空间艺术效果、通风采光以及各种管线的关系。

（6）如果用地宽余，厂前绿化还可与小游园的布置相结合，设置水池、园路小径，放置园灯、凳椅，栽植观赏花木和草坪，形成恬静、清洁、舒适且优美的环境，为职工工余班后休息、散步、交往和娱乐提供场所。

2. 生产区绿地设计

工厂在生产过程中或多或少地会产生污染，生产区是工厂相对集中的污染源，同时，管线多、绿地面积较小且绿化条件相对比较差。

（1）生产区绿化设计应注意的问题。

1）掌握生产车间职工生产劳作的特点，了解职工对环境的使用需要和爱好，投其所好，要将车间出入口作为重点美化地段。

2）要满足生产运输、安全及维修等方面的要求。

3）注意车间对通风、采光以及环境的要求。

4）绿化设计要考虑四季的景观效果与季相变化，注意合理的选择树种，特别是在有污染的车间附近，同时还要处理好植物与各种管线的关系。

（2）生产区绿地设计。

生产车间周围的绿化要根据车间生产特点及其对环境的要求进行设计，为车间创造生产所需要的环境条件，防止和减轻车间污染对周围环境的影响和危害，满足车间生产安全、检修及运输等方面对环境的要求，为工人提供良好工作环境。

一般情况下，车间周围的绿地设计，首先，要考虑有利于生产和室内通风采光，距车间6～8m内宜栽植高大乔木。其次，要把车间出、入口两侧绿地作为重点绿化美化地段。各类车间生产性质不同，对环境要求也不同，必须根据车间具体情况因地制宜地进行绿化设计。

1）有污染车间周围的绿化。这类车间在生产的过程中会对周围环境产生不良影响和严重污染，如散发有害气体，产生烟尘、粉尘、噪声等。在设计时应该首先了解车间的污染物成分以及污染程度，有针对性地进行设计。植物种植形式宜采用开阔草坪、地被、疏林等，以利于通风和及时疏散有害气体。在污染严重的车间周围不宜设置休息绿地，应选择抗性强的树种并在与主导风向平行的方向上留出通风道。在噪声污染严重的车间周围，应选择枝叶茂密、分枝点低的灌木并多层密植形成隔音带。

2）无污染车间周围的绿化。这类车间周围的绿化与一般建筑周围的绿化一样，只需考虑通风、采光的要求，并妥善处理好植物与各类管线的关系即可。

3）对环境有特殊要求的车间周围的绿化。对于类似精密仪器车间、食品车间、医药卫生车间、易燃易爆车间、暗室作业车间等这些对环境有特殊要求的车间，在设计时应特别注意。

3. 仓库、堆物场绿地设计

仓库区的绿化设计，要考虑消防、交通运输和装卸方便等要求，选用防火树种，禁用易燃树种，疏植高大乔木，间距7～10m，绿化布置宜简洁。在仓库周围留出5～7m宽的消防通道。尽量选择病虫害少、树干通直和分枝点高的树种。

堆物场绿化，在不影响物品堆放、车辆进出和装卸的条件下，周边栽植高大、防火且隔尘效果好的落叶阔叶树，以利于夏季工人遮阳休息，外围加以隔离。

4. 厂内道路、铁路绿化

厂区道路是工厂生产组织、工艺流程、原材料及成品运输、企业管理、生活服务的重要通道，是厂区的动脉。满足生产要求、保证厂内交通运输的畅通和职工安全既是厂区道路规划的第一要求，也是厂区道路绿化的基本要求。

绿化设计时，要充分了解这些情况，选择生长健壮、适应性强、抗性强、耐修剪、树冠整齐以及遮阳效果好的乔木作行道树，以满足遮阳、防尘、降低噪声、交通运输安全及美观等要求。道路两侧通常以等距行式栽植乔木作行道树。株距5～8m为宜。交叉口及转弯处应留出安全视距。大型工厂道路足够宽时，可布置成花园式林荫道。

5. 工厂小游园设计

（1）结合厂前区布置。厂前区是职工上下班的必经场所，也是来宾首到之处，又临近城市街道，因此，小游园结合厂前区布置既方便职工游憩，也美化了厂前区的面貌和街道侧旁景观。

（2）结合厂内自然地形布置。工厂内若有自然起伏的地形或者天然池塘、河道等水体，则是布置游园的好地方，既可丰富游园的景观，又增加了休息活动的内容，也改善了厂内水体的环境质量，可谓一举多得。

（3）车间附近布置。车间附近是工人工余休息最便捷之处，根据本车间工人的爱好，布置成各有特色的小游园，结合厂区道路和车间出入口，创造优美的园林景观，使职工在花园化的工厂中工作和休息。游园若与工会、俱乐部、阅览室、食堂以及人防工程相结合布置，则能更好地发挥各自的作用。根据人防工程上土层厚度选择植物，土厚2m以上可种大乔木，1.5～2m厚可种小乔木或大灌木，0.5～1.5m厚可种灌木、竹子，0.3～0.5m厚可栽植地被植物和草坪，并且注意人防设施出入口附近不能种植有刺或蔓生伏地植物。

（六）工厂绿化树种的选择

1. 工厂绿化树种选择的原则

（1）识地识树，适地适树。识地识树就是对拟绿化工厂内的绿地环境条件，包括温度、湿度、光照等气候条件，以及土层厚度、土壤结构和肥力、土壤的pH值等，有清晰的认识和了解，也要对各种园林植物的生物学和生态学特征了如指掌。适地适树就是根据绿化地段的环境条件选择园林植物，使环境适合植物生长，也使植物能适应栽植的环境。沿海的工厂选择的绿化树种要有抗盐、耐潮、抗风和抗飞沙等特性。土壤瘠薄的地方，要选择能耐瘠薄又能改良土壤创造良好条件的树种。

（2）选择抗污能力强的植物。工厂中一般或多或少地都会有一些污染，因此，绿化时要在调查研究和测定的基础上，选择抗污能力强、净化能力强的植物，尽快取得良好的绿化效果、避免失败和浪费，发挥工厂绿地改善和保护环境的功能。

（3）绿化要满足生产工艺的要求。不同工厂、车间、仓库及料场，其生产工艺流程和产品质量对环境的要求也不同，如空气洁净程度、防火、防爆等。因此，选择绿化植物时，要充分了解和考虑这些对环境条件的限制因素。

（4）易于繁殖，便于管理。工厂绿化管理人员有限，为省工节支，应选择繁殖、栽培容易和管理粗放的树种，尤其要注意选择乡土树种。装饰美化厂容，要选择那些繁衍能力强的多年生宿根花卉。

2. 工厂绿化常用树种

（1）抗二氧化硫树种有：大叶黄杨、雀舌黄杨、瓜子黄杨、海桐、蚊母、山茶、女贞、小叶女贞、枳橙、棕榈、凤尾兰、蟹橙、夹竹桃、枸骨、枇杷、金橘、构树、无花果、枸杞、青冈栎、白腊、木麻黄、相思树、榕树、十大功劳、九里香、侧柏、银杏、广玉兰、鹅掌楸、柽柳、梧桐、重阳木、合欢、皂荚、刺槐、国槐、紫穗槐、黄杨等。

（2）抗氯气树种有：龙柏、侧柏、大叶黄杨、海桐、蚊母、山茶、女贞、夹竹桃、凤尾兰、棕榈、构树、木槿、紫藤、无花果、樱花、枸骨、臭椿、榕树、九里香、小叶女贞、丝兰、广玉兰、柽柳、合欢、皂荚、国槐、黄杨、白榆、红棉木、沙枣、椿树、苦楝、白腊、杜仲、厚皮香、桑树、柳树、枸杞等。

（3）抗氟化氢树种有：大叶黄杨、海桐、蚊母、山茶、凤尾兰、瓜子黄杨、龙柏、构树、朴树、石榴、桑树、香椿、丝棉木、青冈栎、侧柏、皂荚、国槐、柽柳、黄杨、木麻黄、白榆、沙枣、夹竹桃、棕榈、红茴香、细叶香桂、杜仲、红花油茶、厚皮香等。

（4）抗乙烯树种有：夹竹桃、棕榈、悬铃木、凤尾兰等。

（5）抗氨气树种有：女贞、樟树、丝棉木、腊梅、柳杉、银杏、紫荆、杉木、石楠、石榴、朴树、无花果、皂荚、木槿、紫薇、玉兰、广玉兰等。

（6）抗二氧化氮树种有：龙柏、黑松、夹竹桃、大叶黄杨、棕榈、女贞、樟树、构树、广玉兰、臭椿、无花果、桑树、栎树、合欢、枫杨、刺槐、丝棉木、乌桕、石榴、酸枣、柳树、糙叶树、蚊母、泡桐等。

（7）抗臭氧树种有：枇杷、悬铃木、枫杨、刺槐、银杏、柳杉、扁柏、黑松、樟树、青冈栎、女贞、夹竹桃、海州常山、冬青、连翘、八仙花、鹅掌楸等。

（8）抗烟尘树种有：香榧、粗榧、樟树、黄杨、女贞、青冈栎、楠木、冬青、珊瑚树、广玉兰、石楠、枸骨、桂花、大叶黄杨、夹竹桃、栀子花、国槐、厚皮香、银杏、刺楸、榆树、朴树、木槿、重阳木、刺槐、苦楝、臭椿、构树、三角枫、桑树、紫薇、悬铃木、泡桐、五角枫、乌桕、皂荚、榉树、青桐、麻栎、樱花、腊梅、黄金树、大绣球等。

（9）滞尘能力强树种有：臭椿、国槐、栎树、皂荚、刺槐、白榆、杨树、柳树、悬铃木、樟树、榕树、凤凰木、海桐、黄杨、女贞、冬青、广玉兰、珊瑚树、石楠、夹竹桃、厚皮香、枸骨、榉树、朴树、银杏等。

（10）防火树种有：山茶、油茶、海桐、冬青、蚊母、八角金盘、女贞、杨梅、厚皮香、交让木、白榄、珊瑚树、枸骨、罗汉松、银杏、槲栎、栓皮栎、榉树等。

3. 工厂防护林带设计

（1）防护林带的功能作用。工厂防护林带是工厂绿化的重要组成部分，尤其对那些生产有害排出物或产品要求卫生防护很高的工厂更显得重要。工厂防护林带的主要作用是滤滞粉尘、净化空气、吸收有毒气体、减轻污染和保护改善厂区乃至城市环境。

（2）防护林带的树种选择。防护林带应选择生长健壮、病虫害少、抗污染性强、树体高大、枝叶茂密且根系发达的树种。树种搭配上，要常绿树与落叶树相结合，乔木、灌木相结合，阳性树与耐阴树相结合，速生树与慢生树相结合，净化与美化相结合。

（3）防护林带的结构。

1）通透结构。通透结构的防护林带一般由乔木组成，林带面积因树种而异，一般为 3m×3m。气流一部分从林带下层树干之间穿过，一部分滑升从林冠上面绕过。在林带背风一侧树高 7 倍处，风速为原风速的 28%，在树高 52 倍处，恢复原风速。

2）半通透结构。半通透结构的防护林带以乔木构成林带主体，在林带两侧各配置一行灌木。少部分气流从林带下层的树干之间穿过，大部分气流则从林冠上部绕过，在背风林缘处形成涡旋和弱风。据测定在林带两侧树高 30 倍的范围内，风速均低于原风速。

3）紧密结构。紧密结构一般是由大、小乔木和灌木配置而成的林带，形成复层林相，防护效果好。气流遇到林带，在迎风处上升扩散，由林冠上方绕过，在背风处急剧下沉，形成涡旋，有利于有害气体的扩散和稀释。

4）复合式结构。如果有足够宽度的地带设置防护林带，可将三种结构结合起来，形成复合式结构。在临近工厂的一侧建立通透结构，临近居住区的一侧为紧密结构，中间为半通透结构。复合式结构的防护林带可以充分发挥其作用。

（4）防护林带的横断面形式。防护林带由于构成的树种不同，形成的林带横断面的形式也不同。防护林带的横断面形式有矩形、凹槽型、梯形、屋脊形、背风面和迎风面垂直的三角形。矩形横断面的林带防风效果好，屋脊形和背风面垂直的三角形林带有利于气体上升，结合道路设置的防护林带，迎风梯形和屋脊形的防护效果较好。

（5）工厂区各处的防护林带。

1）工厂区与生活区之间的防护林带。

2）工厂区与农田交界处的防护林带。

3）工厂内分区、分厂、车间以及设备场地之间的隔离防护林带。如厂前区与生产区之间，各生产系统为减少相互干扰而设置的防护林带，防火、防爆车间周围起防护隔离作用的林带。

4）结合厂内、厂际道路绿化形成的防护林带。

（6）工厂防护林带的设计。工厂防护林带的设计要根据污染因素、污染程度和绿化条件，综合考虑，确立林带的条数、宽度和位置。通常，在工厂上风方向设置防护林带，防止风沙侵袭及邻近企业污染。在下风方向设置防护林带，必须根据有害物排放、降落和扩散的特点，选择适当的位置和种植类型。在一般情况下，污物排出并不立即降落，在厂房附近地段不必设置林带，而应将其设在污物开始密集降落和受影响的地段内。在防护林带内，不宜布置散步休息的小道、广场，在横穿林带的道路两侧加以重点绿化隔离。

在大型工厂中，为了连续降低风速和污染物的扩散程度，有时还要在厂内各区、各车间之间设置防护林带，以起隔离作用。因此，防护林带还应与厂区、车间、仓库以及道路绿化结合起来，以节省用地。

【规划设计】

1. 现场踏查

（1）自然状况调查。调查厂区所在地的气候、水文、土壤、植被等情况。

（2）社会环境调查。调查工厂的历史、人文、风土人情、企业性质、企业文化、行业特色等。同时与甲方密切沟通，了解甲方在建设方面的投资额度，在文化环境塑造、植物选择方面的要求，及时与甲方沟通观点，避免走弯路。

（3）绿地现状调查。通过现场踏查，明确规划设计的范围、收集相关的设计资料、掌握绿地现状，要对已有的图纸资料等进行现场核对，适当补充，根据需要绘制相关的现状图纸等。同时也需要现场构思。

2. 总体构思

（1）设计原则。

1）充分利用现有的地形条件，因地制宜组织不同形势的空间。

2）坚持以人为本的设计理念，充分考虑厂区职工的主观感受，做到优美、舒适、自然和环保。

3）坚持景观与传统文化相结合，艺术性与科学性相结合，把文学艺术、建筑艺术、书法艺术、雕塑艺术等充分展现出来。

（2）整体布局特色。根据该厂区在整个地区的位置，以及原有建筑的布局特点和各建筑物的功能情况，结合中国传统文化中《易传》记录"易有太极，始生两仪。两仪生四象，四象生八卦"，关于四象的说法很多，如东、南、西、北，春、夏、秋、冬，青龙、白虎、朱雀、玄武，金、木、水、火，又依《阳宅十书》中："凡宅左有流水，谓之青龙；右有长道，谓之白虎；前有汗池，谓之朱雀；后有丘陵，谓之玄武，为最贵地。"所以整体布局取"左青龙，右白虎，前朱雀、后玄武"之意，用景观要素山体、水体等将其表现出来。

整个工厂区设计采用混合式的手法，考虑将职工的生活区和厂区、办公区做一适当的隔离，厂区主入口区要求整洁大气，设计时采用了相对规则式，入口小雕塑的形状为工厂厂徽的抽象，体现其企业的精神和企业文化。

"仁者乐山，智者乐水"，在办公楼前绿地主景设计有假山、瀑布、水池，左右两边的瀑布，有左右逢源、事业生机旺盛之意；其下水潭寓意聚宝盆，水池中有"荷"和"鹤"雕塑，取荷鹤吉祥之意。此区的植物设计植物配置主题为"春花、夏荫、秋色、冬青"。

东北边的自然式溪流两侧营造了桃红柳绿的景观，并在其中设置了供职工休闲的花架、亭子等设施。

（3）植物规划。承德市地处河北东北部，属半湿润半干旱大陆性季风气候，平均海拔350m，年均气温5.6℃，年均降水量536mm，年均无霜期127d。设计范围场地平坦，土壤偏碱性，较为肥沃，适合绝大多数华北地区植物生长的需要，植物选择要以抗性强的乡土树种为主，乔灌草结合，考虑四季景观。

3. 局部详细设计阶段

根据确定的总体设计方案，对各绿地局部进行详细设计并恰当地表现。

案例分析

某药厂绿地规划设计

1. 设计理念

企业的环境质量是企业形象的最佳体现，而制药厂对环境设计又有着特殊的要求。因此，厂区环境规划设计要简洁大方、优美清新，并要体现企业的高科技水平（图6-1-2）。

2. 综合楼前广场规划设计

根据药厂总体规划平面图的要求，楼前广场有两条环形的路分别通往大楼和地下车库，这就很自然的需要将绿地划分为三块，在中心绿地内规划出旱喷和雕塑广场，植物色块、喷泉、雕塑组成了四季可观赏的优美景致，而雕塑造型又直接体现了企业拼搏向上的精神。喷泉外围规划设计为2.5m宽的步石路，供人们步行通过。两侧均为彩色植物组成的模纹图案，简洁明快，色彩对比鲜明。一、二环形路间的绿地同样由不同形式的彩色模纹植物图案环绕。外侧各有6个高低错落的植物彩球，非常醒目。

3. 食堂景区规划

食堂南面规划出一片自然式的水面，水面上设置一圆形平台，在平台上布置一个造型优美的喷淋小品，周围设有荷叶汀步，秀雅别致。水面的西部规划成一条形花架，东部设置了三个圆形花架，草坪上步石路蜿蜒曲折，像一组优美的音符跳跃期间。路边堆放几块山石，半埋半露，平添了无穷的园林情趣。

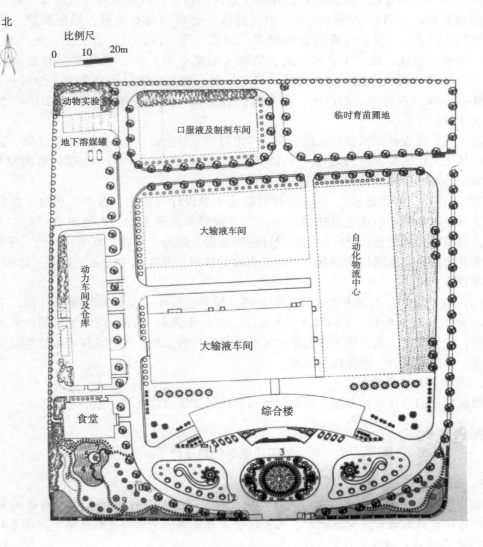

图 6-1-2　某药厂设计平面图

4. 植物配置

药厂特定的环境要求植物不但要抗污染，而且还要少飞毛、少花粉等，因此，树种选择常绿的雪松、桧柏、棕榈、竹子、黄杨，以及七叶树，金叶女贞，红叶小檗等落叶植物；地被植物选择管理方便的沙地柏、白三叶和丹麦草。通过对不同的植物组合配置，将厂区装扮成浓绿欲滴、色彩斑斓、优美如画、清新宜人的花园式工厂。

【复习思考】

（1）在工厂厂前区设计时应该注意哪些问题？

（2）抗二氧化硫气体的常用树种有哪些？

【实训项目】

在学习了工矿企业绿地规划设计的相关理论知识之后，为了进一步提高学生的实践技能，培养学生的规划设计能力，可选择让学生完成当地某工矿企业绿地规划设计。

1. 设计要求

（1）充分考虑厂区职工的生理与心理需求，有较好的设计理念，要有创意，富有个性，特色鲜明，具有文化内涵。

（2）因地制宜，巧于组景，规划布局能满足功能要求，分区合理，空间设计恰当。

（3）以植物造景为主，注重环境保护，突出生态效益。

（4）主要景观小品设计要得当，比例尺度要适宜。

（5）设计成果的表现方式为墨绘淡彩或计算机绘图表现。图纸按规定要求无缺漏，设计内容要完整，图面布图要合理，比例准确，表达清楚，具有较好的表现力。

2. 步骤

（1）现场踏查，设计者必须到设计现场实地踏查，熟悉具体的设计环境等，查阅资料为后续的具体设计做准备。

（2）收集具体的图纸资料，部分图纸资料可以向建设单位索要，若所需图纸资料建设单位不全，也可以自己现场测量绘制。

（3）依据现场踏查和图纸资料以及设计要求，归纳总结并绘制设计草图。

（4）征求意见，修改草图，确定设计方案。

（5）依据园林制图规范要求，完成设计图纸的绘制。

3. 设计成果

（1）工矿企业绿地设计总平面图（包含绿化设计图），比例1:200～1:300。

（2）设计说明书。

（3）植物名录表。

4. 评分标准

学习项目评价见表6-1-1。

表 6-1-1 学习项目评价表

学习项目评价标准	分值	教学评价			总评
		小组评价 20%	学生评价 20%	教师评价 20%	
资料准备情况、参与的积极性、完成方案的态度	20				
设计方案的合理性、创新性	40				
方案表达（制图、效果图绘制、设计说明等）	20				
方案的可实施性	20				
小计	100				

任务二　学校绿地设计

【设计任务】

图 6-2-1 所示为河北旅游职业学院北校区现状平面图，现要求根据该学校的绿地现状和相关绿地设计规范等要求，在充分满足功能要求、安全要求和景观要求的前提下完成校园绿地规划设计。

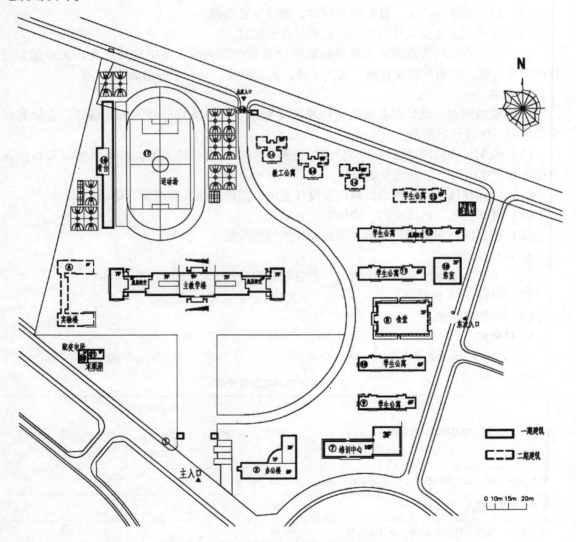

图 6-2-1　河北旅游职业学院北校区现状平面图

【任务分析】

通过对该校区现状平面的分析可以看出，该学院位于河北省承德市高校园区，毗邻滦河，要对其合理的绿化设计，就要掌握校区绿化设计的要点，突出学院的旅游特色，注重人文性和科学性等。

【知识链接】

根据我国目前的教育模式，学校教育大致可分为幼儿园、小学、中学和大专院校，由于学校规模、教育阶段、学生年龄的不同，其绿地建设也有很大的差异。在一般情况下，幼儿园、中小学校的规模较小、建设经费紧张、学生年龄较小，学生大部分以走读方式为主，因此绿地无论是从设计还是从功能角度来讲都相对比较简单；而大专院校由于规模大、学生年龄较大、学生以住校方式为主，因此绿地的设计及功能要求都相对比较复杂。

一、大专院校绿地设计

（一）大专院校的绿地组成

1. 教学科研区绿地

教学科研区是大专院校的主体，主要包括教学楼、实验楼、图书馆及行政办公楼等周围的绿地，该区也常常与学校大门主出入口综合考虑，体现学校的面貌和特色。教学科研区周围要保持优美、安静的学习与研究环境，其绿地一般沿建筑周围、道路两侧呈条带状或团块状分布。

2. 学生生活区绿地

该区为学生生活、活动区域，主要包括学生宿舍、学生食堂、浴室、商店等生活服务设施，以及部分体育活动器械等。该区与教学科研区、体育活动区、校园绿化景区、城市交通及商业服务有着密切联系，绿地沿建筑、道路分布，比较零碎、分散。但是该区又是学生课余生活比较集中的区域，绿地设计要注意满足其功能性。

3. 教工生活区绿地

该区为教工生活、居住区域，主要是居住建筑和道路，一般做独立布置，或者位于校园一隅，与其他功能区分开，以求安静、清幽。其绿地分布与普通居住区无差别。

4. 休息游览区绿地

休息游览区是在校园的重要地段设置的集中绿化区或景区，供学生休息散步、自学、交往，另外，还起着陶冶情操、美化环境、树立学校形象的作用。该区绿地呈团块状分布，是校园绿化的重点区域。

5. 体育活动区绿地

大专院校体育活动场所是校园的重要组成部分，是培养学生德、智、体、美、劳全面发展的重要设施。其内容主要包括大型体育场、体育馆和操场，游泳池、游泳馆，各类球场及器械运动场等。该区要求与学生生活区有较方便的联系。除足球场草坪处，绿地沿道路两侧和场馆周边呈条带状分布。

6. 校园道路绿地

校园道路绿地分布于校园内的道路系统中，对各功能区起着联系与分隔的双重作用，且具有交通运输功能。道路绿地位于道路两侧，除行道树外，道路外侧绿地与相邻的功能区绿地融合。

7. 后勤服务区绿地

该区分布着为全校提供水、电、热力和各种气体的动力站，以及仓库、维修车间等设施，占地面积较大，管线设施较多，既要有便捷的对外交通联系，又要离教学科研区稍远，以免干扰。

（二）大专院校绿地设计的原则

1. 以人为本

校园环境的使用对象是师生和员工，园林绿地作为校园中重要的组成部分之一，其规划设计首先应该符合人文空间的规划思想，处处体现以人为本的规划设计理念，因地制宜地创造多层次、多功能的园林绿地空间，供师生、员工交往、观赏、居住、休憩娱乐、运动休闲。

2. 突出校园文化特色

根据大学校园文化气息浓的特点，校园环境理应具有更深层次的美学内涵和艺术品位，校园环境既要传承文脉，显示出历史校园久远的印痕，又要体现其艺术性与新的时代特色。

3. 突出育人氛围

由于高校肩负着育人的重任，除了课堂、教育、会议学习之外，环境育人也不可忽视，所以在游园绿地的建设中，也可考虑建设一些特色的小园。例如梅园取其坚韧不拔、斗霜傲雪的精神，鼓励师生克服困难、不断进步之意。

4. 创造多种适合于学习、活动的绿地广场

大学生对于集体活动、相互交往的需求较强，所以应该创造一些适于集体活动、谈心、演讲、小集体的文艺演出、静坐休息、思考的绿地环境。例如草坪广场、铺装广场、树林广场空间、半封闭空间、开敞空间以及只适合于一两个人活动的秘密性较强的空间。

5. 以自然为本，创造良好的校园生态环境

校园应该是一个富有自然生机的、绿色的、良好生态状态的环境，校园绿地规划设计要结合整个校园的总体规划设计进行，强调绿色环境与人的活动及建筑环境的整合，体现人与自然共存的理念，形成人的活动融入自然的有机运行机制。充分尊重和利用原有的自然环境，尽可能地保护原有的自然生态环境。

（三）大专院校各区绿地规划设计要点

1. 校前区绿化

校前区主要是指学校大门、出入口与办公楼、教学主楼之间的空间，有时也称作校园的前庭，是大量行人、车辆的出入口，具有交通集散功能，同时起着展示学校标志、校容校貌及形象的作用，一般有一定面积的广场和较大面积的绿化区，是校园重点绿化美化的地段之一。校前区空间的绿化要与大门建筑形式相协调，以装饰观赏为主，衬托大门及立体建筑，突出庄重典雅、朴素大方、简洁明快、安静优美的高等学府校园环境。

校前区的绿化主要分为两部分：门前空间和门内空间。

门前空间主要指城市道路到学校大门之间的部分。对门前空间的绿化一般使用常绿花灌木，使之形成活泼而开朗的门景，两侧花墙用藤本植物进行配置。在四周围墙处，选用常绿乔灌木自然式带状布置，或者以速生树种形成校园外围林带。另外，门前空间的绿化既要与街景有一致性，又要体现学校特色。

门内空间主要是指大门到主体建筑之间的空间。门内空间的绿化设计一般以规划式绿地为主，以校门、办公楼或教学楼为轴线，在轴线上布置广场、花坛、水池、喷泉、雕塑和主干道，如图6-2-2所示，轴线两侧对称布置装饰成休息性绿地。在开阔的草地上种植树丛，点缀花灌木，自然活泼，或者植草坪及整形修剪的绿篱、花灌木，低矮开朗，富有图案装饰效果。在主干道两侧植高大挺拔的行道树，外侧适当种植绿篱、花灌木，形成开阔的绿荫大道。

图 6-2-2　西北农林科技大学南校区入口景观效果图

2. 教学科研区绿化

教学科研区一般包括教学楼、实验楼、图书馆及行政楼等建筑，其主要功能是满足全校师生教学、科研的需要。教学科研区绿地主要是指教学科研区周围的绿地，其功能是为教学科研工作提供安静优美的环境，也为学生创造课间进行适当活动的绿色室外空间。

教学科研主楼前广场的绿化设计，一般以大面积铺装为主，结合花坛、草坪，布置喷泉、雕塑、花架、园灯等园林小品，体现简洁、开阔的景观特色。有的学校也将校前区的教学科研主楼前的广场结合起来布置，如图 6-2-3 所示。

图 6-2-3　河北旅游职业学院 3 号教学楼前绿化

为满足学生休息、集会、交流等活动的需要，教学楼之间的广场空间应注意体现其开放性、综合性的特点，并具有良好的尺度和景观，以乔木为主，花灌木点缀。绿地布局平面上要注意其图案构成和线形设计,以丰富的植物及色彩,形成适合师生在楼上俯视的鸟瞰画面,立面要与建筑主体相协调,并衬托美化建筑,使绿地成为该区空间的休闲主体和景观的重要组成部分。教学楼周围的基础绿带,在不影响楼内通风采光的条件下,多种植落叶乔灌木。

大礼堂是集会的场所,正面入口前一般设置集散广场,绿化同校前区,由于其周围绿地空间较小,内容相应简单。礼堂周围的基础栽植以绿篱和装饰树种为主。礼堂外围可根据道路和场地大小,布置草坪、树林或花坛,以便人流集散。

实验楼的绿化基本与教学楼相同,另外,还要注意根据不同实验室的特殊要求,在选择树种时,综合考虑防火、防爆及净化空气等因素。

图书馆是图书资料的储藏之处,为师生教学、科学活动服务,也是学校标志性建筑,其周围的布局与绿化基本与大礼堂相同。

3. 学生生活区绿化

大专院校为方便学生学习和生活,校园内设置有学生生活区和各种服务设施。学生生活区绿化应以校园绿化基调为前提,根据场地大小,兼顾交通、休息、活动、观赏诸功能,因地制宜地进行设计。食堂、浴室、商店、银行、邮局前要留有一定的交通集散及活动场地,周围可留基础绿带,种植花草树木,活动场地中心或周边可设置花坛或种植庭荫树。

学生宿舍区绿化可根据楼间距大小,结合楼前道路进行设计。楼间距较小时,在楼梯口之间只进行基础栽植或硬化铺装;场地较大时,可结合行道树形成封闭式的观赏性绿地,或者布置成庭院式休闲性绿地,铺装地面、花坛、花架、基础绿带和庭荫树池结合,形成良好的学习、休闲场地。

4. 教工生活区绿化

教工生活区绿化与普通居住区的绿化设计相同,设计时可参阅居住区绿地中的内容。

5. 休息游览区的绿化

大专院校一般面积较大,在校园的地段设置花园式或游园式绿地,供师生休闲、观赏、游览和读书。另外,大专院校中的花圃、苗圃、气象观测站等科学实验园地,以及植物园、树木园也可以园林形式布置成休息游览绿地。休息游览绿地规划设计构图的形式、内容及设施,要根据场地的地形地势、周围道路、建筑等环境,综合考虑,因地制宜地进行。

6. 体育活动区绿化

体育活动区一般在场地四周栽植高大乔木,下层配置耐阴的花灌木,形成一定层次和密度的绿荫,能有效地遮挡夏季阳光的照射和冬季寒风的侵袭,减弱噪声对外界的干扰。

室外运动场的绿化不能影响体育活动和比赛以及观众的通视,应严格按照体育场地及设施的有关规范进行。为保证运动员及其他人员的安全,运动场四周可设围栏。在适当之处设置座凳,供人们观看比赛。设座凳处可种植落叶乔木遮阳。

体育馆建筑周围应因地制宜地进行基础绿带绿化。

7. 校园道路绿化

校园道路两侧行道树应以落叶乔木为主,构成道路绿地的主体和骨架,浓荫覆盖,有利于师生们的工作、学习和生活,在行道树外还可以种植草坪或点缀花灌木,形成色彩、层次丰富的道路侧旁景观。

8. 后勤服务区绿化

后勤服务区绿化与生活区绿化基本相同，不同的是还要考虑水、电、热力和各种气体动力站，以及仓库、维修车间等处的绿化。

二、中小学绿地设计

中小学用地一般可分为建筑用地（包括办公楼、教学楼、实验楼、广场道路及生活杂务场院）、体育场地和道路用地，如图 6-2-4 所示。

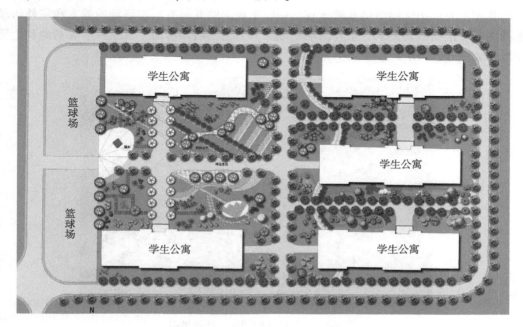

图 6-2-4　某中学校园设计平面图

（一）建筑用地周围的绿化设计

中小学建筑用地绿化，往往沿道路两侧、广场、建筑周边和围墙边呈条带状分布，以建筑为主体，绿化相衬托、美化。因此，绿化设计既要考虑建筑物的使用功能，如通风采光、遮阳、交通集散，又要考虑建筑物的形状、体积、色彩，以及广场、道路的空间大小。大门出入口、建筑门厅及庭院，可作为校园绿化的重点，结合建筑、广场及主要道路进行绿化布置，注意色彩、层次的对比变化，建花坛，铺草坪，植绿篱，配置四季花木衬托大门及建筑物入口空间和正立面景观，丰富校园景色。建筑物前后种低矮的基础栽植，5m 内不能种植高大乔木。在两山墙外可种植高大乔木，以防日晒。庭院中也可种植乔木，形成庭荫环境，并可适当设置乒乓球台、阅报栏等文体设施，供学生课余活动之用。要适应管线和设施的特殊要求，在选择配置树种时，要综合考虑防火、防爆等因素。

（二）体育场地周围绿化设计

体育场地主要供学生开展各种体育活动。一般小学操场较小，通常以楼前后的庭园代之。中学单独设立较大的操场，可划分为标准运动跑道、足球场、篮球场及其他体育活动用地。

运动场周围植高大遮阳落叶乔木，少种花灌木。地面铺草坪（除道路外），尽量不硬化。运动场要留出较大空间满足户外活动使用，并且要求视线通透，以保证学生安全和体育比赛的进行。

（三）道路绿化设计

校园道路绿化主要考虑功能要求，满足遮阳需要，一般多种植落叶乔木，也可适当点缀常绿乔木和花灌木。另外，学校周围沿围墙植绿篱或乔灌木林带，与外界环境相对隔离，避免相互干扰。

三、幼儿园绿地设计

幼儿园主要承担学龄前幼儿的教育，一般正规的幼儿园有室内活动的地方和室外活动的场地两部分，根据活动要求，室外活动场地又分为公共活动场地、自然科学等基地和生活杂务用地，如图 6-2-5 所示。

图 6-2-5　某幼儿园园区设计效果图

公共活动场地是儿童游戏活动场地，也是幼儿园重点绿化区。该区绿化应根据场地大小，结合各种游戏活动器械的布置，适当设置小亭、花架、涉水池、沙坑。在活动器械附近，以遮阳的落叶乔木为主，角隅处也可适当点缀花灌木，所有场地应开阔、平坦、视线通透，不能影响儿童活动。菜园、果园及小动物饲养地，是培养儿童热爱劳动、热爱科学的基地。有条件的幼儿园可将其设置在全园一角，用绿篱隔离，里面种植少量果树，以及油料、药用的经济植物等，或饲养少量家畜家禽。

整个室外活动场地应尽量铺设耐践踏的草坪，或采用塑胶铺地，在周围种植成行的乔灌木，形成浓密的防护带，起防风、防尘和隔离噪声作用。

幼儿园绿地植物的选择，要考虑儿童的心理特点和身心健康，要选择形态优美、适应性强、便于管理的植物，禁用有飞毛、飞絮、毒、刺及引起过敏的植物，如花椒、黄刺梅、漆树、凤尾兰等。同时，建筑周围注意通风采光，5m 内不能植高大乔木。

【规划设计】

1. 现场踏查

（1）自然状况调查。调查学校所在地承德市的气候、水文、土壤、植被等情况。

（2）社会环境调查。调查学校的历史、人文、风土人情、学校性质、校史校训、行业特色等。同时与校方密切沟通，了解校方在建设方面的投资额度，在文化环境塑造、植物选择方面的要求，及时与校方沟通观点，避免走弯路。

（3）绿地现状调查。通过现场踏查，明确规划设计的范围、收集相关的设计资料、掌握绿地现状，要对已有的图纸资料等进行现场核对，适当补充，根据需要绘制相关的现状图纸等。同时也需要现场构思。

2. 总体构思

（1）功能分区。根据河北旅游职业学院的原有建筑的布局特点和各个建筑物的功能定位，将学院北校区划分为行政办公区绿地、学生生活区绿地、教学科研区绿地、体育活动区绿地和游览休息区绿地（图6-2-6）。

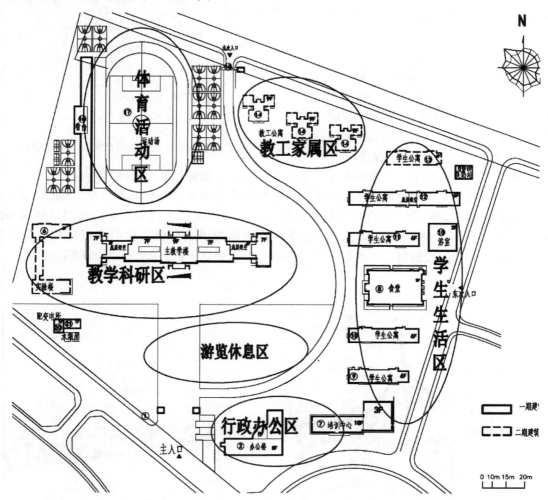

图6-2-6 河北旅游职业学院北校区功能分区示意图

（2）景观规划。根据校园总体布局、功能分区、教学特点、校方要求等实际情况，再结合承德市的地域文化和该高校的校园文化，形成其规划设计的总体构思。从景观轴线、景观视线和景观景点等方面考虑（图6-2-7）。

（3）植物规划。承德市地处河北东北部，属半湿润半干旱大陆性季风气候，平均海拔350m，年均气温5.6℃，年均降水量536mm，年均无霜期127d。校园设计范围场地平坦，土壤偏碱性，较为肥沃，适合绝大多数华北地区植物生长的需要，植物选择要以乡土树种为主，乔灌草结合，考虑四季景观。同时，该学院下设农业、林业等相关专业，所以在植物选择上兼顾了景观和教学的双重需要。

3. 局部详细设计阶段

根据确定的总体设计方案，对各绿地局部进行详细设计，按各功能分区进行绿地设计，由道路系统划分（图6-2-8），在植物配置上体现设计立意的同时，也体现多样统

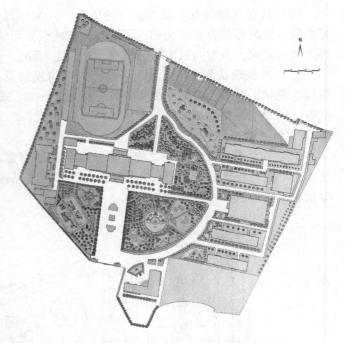

图 6-2-7　河北旅游职业学院北校区校园设计总平面图

一原则，考虑植物的生态习性和四季有景可观，尽可能地选用乡土树种。

在主轴线两侧种植遮阴乔木和花灌木，轴线线性布局成"一体两翼"状，如图6-2-9所示，象征河北旅游职业学院的办学特色定位——"一体两翼"机制，中心雕塑组成部分之一"马踏飞燕"为中国旅游的标志，也是该校校徽的组成部分，从而体现该校为河北省唯一一所旅游类院校的特色，花坛、奔马一动一静，彰显生机，如图6-2-10所示。

图 6-2-8　道路分析图

图 6-2-9　"一体两翼"布局

图 6-2-10　入口"马踏飞燕"雕塑效果图

教学科研区环境的营造首先保证通风、安静，然后尽可能地做到景观优美，突出主题，以供师生们课间休息之用；游览休息区，共营造了春园、莘子园、长青园等，春园位于校园主入口的左侧，园内植物配置注重意境美，其中种植的大片樱花既具有观赏价值，又寓意刚劲、清秀质朴的精神，园中以"绿点绿滴"水池为主景（图 6-2-11），其上绘有"琴棋书画""梅兰竹菊"的景墙（图 6-2-12），体现该学院"知行并举、德艺兼优"的校训，景墙中间的壁泉为整个春园增加了动态美。莘子园（图 6-2-13）位于校园入口的右侧，取"莘莘学子"之意，象征学校对学子们的期望和祝福，园内以银杏作为遮阴树，图案构成中有中国地图（图 6-2-14）等，突出"旅游"理念，广场和亭子为师生们提供学习、活动的场地。在长青园中设有许愿树，寓意学子的理想像长青树一样永驻心间，激励学子们奋发向上；学生生活区绿地面积相对较大，较分散，营造出温馨舒适、景观优美、功能完备的生活空间（图 6-2-15）；行政办公区绿地以假山喷水池为主景（图 6-2-16），不仅能美化环境，更

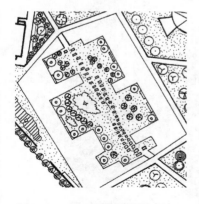

图 6-2-11　"绿点绿滴"水池

图 6-2-12　景墙效果图

能让人感受到自然的气息，而池中假山上的题刻"廉"和池水中的出淤泥不染的"莲"相呼应，取廉洁、正直之意；体育活动区绿地呈带状分布，在不影响活动的前提下，做装饰性绿化；教工家属区为该校二期建筑，尚未建造，所以将其临时设成试验田，供农学等专业教学使用。

图 6-2-13　莘子园局部鸟瞰图

图 6-2-14　色块效果图

图 6-2-15　休闲绿地效果图

图 6-2-16　行政办公楼前效果图

案例分析

合肥通用职业技术学院校园规划设计

合肥通用职业技术学院校园鸟瞰图如图 6-2-17 所示。

图 6-2-17 合肥通用职业技术学院校园鸟瞰图

第一部分 调查研究分析

（一）项目背景

合肥是安徽省的政治、经济和文化中心，从宏观发展的层面来看，合肥处于东部沿海地区向中西部地区梯度转移的过渡地带，作为我国经济中心战略转移的支点，扮演着承东启西的角色。合肥职业教育基地位于合肥市东部瑶海经济开发区北部磨店片区，教育基地由众多校区组成，是打造国家和地区各类职业技术人才的重要的科教基地。

（二）现状条件分析

1. 区位条件

合肥通用职业技术学院位于"141"形态的北组团和东组团之间，西临主城区，基地对外交通便捷，周边道路通畅完整，环境及绿化建设完善。从上层角度分析，合肥地处长江流域经济带，与长三角经济圈有着密切的联系，合肥通用职业技术学院作为合肥职业教育基地的组成部分，可将人才培养与区域经济有机结合起来，成为合肥新一轮经济发展动力的有效支撑。

2. 现状场地条件

现状场地内水系较为发达，有一些鱼塘和冲沟，部分水系连通增添了基地的地貌特征。基地内现状存在几处村庄建设用地，村庄内的空间布局较为杂乱，建筑质量较差，多为村民自建房。

通过现状分析可以得出如下结论：基地现状水系丰富，可以在现有基础上改造利用；村落布局散乱，可以实施安置解决；路网质量一般，建议不再利用。

3. 设计要素及环境影响分析

基地受到内在因素和外部环境的影响。首先依据上位规划，它是合肥职业教育基地的一部分，处于一个整体职教氛围之中。其次北、西方向与城市绿地形成景观联通。同时南侧商业服务用地，东侧同类用地为本区域增添了聚集效应。最后基地受其内部的水环境影响。

（三）调查研究

1. 文脉研究

合肥古称庐州，又名庐阳，素以"三国旧地、包拯故里"闻名于世。合肥既有较丰富的旅游资源，也有较为浓厚的文化底蕴，自古以来，徽州文化独成一体，灰瓦白墙成为安徽特色文化的一种符号。以水体景观突出，五大淡水湖之一的巢湖有三分之一的水面在合肥，岸线长达72km。岱山湖风光秀丽，水域广阔，另外合肥山区旅游资源也甚为丰富，其中紫蓬山国家森林公园方圆面积近百公里，并且有森林大道与市区相通。人文遗产方面，合肥是历史悠久的古城，自秦置县，名人辈出，名胜古迹众多。著名的有：三国古战场逍遥津，曹操教练弓弩手的教弩台，古钟长鸣的名教寺，具有宋代建筑风格的包公文化园，千年古镇三河，晚清重臣李鸿章故居，刘铭传故居和渡江总前委旧址——瑶岗，等等。通过对合肥文脉的考量，丰富整个校区景观设计的内容。

文脉调研结论：通过对合肥文脉的疏理，可以将这种底蕴深厚的区域特色文化融入设计内容中，比如在校园主题建筑设计中引入抽象的合肥地方特色建筑概念，既体现合肥独特的建筑文化，也增添校园的学术气氛。

2. 横向比较

通过调研合肥目前职业院校的分布及特点，主要通过占地面积、总建筑面积、专业设置、办学体系等，可以对本次设计准确定位，即在同类院校中脱颖而出，不仅在硬件建设中取得优势地位，而且在软件建设中更力争打破常规，放远目标，务实发展。

第二部分　规划设计

（一）基地概况

1. 基地区位

合肥市位于安徽省南部，历史悠久、地灵人杰。本次规划位于合肥职业教育基地一期建设用地东北角，东临职教四路，南依学院路，西接职教三路，北靠学府路，区位优势良好。

2. 用地规模

本次规划基地呈长方形，南北长为760m，东西长为400m，总用地面积约为30.4hm²。

（二）规划依据

《中华人民共和国城市规划法》

《城市规划编制办法实施细则》（建设部建规〔1995〕333号文发布）

《城市道路交通规划设计规范》（GB-50220—1995）

《合肥市城市总体规划》（2006～2020年）

《合肥市城市近期建设规划（2006～2010年）》

《合肥市职业教育基地规划》

《合肥通用职业技术学院规划与建筑设计任务书》

（三）规划原则

1. 以人为本

规划设计充分考虑到师生的心理特点和行为特点，又从实际出发，合理安排绿地，始终以人为中心，通过轴线、中心绿化和步行道连接主要功能区。同时强调院区的安全性，用合理的设计细节为院区日后的管理做好铺垫。使校园形成自己独有的特色，发展为以人工景观为特色，自然生态与自然景观相协调，兼顾土地持续发展并存的优化规划设想。营造出一种宜人的人工和自然相协调的环境。

2. 自然和生态原则

规划设计充分结合现有自然生态要素，加以改造利用。关注人与自然环境的互融与共生，满足主体人的行为需求。

3. 特色性原则

规划注重布局和功能需求，注重学生的参与性、创新性和青春活力，设计采用多层次的领域空间来促进培养集体主义精神和协作创新精神，以创造出有特色的校园环境，使学生产生强烈的认同感和归属感。同时兼顾安徽历史文化，打造相符的建筑与景观环境。

4. 整体性原则

本区域作为职教基地的组成部分，除本身综合考虑外，还要考虑周边的整体环境，在大背景下统筹考虑校园的各项功能，打造合肥职业教育基地的模范品牌。

5. 可持续、可操作性原则

预期未来的建设发展，在规划设计中首先要考虑的是整个地块的功能形式，还要考虑分期建设的需求，并且预留出一定的发展空间。从长远着眼，考虑校园环境的可生长性，让规划具备弹性与一定的可变性，可根据建设实际情况调整，注重规划的可操作性和实施可行性。

（四）设计构思（图 6-2-18）

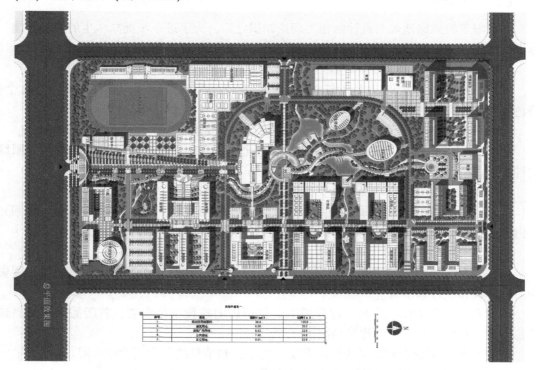

图 6-2-18　合肥通用职业技术学院校园总平面图

1．总体概括

基地中心布置大礼堂和学生活动中心，正对南校门布置图书馆。图书馆和南侧主出入口共同界定了校园的主轴线，这条轴线在公共活动区与环境结合而变成曲线型。此外一条东西景观轴线横向穿过中央景观区。围绕中央景观区，分别是靠近主入口的行政区、教学区、生活服务区以及体育运动区。

2．规划区总体概括为：三轴五区

（1）三轴，教学轴、南北景观轴、东西景观轴，其中教学轴纵向串联了教学楼区和实习实训区，南接行政管理、学术交流区，北接生活后勤区；南北景观轴南起校区南侧主入口，贯穿中央绿地和公共活动区，直达北侧生活服务区；东西景观轴联系校区西侧次入口和东侧步行主入口，横贯基地中央，串联生活服务区、体育活动区、公共活动区与实习实训区。

（2）五区，由北到南分别为：生活服务区、公共活动区、教学实训区、体育运动区、行政办公区，各个分区以公共活动区为中心，融合成一个合理的整体。

【复习思考】

（1）根据功能分区，你所在的校园绿地都由哪几部分组成？

（2）教学科研区绿地设计应该注意什么？

（3）分析自己校园绿地规划设计的优缺点。

【实训项目】

在学习了校园绿地规划设计的相关理论知识之后，为了进一步提高学生的实践技能，培养学生的规划设计能力，可选择让学生完成当地某校园绿地规划设计。

1．设计要求

（1）充分考虑师生们的生理与心理需求，有较好的设计理念，要有创意，富有个性，特色鲜明，具有文化内涵。

（2）因地制宜，巧于组景，规划布局能满足功能要求，分区合理，空间设计恰当。

（3）重视植物造景，突出生态效益，植物配置要合理，注意植物的选择符合校园绿地的种植特点。

（4）绿地中主要景观小品设计要得当，比例尺度要适宜。

（5）设计成果的表现方式为墨绘淡彩或计算机绘图表现。图纸按规定要求无缺漏，设计内容要完整，图面布图要合理，比例准确，表达清楚，具有较好的表现力。

2．步骤

（1）现场踏查，设计者必须到设计现场实地踏查，熟悉具体的设计环境等，查阅资料为后续的具体设计做准备。

（2）收集具体的图纸资料，部分图纸资料可以向建设单位索要，若所需图纸资料建设单位不全，也可以自己现场测量绘制。

（3）依据现场踏查和图纸资料以及设计要求，归纳总结并绘制设计草图。

（4）征求意见，修改草图，确定设计方案。

（5）依据园林制图规范要求，完成设计图纸的绘制。

3. 设计成果

（1）规划设计总图，绘制到 A1 或 A2 图纸上，该图纸要求对校园中的道路、广场、园林建筑小品等规划布局，并标注尺寸。

（2）收集具体的图纸资料，部分图纸资料可以向建设单位索要，若所需图纸资料建设单位不全，也可以自己现场测量绘制。

（3）校园设计总平面图（包含绿化设计图）。

（4）设计说明书。

（5）植物名录表。

（6）设计概算。

4. 评分标准

学习项目评价见表 6-2-1。

表 6-2-1　学习项目评价表

学习项目评价标准	分值	教学评价			总评
		小组评价 20%	学生评价 20%	教师评价 60%	
资料准备情况、参与的积极性、完成方案的态度	20				
设计方案的合理性、创新性	40				
方案表达（制图、效果图绘制、设计说明等）	20				
方案的可实施性	20				
小计	100				

任务三　医疗机构绿地设计

【设计任务】

图 6-3-1 所示为陕西省宝鸡市某社会福利院现状平面图，对其进行园林规划设计。

【任务分析】

从现状平面图可以看出，场地中包含康复楼周围绿地，医疗综合楼附近绿地，还有办公公寓楼周围绿地，以及锅炉房、洗衣房等周围绿地，是相对比较综合的绿地形式，放到医疗机构绿地设计中来完成，首先需要掌握此类园林绿地设计的要点，并根据甲方的设计要求以及园林规划设计的程序，完成该设计任务。

【知识链接】

医院绿化的目的是卫生防护隔离、阻滞烟尘、减弱噪声，创造幽雅、安静的绿化环境，以利人们防病治病，尽快恢复身体健康。据测定，在绿色环境中，人的体表温度可降低 1～2.2℃，脉搏平均减缓 4～8 次/min，呼吸均匀，血流舒缓，对高血压、神经衰弱、心脏病和呼吸道疾病能起到间接的治疗作用。在现代医院设计中，环境作为基本功能要素已不容忽

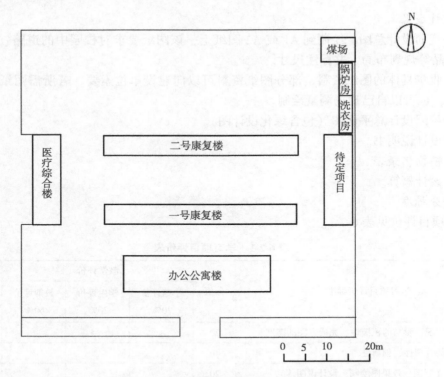

图 6-3-1 宝鸡市某社会福利院现状平面图

视,具体地说将建筑与绿化有机结合,使医院的功能在心理及生理意义上得到更好的落实。

（一）医疗机构绿地树种的选择

在医院、疗养院绿地设计中,根据医疗单位的性质和功能,合理地选择和配置树种,对充分发挥绿地的功能起着至关重要的作用。在医院、疗养院绿地设计中,植物的选择依据以下几个方面进行。

1. 选择杀菌较强的树种

具有较强杀灭真菌、细菌和原生动物能力的树种主要有:侧柏、圆柏、铅笔柏、雪松、杉松、油松、华山松、白皮松、红松、湿地松、火炬松、马尾松、黄山松、黑松、柳杉、黄栌、盐肤木、锦熟黄杨、尖叶冬青、大叶黄杨、桂香柳、核桃、月桂、七叶树、合欢、刺槐、国槐、紫薇、广玉兰、木槿、楝树、大叶桉、蓝桉、柠檬桉、茉莉、女贞、日本女贞、丁香、悬铃木、石榴、枣树、枇杷、石楠、麻叶绣球、枸橘、银白杨、钻天杨、垂柳、栾树、臭椿及蔷薇科的一些植物。

2. 选择经济类树种

医院、疗养院还应尽可能选用果树、药用等经济类树种,如:山楂、核桃、海棠、柿树、石榴、梨、杜仲、国槐、山茱萸、白芍药、金银花、连翘、丁香、垂盆草、麦冬、枸杞、丹参、鸡冠花、藿香等。

（二）医疗机构绿地各组成部分规划设计要点

1. 门诊部绿化设计

门诊部靠近医院主要出入口,与城市街道相临,是城市街道与医院的结合部,人流比较集中,在大门内外、门诊楼前要留出一定的交通缓冲地带和集散广场。医院大门至门诊楼之间的空间组织和绿化，不仅起到卫生防护隔离作用，还有衬托、美化门诊楼和市容街景作用，体现医院的精神面貌、管理水平和城市文明程度。因此，应根据医院条件和场地大小，因地制宜地进行绿化设计，以美化装饰为主。

门诊部的绿化设计应注意以下几点：

（1）入口绿地应与街景协调并突出自身特点，种植防护林带以阻止来自街道及周围的烟尘和噪声污染。医院的临街围墙以通透式为主，使医院内外绿地交相辉映，围墙与大门形式协调一致，宜简洁、美观、大方、色调淡雅。若空间有限，围墙内可结合广场周边作条带状基础栽植。

（2）入口处应有较大面积的集散广场，广场周围可作适当的绿化布置。

综合性医院入口广场一般较大，在不影响人流、车辆交通的条件下，广场可设置装饰性的花坛、花台和草坪，有条件的还可设置水池、喷泉和主题雕塑等，形成开朗、明快的格调。尤其是喷泉，可增加空气湿度，促进空气中负离子的形成，有益于人们的健康。喷泉与雕塑、假山的组合，加之彩灯、音乐配合，可形成不同的景观效果。并应注意设置一定数量的休息设施供病人候诊。

（3）门诊区的整体格调要求开朗、明快，色彩对比不宜强烈，应以常绿素雅为主。

（4）注意保证门诊楼室内的通风与采光。门诊楼建筑周围的基础绿带，绿化风格应与建筑风格协调一致，美化衬托建筑形象。门诊楼前绿化应以草坪、绿篱及低矮的花灌木为主，乔木应在距建筑5m以外栽植，以免影响室内通风、采光及日照。门诊楼后常因建设物遮挡，形成阴面，光照不足，要注意耐阴植物的选择配置，保证良好的绿化效果，如天目琼花、金丝桃、珍珠梅、金银木、绣线菊、海桐、大叶黄杨、丁香等，以及玉簪、紫萼、书带草、麦冬、白三叶、冷绿型混播草坪等宿根花卉和草坪。

在门诊楼与其他建筑之间应保持20m的间距，栽植乔灌木，以起一定的绿化、美化和卫生隔离效果。

2. 住院部绿化设计

住院部位于门诊部后、医院中部较安静地段。住院部的庭院要精心布置，根据场地大小、地形地势、周围环境等情况，确定绿地形式和内容，结合道路、建筑进行绿化设计，创造安静优美的环境，供病人室外活动及疗养。具体应注意以下几点。

（1）绿地总体要求环境优美、安静，视野开阔。住院部周围有较大面积的绿化场地时，可采用自然式的布局手法，利用原有地形和水体，稍加改造形成平地或微起伏的缓坡和蜿蜒曲折的湖池、园路，并可适当点缀园林建筑小品，配置花草树木，形成优美的自然式庭园。

（2）小游园内的道路起伏不宜太大，应少设台阶，采用无障碍设计，并应考虑一定量的休息设施。住院部周围小型场地在绿化布局时，一般采用规划式构图，绿地中设置整形广场，广场内以花坛、水池、喷泉、雕塑等作中心景观，周边放置座椅、桌凳、亭廊花架等休息设施。广场、小径尽量平缓，采用无障碍设计，硬质铺装，以利病人出行活动。绿地中植草坪、绿篱、花灌木及少量遮阴乔木。这种小型场地，环境清洁优美，可供病人坐息、赏景、活动兼作日光浴场，也是亲属探视病人的室外接待处。

（3）植物配置方面应注意。首先，植物配置要有丰富的色彩和明显的季相变化，使长期住院的病人能感受到自然界季节的交替，调节情绪，提高疗效。其次，在进行植物配置时应考虑夏季遮阴和冬季阳光的需要，选择保健型人工植物群落，利用植物的分泌物质和挥发物质，达到增强人体健康、防病、治病的效果。

（4）根据医疗需要，在绿地中，可考虑设置辅助医疗场所。有时，根据医疗需要，在较大的绿地中布置一些辅助医疗地段，如日光浴场、空气浴场、树林氧吧、体育活动场等，以树丛、树群相对隔离，形成相对独立的林中空间，场地以草坪为主，或作嵌草砖地面。场地内适当位置设置座椅、凳、花架等休息设施。为避免交叉感染，应为普通病人和传染病人设置不同的活动绿地，并在绿地之间栽植一定宽度的以常绿及杀菌力强的树种为主的隔离带。

（5）一般病区与传染病区绿地要考虑隔离。一般病房与传染病房也要留有 30m 的空间地段，并以植物进行隔离。

3. 其他区域绿化设计

其他区域包括辅助医疗的药库、制剂室、解剖室、太平间等，总务部门的食堂、浴室、洗衣房及宿舍区，该区域往往位于医院后部单独设置，绿化要强化隔离作用。绿化设计时应注意以下几个方面：

（1）太平间、解剖室应单独设置出入口，并处于病人视野之外，周围用常绿乔灌木密植隔离。

（2）手术室、化验室、放射科周围绿化防止东、西晒，保证通风采光，要保证环境洁净，不能种植有飞毛、飞絮植物。

（3）总务部门的食堂、浴池及宿舍区也要和住院区有一定距离，用植物相对隔离，为医务人员创造一定的休息、活动环境。

（三）不同性质医院的特殊要求

1. 传染病医院绿化

传染病医院主要收治各种急性传染病的患者，为了避免传染，更应突出绿地的防护和隔离作用。传染病院的防护林带要宽于一般医院，同时常绿树的比例要更大，使冬季也具有防护作用。不同病区之间也要相互隔离，避免交叉感染。由于病人活动能力小，以散步、下棋、聊天为主，各病区绿地不宜太大，休息场地距离病房近一些，以方便利用。

2. 精神病院绿化

精神病院主要收治有精神病的患者，由于艳丽的色彩容易使病人精神兴奋，神经中枢失控，不利于治病和康复。因此，精神病院绿地设计应突出"宁静"的气氛，以白、绿色调为主，多种植乔木和常绿树，少种花灌木，并选种如白丁香、白碧桃、白月季、白牡丹等白色花灌木。在病房区周围面积较大的绿地中，可布置休息庭园，让病人在此感受阳光、空气和自然气息。

3. 儿童医院绿化

儿童医院主要收治 14 岁以下的儿童患者。其绿地除具有综合性医院的功能外，还要考虑儿童的一些特点。如绿篱高度不超过 80cm，以免阻挡儿童视线，绿地中适当设置儿童活动场地和游戏设施。在植物选择上，注意色彩效果，避免选择对儿童有伤害的植物。

儿童医院绿地中设计的儿童活动场地、设施、装饰图案和园林小品，其形式、色彩、尺度都要符合儿童的心理和需要，富有童心和童趣，要以优美的布局形式和绿化环境，创造活泼、轻松的气氛，减少医院和疾病给病人造成的心理压力。

4. 疗养院绿地设计

疗养院是具有特殊治疗效果的医疗保健机构，主要治疗各类慢性病，疗养期一般较长，一个月到半年左右。疗养院具有休息和医疗保健双重作用，多设于环境优美、空气新鲜，并有一些特殊治疗条件（如温泉）的地段，有的疗养院就设在风景区中，有的单独设置。

疗养院的疗养手段是以自然因素为主，如气候疗法（日光浴、空气浴、海水浴、沙浴等）、矿泉疗法、泥疗、理疗与中医相配合。因此，在进行环境和绿化设计时，应结合各种疗养法如日光浴、空气浴、森林浴，布置相应的场地和设施，并与环境相融合。

疗养院与综合性医院相比，一般规模与面积较大，尤其有较大的绿化区，因此更应发挥绿地的功能作用，院内不同功能区应以绿化带加以隔离。疗养院内树木花草的布置要衬托美化建筑，使建筑内阳光充足，通风良好，并防止西晒，留有风景透视线，以供病人在室内远眺观景。为了保持安静，在建筑附近不应种植如毛白杨等树叶声大的树木。疗养院内的露天运动场地、舞场、电影场等周围也要进行绿化，形成整洁、美观、大方、宁静、清新的环境。

总之，医疗单位的绿化，应注意隔离作用，避免各区相互干扰。植物应选择能净化空气、杀菌，有助疗效作用的种类，也可选用果树、药用植物，以管理省工为主。

【规划设计】

（一）现场踏查

1. 自然状况调查

调查该福利院所在地陕西省宝鸡市的气候、水文、土壤、植被等情况。

2. 社会环境调查

调查宝鸡市的历史、人文、风土人情以及福利院的历史发展情况等。同时与甲方密切沟通，了解甲方在建设方面的投资额度，在文化环境塑造、植物选择方面的要求，及时与甲方沟通观点，避免走弯路。

3. 绿地现状调查

通过现场踏查，明确规划设计的范围、收集相关的设计资料、掌握绿地现状，要对已有的图纸资料等现场进行核对，适当补充，根据需要绘制相关的现状图纸等。同时也需要现场构思。

（二）总体构思

此景观总体设计以"爱"为设计主题展开，"爱"在这里解释为：关爱、敬爱、仁爱、厚爱、爱护等。通过景观把"爱"反映出来，与福利院的宗旨相呼应，让爱在人与人之间流淌，让爱充满每个空间。在办公公寓楼的周围，运用"心"造型布置设计，在中心设计"爱心之家"喷水雕塑，形成整个景观的核心。在中心的东西两侧设计"爱之水墨博古"景观节点和"爱之棋缘"景观节点，与设计主题相呼应，成为人们感受爱的场所，如图6-3-2所示。

景观节点设计：

根据功能和现场实际情况，依次布置：爱心之家喷水雕塑、爱之水墨博古、爱之棋缘、爱之运动之歌、爱之家园之窗、爱之心灵之歌、爱之夕阳美谈、爱之文艺长廊、爱之民康体健等景观节点。

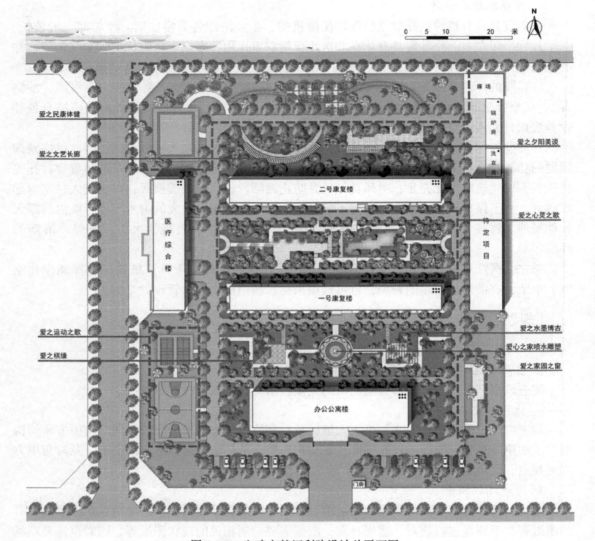

图 6-3-2 宝鸡市某福利院设计总平面图

（1）爱心之家喷水雕塑。此雕塑由福利院的标志演变而来，雕塑与水景结合，形成特色的标示性景观，并且寓意深远。通过水景与爱心的结合，反映爱的源源不断，爱的无微不至，如图 6-3-3 所示。

（2）爱之水墨博古。通过博古架景观小品，在其上放置"爱"不同字体的水墨雕塑，使"爱"的景观与中华文化结合起来，形成一种景观，在此广场上，人们可以用大毛笔蘸水，在地上书写。

（3）爱之棋缘。棋文化在中国源远流长，在此处设计棋缘双亭，在亭下放置棋盘和座凳，给人们提供棋艺交流的场所，如图 6-3-4 所示。

（4）爱之运动之歌。此处位于办公公寓楼的西侧，在此处设计篮球场和羽毛球场，给办公人员和福利院的居住人员同时提供运动健身的场所，通过运动交流感情，通过运动丰富生活。可以在此处设计比赛项目，丰富人们的生活激情。

图 6-3-3　爱心之家喷水雕塑效果图

图 6-3-4　爱之棋缘效果图

（5）爱之家园之窗。此处位于办公公寓楼东侧，以宣传窗口的形式反映福利院的家园活动，刊登报刊等，丰富人们的文化生活。

（6）爱之心灵之歌。此景观节点位于 1 号康复楼和 2 号康复楼之间，通过设计假山跌水与水池结合的景观，形成自然、生态的休闲景观。水在景观中是灵性的体现，是心灵的呼唤，给人们的康复提供放松心情、静心疗养的环境。此处园路造型由手拉手造型演变而来，体现互助、关爱的寓意。

（7）爱之夕阳美谈。"夕阳是晚开的花，夕阳是陈年的酒，夕阳是迟到的爱，夕阳是未了的情⋯⋯"夕阳是一种文化，是一种人生阅历的美丽展现，此景观节点通过谈悦亭与特色座凳给人们提供交谈的氛围与环境。如图 6-3-5 所示。

图 6-3-5　爱之夕阳美谈效果图

（8）爱之文艺长廊。此节点通过宣传长廊的形式，把京剧、吕剧、越剧等中华荟萃反映出来，为人提供探讨中华历史歌剧的场所。

（9）爱之民康体健。健康是根本，健康是基础，在此处设计林荫健身广场、健康步道、门球场等，给人们提供健身的场所，并通过植物的围合，使此处形成独立的、幽静的健身场所。

（三）植物配置与造景设计

遵循适地适树、季相变化的原则。注重体现温馨和温暖，运用花灌木的合理搭配，加强景观的亲切感。适当布置果树，设立一种认养制度，让福利院的人们有能力的养护果树，丰富他们的业余生活，同时也是一种乐趣。整个植物配置，运用常绿树与落叶树搭配，运用乔木与灌木相结合，共同塑造一种三季有花、四季常绿的景观。

所运用的植物品种有：雪松、白皮松、广玉兰、棕榈、银杏、樱花、白玉兰、紫玉兰、杜仲、七叶树、马褂木、国槐、金叶榆、柿树、苹果树、桃树、紫薇、碧桃、日本丽桃、海棠、腊梅、榆叶梅、紫荆、丁香、木槿、美人梅、贴梗海棠、牡丹、刚竹、紫竹、红叶石楠球、小叶女贞球、大叶黄杨球、紫藤、凌霄等。

【复习思考】

（1）在住院部绿地设计时应该注意哪些问题？

（2）杀菌能力强的树种都有哪些，哪些能在你所在地生长良好？

【实训项目】

在学习了医疗机构绿地规划设计的相关理论知识之后，为了进一步提高学生的实践技能，培养学生的规划设计能力，可选择让学生完成当地某医疗机构绿地规划设计。

1. 设计要求

（1）充分考虑当地使用者的生理与心理需求，有较好的设计理念，要有创意，富有个性，特色鲜明，具有文化内涵。

（2）因地制宜，巧于组景，规划布局能满足功能要求，分区合理，空间设计恰当。

（3）以植物造景为主，突出生态效益，植物配置要合理，注意植物的选择符合医疗机构绿地的种植特点。

（4）绿地中主要景观小品设计要得当，比例尺度要适宜。

（5）设计成果的表现方式为墨绘淡彩或计算机绘图表现。图纸按规定要求无缺漏，设计内容要完整，图面布图要合理，比例准确，表达清楚，具有较好的表现力。

2. 步骤

（1）现场踏查，设计者必须到设计现场实地踏查，熟悉具体的设计环境等，查阅资料为后续的具体设计做准备。

（2）收集具体的图纸资料，部分图纸资料可以向建设单位索要，若所需图纸资料建设单位不全，也可以自己现场测量绘制。

（3）依据现场踏查和图纸资料以及设计要求，归纳总结并绘制设计草图。

（4）征求意见，修改草图，确定设计方案。

（5）依据园林制图规范要求，完成设计图纸的绘制。

3. 设计成果

（1）规划设计总图：比例选择 1:200～1:300，绘制到 A1 或 A2 图纸上，该图纸要求对小医疗机构中的道路、广场、园林建筑小品等规划布局，并标注尺寸。

（2）收集具体的图纸资料，部分图纸资料可以向建设单位索要，若所需图纸资料建设单位不全，也可以自己现场测量绘制。

（3）医疗机构绿地设计总平面图（包含绿化设计图），比例 1:200～1:300。

（4）设计说明书。

（5）植物名录表。

（6）设计概算。

4. 评分标准

学习项目评价见表 6-3-1。

表 6-3-1　学习项目评价表

学习项目评价标准	分值	教学评价			总评
		小组评价 20%	学生评价 20%	教师评价 60%	
资料准备情况、参与的积极性、完成方案的态度	20				
设计方案的合理性、创新性	40				
方案表达（制图、效果图绘制、设计说明等）	20				
方案的可实施性	20				
小计	100				

任务四　机关单位绿地规划设计

【设计任务】

图6-4-1所示为河北省某行政审批大楼附属绿地现状平面图，场地较为平整，在充分考虑周围环境和使用者需要的情况下，营造一个功能合理、环境优美的附属绿地场所。

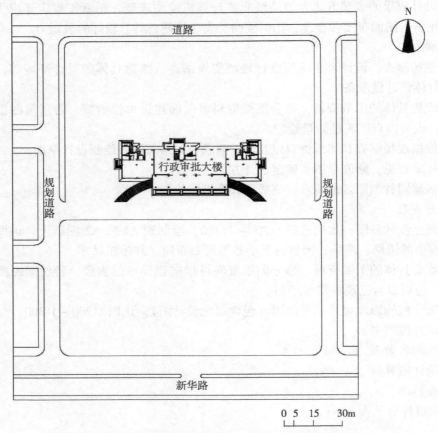

图6-4-1　河北省某行政审批大楼附属绿地现状平面图

【任务分析】

该项目为某市行政审批大楼附属绿地设计。要在分析单位性质的基础上，根据单位附属绿地的设计要点，结合甲方的设计要求以及园林规划设计的程序，因地制宜地进行设计。

【知识链接】

机关单位绿地设计

(一) 机关单位绿地概述

1. 机关单位绿地定义

机关单位绿地是指党政机关、行政事业单位、各种团体及部队用地范围内的环境绿地，也是城市园林绿地系统的重要组成部分。

　　2. 机关单位绿地的功能

　　（1）为工作人员创造良好的户外活动环境，使工作人员在工休时间得到身体放松和精神享受。

　　（2）给前来联系公务和办事的客人留下美好印象，从而提高单位的知名度和荣誉度。

　　（3）是提高城市绿化覆盖率的一条重要途径，对于绿化美化市容，保护城市生态环境，起着举足轻重的作用。

　　（4）是机关单位乃至整个城市的管理水平、文明程度、文化品位、面貌和形象的反映。

　　3. 机关单位绿地的特点

　　机关单位绿地与其他类型绿地相比，规模比较小，分布较为分散。因此机关单位绿地在规划设计时要突出两个方面：小和美。

　　（1）绿化设计在"小"字上做文章。机关单位的绿化用地面积一般比较有限，因此在规划设计时，要针对这一特点，综合运用各种园林艺术和造景手法，以期能取得以小见大的艺术效果，打造精致、精巧、功能齐全、环境优美的绿色景观。

　　（2）绿化设计在"美"字上下功夫。机关单位的环境是单位管理水平、文明程度、文化品位的象征，直接影响到机关单位的面貌和形象，绿化设计的立意构思要与单位的性质紧密结合，打造景色优美、品位高雅、特色分明的个性化绿色景观。由于机关单位往往位于街道侧旁，其建筑物又是街道景观的组成部分，因此，在进行园林绿化时一定要结合文明城市、园林城市、卫生和旅游城市的创建工作，结合城市建设和改造，使单位绿地与街道绿地相互融合、渗透、补充、统一和谐。

　　（二）机关单位绿地的组成

　　图 6-4-2 所示为某机关单位绿地设计平面图。

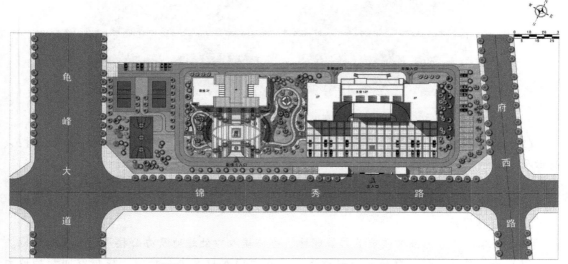

图例：
1—景观大道　　4—特色廊架　　7—景观置石　　10—景观园路
2—叠水水池　　5—特色树池　　8—圆形树池　　11—特色铺装
3—木平台　　　6—汀步　　　　9—休憩坐凳

图 6-4-2　某机关单位绿地设计平面图

（1）大门入口处绿地。主要是指城市道路到单位大门口之间的绿化用地，这里的设计直接影响到城市道路景观，这里也是单位对外宣传的窗口。

（2）办公楼前（主要建筑物前）绿地。主要指大门到主体建筑之间的绿化用地。办公楼前绿地是机关单位对外联系的枢纽，是机关单位绿化设计最重要的部位。

（3）附属建筑旁绿地。主要指食堂、锅炉房、供变电室、车库、仓库、杂物堆放房等建筑及围墙内的绿地。

（4）小游园。对于面积较大的机关单位，可在庭院内设置小游园。

（5）道路绿地。主要指机关单位内的道路绿化用地。

（三）机关单位绿地各组成部分的规划设计

1. 大门入口处绿地

大门入口处是机关单位形象的缩影，是机关单位对外宣传的窗口，入口处绿地也是机关单位绿化的重点之一。

在进行大门入口处绿化设计时应注意以下几点：

（1）应充分考虑入口处绿地的形式、色彩和风格，要与入口空间、大门建筑相协调，以形成机关单位的特色及风格。

（2）一般大门外两侧采用规则式种植，以树冠规整、耐修剪的常绿树种为主，与大门形成强烈对比，或对植于大门两侧，衬托大门建筑，强调入口空间，如图6-4-3所示。

图6-4-3　某市政府附属绿地设计鸟瞰图

（3）为了丰富景观效果，可在入口处的对景位置设计花坛、喷泉、假山、雕塑、树丛、树坛及影壁等。

（4）大门外两侧绿地，应适当与街道绿地中人行道绿化带的风格协调，入口处及临街的围墙要通透，也可用攀缘植物绿化。

2. 办公楼绿地

办公楼绿地可分为办公楼前装饰性绿地、办公楼入口处绿地及办公楼周围的基础绿地。

（1）办公楼前装饰性绿地。一般情况下，在大门入口至办公楼前，根据空间和场地大小，往往规划成广场，供人流交通集散和停车，绿地位于广场两侧。若空间较大，也可在楼前设置装饰性绿地，绿地两侧为集散和停车广场。大楼前的场地在满足人流、交通、停车等功能的条件下，可设置雕塑、喷泉、假山、花坛等，作为入口的对景。

办公楼前绿地以规则式、封闭型为主，对办公楼及空间起装饰衬托和美化作用。通常的做法是以草坪铺底，绿篱围边，点缀常绿树和花灌木，低矮开敞，或做成模纹图案，富有装饰效果。办公楼前广场两侧绿地，视场地大小而定：场地面积小时，一般设计成封闭型绿地，起绿化美化作用；场地面积较大时，常建成开放型绿地，可适当考虑休闲功能。

（2）办公楼入口处绿地。办公楼入口处绿地的处理手法有以下三种：

1）结合台阶，设花台或花坛。

2）用耐修剪的花灌木或者树形规整的常绿针叶树，对植于入口两侧。

3）用盆栽植物摆放于大门两侧，常用的植物包括苏铁、棕榈、南洋杉、鱼尾葵等。

（3）办公楼周围的基础绿地。办公楼周围的基础绿地，位于楼与道路之间，呈条带状，既美化衬托建筑，又进行隔离，保证室内安静，还是办公楼与楼前绿地的衔接过渡。其绿化设计应简洁明快，绿篱围边，草坪铺底，栽植常绿树与花灌木，低矮、开敞、整齐、富有装饰性。在建筑物的背阴面，要选择耐阴植物。为保证室内通风采光，高大乔木可栽植在距建筑物5m之外，为防日晒，也可于建筑两山墙结合行道树栽植高大乔木。

3. 小游园

如果机关单位内的绿地面积较大，可考虑设计休息性的小游园。游园中一般以植物造景为主，结合道路、休闲广场布置水池、雕塑以及亭、廊、花架、桌椅、园凳等园林建筑小品和休息设施，满足人们休息、观赏、散步等活动的需要。

4. 附属建筑绿地

机关单位内的附属建筑绿地主要是指食堂、锅炉房、供变电室、车库、仓库、杂物堆放房等建筑及围墙内的绿地。这些地方的绿化只需把握一个原则：在不影响使用功能的前提下，进行绿化、美化，并且对影响环境的地方做到俗则屏之。

5. 道路绿地

机关单位道路绿地也是机关单位绿化的重点，它贯穿于机关单位各组成部分之间，起着交通、空间和景观的联系与分隔作用。道路绿化应根据道路及绿地宽度，采用行道树及绿化带种植方式。

【规划设计】

1. 绿地布局

该审批大楼附属绿地设计的重点在于审批大楼楼前绿地，因为整个场地平面轮廓为规则形状，同时为了营造严谨、整洁、大气之感，整个设计布局采用了规则式，如图6-4-4所示。

在楼前留出足够的集散场地，正对审批大楼大门处的绿地设计成规则式小广场，小广场两侧对称布局。规则式水池，结合自由圆滑的园路曲线，规整又不失活泼，如图6-4-5所示。

2. 植物配置

植物种类以乡土树种为主，乔木、灌木、花、草搭配成景。乔、灌木种植方式注意规则式行列植与自然式丛植之间的过渡，花卉采用流线形花带，塑造现代气息。

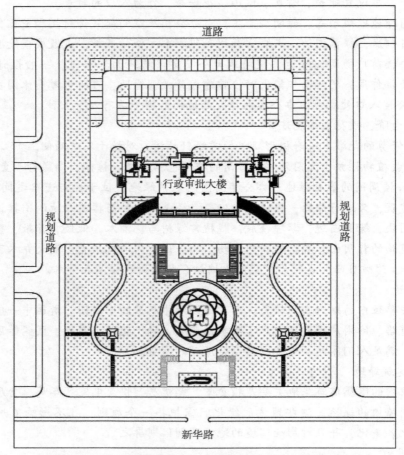

图 6-4-4　河北省某行政审批大楼附属绿地设计平面示意图

图 6-4-5　河北省某行政审批大楼附属绿地设计鸟瞰图

案例分析
邯郸县政府大院园林总体规划设计

规划设计理念：机关大院规划，要求美观、简洁、大方和实用，既要有优美静谧的环境，又要有丰富的景观变化，还要解决好会议期间较多的车辆停留问题。

（1）停车位的规划。停车位在大院规划中是一个较大的难题。为了突出中心绿地的景观效果，将停车位规划在大院的边缘地区分散停车，因此，车位集中规划在原办公楼后和新办公楼两侧，在楼前和路边又适当设置一些停车位，共计114个停车位，基本满足了会议期间车位停放的需要。平时还可在停车较少的停车场上，进行一些球类活动。

（2）前院规划。为使景观整齐、简洁、大方，把办公楼前原有的硬化铺装拆除并建成绿地。前院环形路很宽，环形路里侧便道和旗台绿地周边便道由于没有实际使用价值而改造成绿地。在楼前绿地内种植竹子、广玉兰、红枫、芭蕉等。旗台绿地规划成彩色组团绿地，并将绿地内原有的铺装道路变成大绿地。办公楼与绿地紧密结合，相得益彰。前院两侧绿地面积较大，在绿地上做一些微地形处理。影壁墙前规划一个地藏式的喷泉，喷泉、跌水、彩灯组成优美的水景，不但丰富了大院的景观，而且也使得临街景色变得绚丽多彩，如图6-4-6所示。

（3）后院规划。新办公楼位于大院的中轴线上，为了使得院内景观优美突出，将道路规划成环形路，使得办公楼前留有较大的空间。楼前两侧进行绿化布置，主要是为了突出办公楼的主体地位，充分展现了建筑物的造型美。大院中心规划为大块绿地，在中轴线上，规划为地藏式的喷跌水池，主景为一座不锈钢雕塑，以周围彩色组团式的绿地作烘托，使得整个环境简洁、明快、优美、和谐。东西两侧是待建的配楼。

（4）种植规划。

1）主环路以遮阳的大树为主，树种选择法桐、七叶树等。周边围墙边缘种植常绿树桧柏、龙柏和春夏开花的连翘、榆叶梅、紫薇等。

2）大门两侧在原有油松的基础上再点缀一点花灌木。前院绿地在两侧种植高大的常绿树、大乔木和成片的翠竹、沙地柏，里侧为低矮的彩色植物组团，在适当的位置点缀红枫、造型银杏和五针松盆景等。

3）旗台绿地：基调是草坪，中心布置彩色植物组团，在周边点缀常绿树桩盆景。

4）后院中心绿地：外围配置常绿树雪松、棕榈等，里侧为彩色植物造型组团，在喷水池周边点缀一些常绿树桩盆景。

5）停车场绿化：停车场不装仿生草，栽植大乔木，即可停车，又是草地景观，还可作为活动场所。

6）配楼外围绿化：以大乔木、常绿树和低矮的花灌木组成层次分明、千姿百态的植物群落，创造出优美的生态植物景观。

通过规划设计，把机关大院装扮成一个优雅清新、恬静优美的庭院，创造出一个处处有景、饶有情致的花园式庭院。

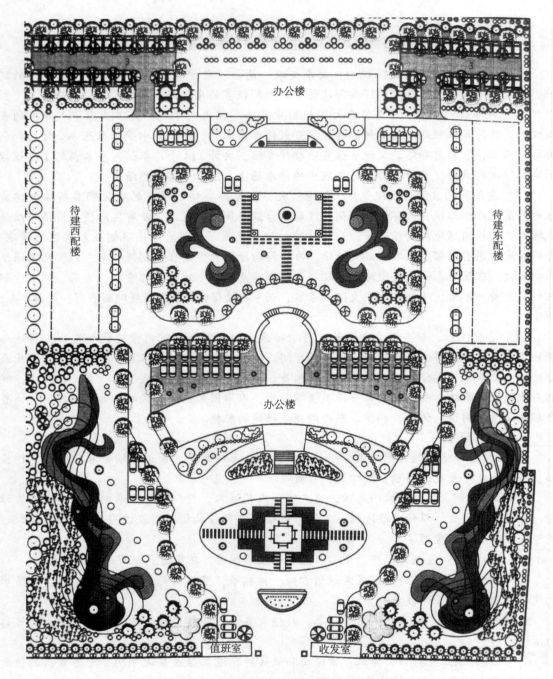

图 6-4-6 邯郸县政府大院园林设计总平面图

【复习思考】

1）机关单位绿地由哪几部分组成？

2）机关单位大门入口处设计时应该注意什么？

【实训项目】

在学习了机关单位绿地规划设计的相关理论知识之后，为了进一步提高学生的实践技能，培养学生的规划设计能力，可选择让学生完成当地某机关单位绿地规划设计。

1. 设计要求

（1）充分考虑当地使用者的生理与心理需求，有较好的设计理念，要有创意，富有个性，特色鲜明，具有文化内涵。

（2）因地制宜，巧于组景，规划布局能满足功能要求，分区合理，空间设计恰当。

（3）以植物造景为主，突出生态效益，植物配置要合理，注意植物的选择符合该绿地的种植特点。

（4）绿地中主要景观小品设计要得当，比例尺度要适宜。

（5）设计成果的表现方式为墨绘淡彩或计算机绘图表现。图纸按规定要求无缺漏，设计内容要完整，图面布图要合理，比例准确，表达清楚，具有较好的表现力。

2. 步骤

（1）现场踏查，设计者必须到设计现场实地踏查，熟悉具体的设计环境等，查阅资料为后续的具体设计做准备。

（2）收集具体的图纸资料，部分图纸资料可以向建设单位索要，若所需图纸资料建设单位不全，也可以自己现场测量绘制。

（3）依据现场踏查和图纸资料以及设计要求，归纳总结并绘制设计草图。

（4）征求意见，修改草图，确定设计方案。

（5）依据园林制图规范要求，完成设计图纸的绘制。

3. 设计成果

（1）绘制 CAD 总平面图一张，该平面图要求对小绿地中的道路、广场、园林建筑小品等进行合理的规划布局，并标注尺寸。

（2）根据基地和设计要求选择植物，合理配置，列出植物名录表。

（3）绘制主要节点效果图。

（4）编写设计说明书。

4. 评分标准

学习项目评价见表 6-4-1。

表6-4-1　学习项目评价表

学习项目评价标准	分值	教学评价			总评
		小组评价 20%	学生评价 20%	教师评价 60%	
资料准备情况、参与的积极性、完成方案的态度	20				
设计方案的合理性、创新性	40				
方案表达（制图、效果图绘制、设计说明等）	20				
方案的可实施性	20				
小计	100				

任务五　宾馆、饭店绿地规划设计

【设计任务】

图 6-5-1 所示为上海市某酒店现状平面图，要求在充分把握宾馆饭店绿地的功能和景观要求的前提下，结合绿地现状、单位性质、地域文化和相关设计规范等，按要求完成 A 区和 B 区景观方案设计。

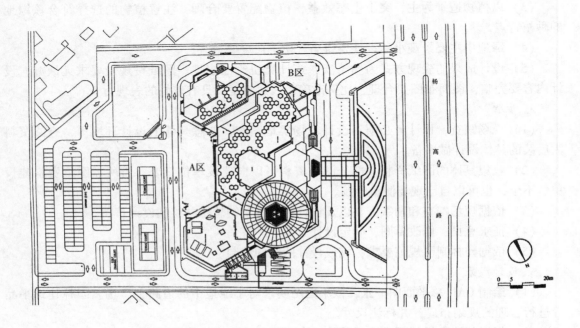

图 6-5-1　上海市某酒店现状平面图

【任务分析】

通过对该场地的分析可以看出，A 区为该酒店中式餐厅的室外绿地，B 区为该酒店西式餐厅的室外绿地，所以在园林风格形式的选择上，就应该考虑这点，再结合甲方的设计要求以及园林规划设计的程序，完成本次设计任务。

【知识链接】

1. 宾馆饭店的性质与组成

宾馆饭店是向顾客提供住宿、餐饮、会议以及娱乐、健身、购物、商务等服务的公共建筑。按照规模、建筑、设备、装修、设施、管理水平、服务项目与质量标准，将宾馆饭店划分为五个星级，星越多级别越高。

宾馆饭店的总体规划，除合理设置出入口，组织主体建筑群外，还应根据功能要求，综合考虑广场、停车场、道路、杂物堆放、运动场地及庭园绿化等。一般宾馆饭店由客房、公共、行政办公及后勤服务三部分组成。

客房部分是为顾客提供住宿服务的地方，体现宾馆饭店的主要功能，是宾馆饭店的主体建筑，一般临街设置。

公共部分是为住宿的客人提供餐饮、会议、商务、娱乐、健身等服务之处，由门厅、会议厅、餐厅、商务中心、商店、康乐设施等组成。

行政办公及后勤服务包括行政办公及员工生活、后勤服务、机房与工程维修等附属建筑或用房。

2. 宾馆饭店的绿地组成

宾馆饭店绿地又称之为公共建筑庭园绿地。所谓庭园，就是房屋建筑周围及其围合的院落，可以在其中栽植各种花草树木，布置人工山水等景观，供人们欣赏、娱乐、休息，是人们生活空间的一部分。公共建筑所接待的人形形色色，职业、地位、性格爱好各不相同，因而在进行庭园绿化时，要根据服务对象的层次，满足各类庭园性质和功能的要求，植物造景应尽量做到形式多样、丰富多彩、突出特色，在格调上要与建筑物和环境的性质、风格相协调，与庭园绿化总体布局相一致。

宾馆饭店绿地根据庭园在建筑中所处的位置及其使用功能划分为前庭、中庭（内庭）和后庭。

前庭位于宾馆饭店主体建筑前，面临道路，供人、车交通出入，也是建筑物与城市道路之间的空间及交通缓冲地带。一般前庭较宽畅，其总体规划要综合考虑交通集散、绿化美化建筑和空间等功能，根据场地大小，布置广场、停车场、喷泉、水池、雕塑、山石、花坛、树坛等，采用规则式构图，严整堂皇、雄伟壮观，也可采用自然式布局，自由活泼、富有生机和野趣。绿地中可用平坦的草坪铺底，修剪整齐的绿篱围边，点缀球形和尖塔形的常绿树木和低矮、耐修剪的花灌木。如广州白云宾馆前庭，山冈、水石、广场、植物等要素的有机组合，既解决了人流和车辆出入的交通问题，又利用挖池的土堆山，形成岗阜，作前庭主景和屏障，起观赏和隔离作用，在山后广场与建筑结合处做成自然水池，从而在主楼与城市街道之间构成清幽、雅致的现代宾馆之园景。

中庭又称内庭。宾馆饭店等高层建筑，为了满足各种使用功能，活跃建筑内的环境气氛，常将建筑内部的局部抽空，形成玻璃屋顶的大厅，或在建筑底层门厅部分形成功能多样、景观变化丰富的共享空间。中庭的绿化造景部分往往位于门厅内后墙壁前，正对大厅入口，或位于楼梯两侧的角隅处。中庭布置宜少而精，自由灵活。或半席园地、清池一口、清流滴润、笋石点点，或对壁景窗一扇芭蕉，回廊转角数株棕竹，会客大厅盈盈涌泉，茶座栏下游鱼娓娓，景架壁上巧悬气兰，步廊两侧顽石相伴等。中庭绿化造景应将自然气息引入室内，富有生活情趣。如昆明温泉酒店中庭园林，运用岭南造园法，根据中庭上下平台间 3m 的高差和中庭与室外湖面的连接关系，堆砌英石假山，引水上山形成瀑布，建造卵石滩和跌级水池，合理布置石拱桥、喷水柱、汀步、石灯笼和观景台等景观小品，结合热带植物配置，使狭小空间显得生机盎然。广州白天鹅宾馆中庭庭园，布置假山、藏式小亭、瀑布、水池、折桥，加之植物的配置，展现了热带风水特色。

【规划设计】

1. 调查研究阶段

通过现场踏查，了解该酒店的建设背景、绿地现状、周边环境、历史渊源等，领会设计者的规划目的、设计立意等，以便把握景观设计理念，掌握上海浦东的自然环境条件、植被状况等。

2. 规划设计构思

该酒店位于浦东新区，占地面积 3.2 万 m^2，于 2001 年开业，为五星标准的国际性酒店，A 区、B 区均为下沉式，面积不是很大，所以考虑以精巧取胜，考虑使用者观赏时一般为平视或者是鸟瞰效果，注意平面图案构成和植物的色彩表现。

A 区面积为 1100m^2，地形自然起伏，设计成具有中国山水画风格，花园内布置有静静的水面、枫叶小路、木质曲桥、石拱桥和壁泉。餐厅的主景是建在山坡上的紫铜顶方亭，溪流自亭下缓缓流出，形成三层跌水，曲折变化，水池叠石以花岗石块石干叠为特点，尺度得当，植物配置北坡植竹林，南坡配色叶林，中式庭院白天的景色淡雅，夜晚的景色迷人，富有诗意，如图 6-5-2 所示。

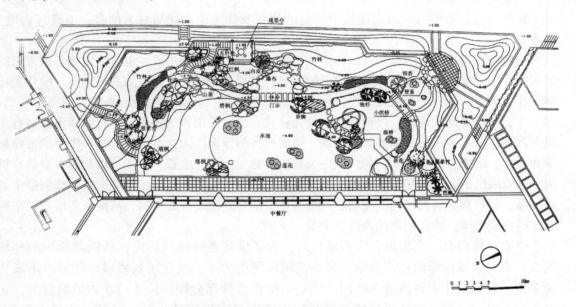

图 6-5-2　A 区中式花园平面图

B 区庭院面积为 550m^2，是西式餐厅的窗外对景，设计布局采用了规则式，如图 6-5-3 所示。层层水幕跌落，水池呈弧形状，与碧绿草坪相接，植物配置以银杏、枫杨、五针松作为骨架，坐在餐厅品咖啡，实为享受，西式庭院洋溢着现代风格之氛围，精致耐赏。

3. 植物配置

植物种类以乡土树种为主，乔木、灌木、花、草搭配成景。乔、灌木种植方式注意规则式行列植与自然式丛植之间的过渡，花卉采用流线形花带，突出植物的季相景观，塑造现代气息。

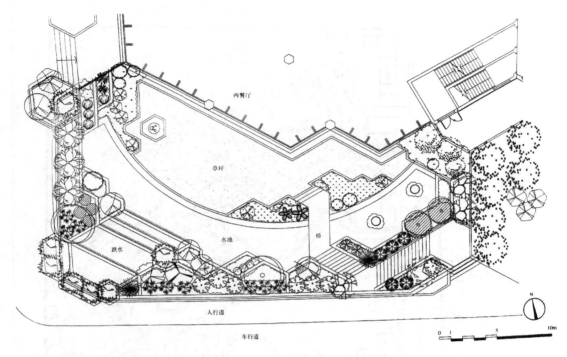

图 6-5-3　B 区西式花园平面图

案例分析

北京长城饭店庭院

在北京长城饭店东侧，建有一座面积 1.4hm² 的自然山水庭园，它既是长城饭店不可分离的旅馆庭园，又是一个能独立经营为游人服务的公共花园。由于庭院中大面积水面和长城饭店玻璃幕墙所形成的空间环境特点，这座庭园命名为"镜园"。

1. 园景概况

"目极湖山千里外，人在水天一色中。"这是长城饭店镜园中主题园林建筑前选用的一副对联。额匾题字为"镜园"，身处镜园之中，放眼湖山，被长城饭店的镜面幕墙映到千里之外，形成无限空间，绚丽多彩的天空映于水面、镜面，空间环境浑然一色。

镜园布局的中心是 2300 多平方米的水池，称为"龙池"，如图 6-5-4 所示，龙池的中心是一组大喷泉，四角设有四种不同花样的小喷泉，总称为"百花喷泉"。龙池之西与长城饭店咖啡厅出入口相衔接的两层平台，中间为滚水水帘；龙池之南为多功能乐池和舞台；龙池之北为"待月茶座"，北面有竹林、花坛、茶座入口，山石上镶有诗句"倾壶待客花开后，出竹吟诗月上初"；龙池东面为全院主体园林建筑，五开间前有抱夏的敞厅，名为"画阁"。

以下这组空间环境，是以水池为中心的镜园主景区。

画阁镜中看神仙福地，飞泉云外听山水清音。画阁建筑东临水池，布置山石瀑布，种植劲松翠竹，构成了另一组中国自然山水画意的园林空间环境，这副对联点出了镜园第二景区的环境设计特色。这个景区造景设计的"根"，是八达岭长城附近的关沟七十二景中的一部分景观，如"天险""仙人桥""停云""弹琴峡""弥勒听琴"等。仿其形成而造成了新的

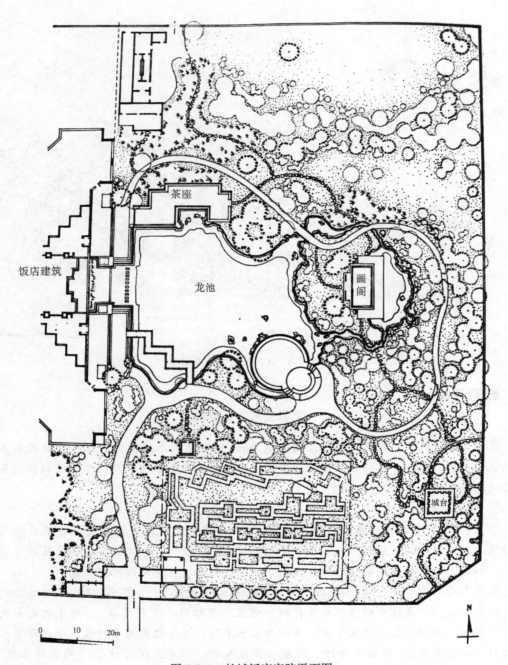

图6-5-4　长城饭店庭院平面图

园林意境。关沟七十二景中"弹琴峡"景观，元朝诗人陈孚曾写诗赞之，诗云："月作金徽风作弦，清声岂待指中弹，伯牙别有高山调，写在松风乱石间。"在此景的叠石和种植设计上，将"弹琴峡"的诗意化为园林景观，并将诗词刻于巨石之上，以增添园林欣赏者的雅兴。关沟七十二景中"弥勒听琴"景观，据传闻，关沟山脚原有弥勒庙，弥勒佛常听庙外瀑布流泉之声，后因詹天佑修京张铁路将庙埋没，此景已不复存在，弥勒佛则无处听琴矣。

164

时逢今日，镜园中造景点"弥勒听琴"，弥勒佛重又找到听琴处，犹如故里，喜笑颜开。更为有趣的是，弥勒佛稳坐石台之上，透过"画阁"的圆门，从长城饭店玻璃幕墙的镜面中照见了自己的尊容。

镜园中除了以上两个主要景区外，还有一些景点。

园的东北角，设计为枯山水堆石造景，选用一块状似台湾岛地形的巨石片石，上端刻有日月相套的图形，称为日月石，立于白卵石铺成的"湖面"之上，此"湖面"又与第二景区的湖面相连。此景寓意台湾美丽的"日月潭"，以寄思念之情。

园的东院墙与园的东南角城台起伏相连。院墙为古城墙形式，城台有长城的烽火台，是全园的制高点，登上城台，别有一番塞外情趣。院墙与城台的垛口形式，如图6-5-5所示，没照搬长城的模式，而是适应庭园环境的特点，将城垛设计为小尺寸的台阶式，不是大尺寸的方块式，使其既貌似长城之格局，又不失庭园空间环境之尺度，获得了较好的景观效果。如将来南院墙规划位置确定后，也应将其建为城墙式院墙，其景观效果将会更为完整。

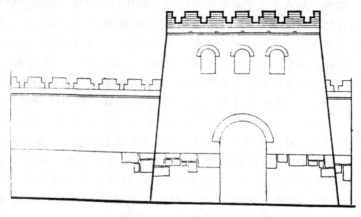

图6-5-5　北京长城饭店院墙城台立面示意图

镜园中还有一些散点景观，如旷然方亭、青龙涧等。并设计有高尔夫球游戏场、温室以及其他一些服务管理设施。

2. 设计构思

风景园林设计首先是空间环境设计。

长城饭店东部底层为咖啡厅，从中可以欣赏庭院风光，厅内有四部透明观光电梯，自厅内升至室外，可达饭店顶层餐厅，在缓缓升降的电梯里，可以鸟瞰镜园全貌，这是对镜园的一种特殊的重要观赏角度。这就要求在庭园的总体布局上，突出中国造园的特色，平面环境关系要有其完整性，并使中国风格的庭园与西方式的现代建筑自然地结合在一起。

长城饭店内还有一些餐室面对庭园，餐室内墙面装饰材料有许多镜面玻璃，通过窗口将室外庭园景色多次反复映射进来，形成室内无限的庭园空间，造成一种身在室内犹处庭园之中的幻觉。因此不仅从外部空间环境的造景需要进行设计，而且还要考虑建筑内部空间环境的映像效果。

长城饭店面对庭园的外墙是近百米宽、80多米高的镜面玻璃幕墙，它所形成的空间环境与中国自然山水园的空间环境应该取得和谐统一。在这种景庭园的设计中，着意使这座西方式现代建筑"消失"在中国庭园之中，使之"园中有镜，镜中有园"，创造出一个由中国风格的自然山水园所形成的无限空间环境。具体处理手法如下。

镜园中现代建筑与自然山水园两者的衔接、过渡、转化，是以龙池湖岸的不断变化为纽带的。由饭店通向庭园的平台到逐步深入水中的台阶，使饭店建筑与龙池更为融合，由直线式的平台和台阶，转向两侧折线式的曲桥和茶座平台，再过渡为弧线式、曲线式的湖岸，再由山石转化为自然型湖岸，湖中置一小岛，岛上种矮松，使湖岸的转化效果更为自然。对于平台、曲桥、座凳和湖岸的材料，选用了与长城饭店墙面相同的花岗石石料，这从质感上也增加了这座建筑与镜园的连续性、融合性。

镜园中主体园林建筑的风格，是按照中国传统风格进行设计的，但在比例、举架、装修和彩画上并未拘泥于法式的规定。从空间环境的总体布局上，将镜园的主要建筑物画阁与饭店建筑布置在一条东西向的中轴线上，拉开50多米距离，中间隔以龙池、喷泉，与两座截然不同风格的建筑遥相呼应，而画阁以其中国传统建筑风格的艺术造型处于全园的突出位置，其余建筑小品均设计为简洁的造型，银灰的色调，与镜面幕墙的色调一致，更衬托出画阁的丰富多彩，使画阁成为全空间环境的景观中心，镜面建筑成了镜园的延伸和拓展。

中国园林空间环境中的人文景观有着特殊的地位和作用，额匾、楹联、诗词、题字往往对欣赏园林风景的意境能起到画龙点睛的作用。画阁前面的楹联"目极湖山千里外，人在水天一色中"是集王羲之字而刻成的，下有一方小红印"燕京新景"。画阁东面门柱楹联是请故宫博物院书法家万依先生书写的篆体字"画阁镜中看神仙福地，飞泉云外听山水清音"，这幅字不仅点景内容贴切，几乎概括了这个景区的全部景观效果，增添了园林空间环境的文艺价值。在"待月茶座"入口处的一处山石上，镌刻了诗句"倾壶待客花开后，出竹吟诗月上初"。这句诗中的"花"不仅是指一般意义上的花，而且寓意"百花喷泉"。茶座的花坛和后景种以翠竹，当华灯初上，明月高悬，款朋待客之时，面对百花喷泉，欣赏龙池夜色，自有一番诗情画意。

庭园的种植设计对园林空间环境的形成起着非常重要的作用。镜园是在一片工地堆料场上建立起来的，几乎没有什么值得保留的树木，要使镜园一次建设成园，没有相当数量的大树是形不成园林气候的。镜园中选种了50多棵有二三十年树龄的松柏常青树，重要景区的树木也是经过大量比较择优移植的，同时种有数百丛翠竹，使得全景一次建成，形成了完整的绿化空间环境。对有的景区，结合其特点作了精心的设计。如城台附近，为了突出城台高耸入云和山野的环境气氛，在植被材料的选择上，不种高大的乔灌木，而是种植了以沙地柏、荆条为主的矮灌木丛，使得城台的空间环境更具长城烽火台之野趣。

旅馆庭园的夜景环境对丰富旅客的夜生活有着不可忽视的作用。镜园夜景环境设计是与庭园规划设计同时进行的。画阁歇山屋顶的轮廓灯、吊顶的宫灯、城台的轮廓灯，以及院墙城垛的照明灯，使得镜园的夜景颇为动人。这些灯光再映入长城饭店的镜面幕墙，更显得星光灿烂，夜景空间无限深远。茶座和乐池座凳下的灯光在水池中倒影飘摇，喷泉下彩灯颜色不断变换，使人如临龙宫仙境。

园林空间环境的设计绝不是仅靠图纸就能完成的，风景设计师必须在园林空间环境形成的过程中，不断摸索、感觉，不断修改、提高，以取得更佳的景观效果。画阁的位置和地面标高是在现场几经研究确定的。将画阁的地面标高比原设计提高了50cm，使得画阁在镜面幕墙上获得了完整而适中的映像景观效果。城台的地面标高也是到现场中确定的，比原设计提高了3m，加强了城台高耸的感觉。

【复习思考】

1）宾馆饭店绿地由哪几部分组成？

2）宾馆前庭绿化应该注意什么？

【实训项目】

在学习了宾馆、饭店绿地规划设计的相关理论知识之后，为了进一步提高学生的实践技能，培养学生的规划设计能力，可选择让学生完成当地某宾馆、饭店绿地规划设计。

1. 设计要求

（1）充分考虑使用者的生理与心理需求，有较好的设计理念，要有创意，富有个性，特色鲜明，具有文化内涵。

（2）因地制宜，巧于组景，规划布局能满足功能要求，分区合理，空间设计恰当。

（3）以植物造景为主，突出生态效益，植物配置要合理，注意植物的选择符合宾馆、饭店绿地的种植特点。

（4）绿地中主要景观小品设计要得当，比例尺度要适宜。

（5）设计成果的表现方式为墨绘淡彩或计算机绘图表现。图纸按规定要求无缺漏，设计内容要完整，图面布图要合理，比例准确，表达清楚，具有较好的表现力。

2. 步骤

（1）现场踏查，设计者必须到设计现场实地踏查，熟悉具体的设计环境等，查阅资料为后续的具体设计做准备。

（2）收集具体的图纸资料，部分图纸资料可以向建设单位索要，若所需图纸资料建设单位不全，也可以自己现场测量绘制。

（3）依据现场踏查和图纸资料以及设计要求，归纳总结并绘制设计草图。

（4）征求意见，修改草图，确定设计方案。

（5）依据园林制图规范要求，完成设计图纸的绘制。

3. 设计成果

（1）规划设计总图。

（2）设计说明书。

（3）植物名录表。

（4）重要景点局部效果图两张。

4. 评分标准

学习项目评价见表6-5-1。

表6-5-1 学习项目评价表

学习项目评价标准	分值	教学评价			总评
		小组评价 20%	学生评价 20%	教师评价 60%	
资料准备情况、参与的积极性、完成方案的态度	20				
设计方案的合理性、创新性	40				
方案表达（制图、效果图绘制、设计说明等）	20				
方案的可实施性	20				
小计	100				

项目 七 公园规划设计

（1）能根据功能需求合理布局各空间及各要素。
（2）能绘制公园规划设计的方案。
（3）能依据规划设计方案科学艺术地组织文字形成设计说明。

（1）能绘制公园规划设计范围的现状图并完成方案的扩初设计。
（2）能综合运用园林设计的基本理论和基本技能，创造出布局合理、功能全面、景观多样、艺术性较高的园林景观。
（3）能在公园设计中运用造景艺术法则、美学原则与植物配置的技巧，并熟悉掌握其方案图的构思。

任务一　综合性公园规划设计

【设计任务】

（1）该项目位于哈尔滨某区，地势平坦。

（2）根据所给范围进行综合性公园的规划设计。

（3）设计地块周边环境与场地大小如图7-1-1所示。

（4）完成方案的扩初设计，图纸可分为总平面、分析图（道路分析、功能分区、景观分析等）、局部透视及局部平面节点放大。

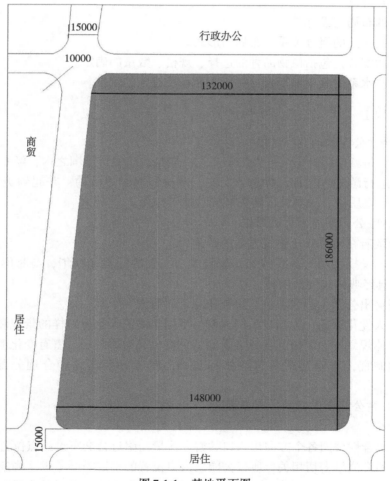

图7-1-1　基地平面图

【任务分析】

1. 调查研究阶段

（1）自然条件调查。

（2）人文资料调查。

（3）区位条件及现状条件分析。

2. 概念设计阶段

（1）明确公园规划设计的目标与主题。

（2）提出绿地规划设计原则。

3. 总体规划阶段

（1）总体布局规划。

（2）功能分区、景色分区规划。

（3）景观布局。

（4）种植规划。

4. 扩初设计阶段

（1）景点的布局与设计。

（2）建筑、小品的组合关系、布局与形式。

（3）植物的配置，包括植物品种的选择、规格、数量的确定。

（4）山体与水系的景观细部设计，所占面积及设施的安排。

【知识链接】

（一）综合性公园的功能、性质

综合性公园是城市园林中的一大类型，它一般是位于城市范围之内，经专门规划建设的绿地，供居民进行游览、观赏、休息、交流、健身和娱乐等活动，并起到美化城市景观面貌、改善城市环境质量、提高城市防灾减灾功能等作用。

（二）综合性公园规划设计的原则

（1）响应政府在园林绿化建筑方面的政策。

（2）继承和发扬我国的造园传统，吸收成功案例的经验和精华，与时俱进，创造具有时代特色又兼具经典传统的新园林。

（3）重视突出公园主题和特色，避免相互之间照搬和千篇一律。

（4）注重人性化原则，为满足不同人群、不同年龄的人创造多样的景观和环境空间。

（5）在总体规划中，要做到各分区之间特色突出又协调统一，富有变化但不互相重复。

（6）因地制宜，充分利用现状条件和基础，便于分期建设和合理分配人力、物力、财力。

（三）综合性公园出入口的规划与设计

1. 位置确定

市、区级综合性公园各个方向出入口的游人流量与附近公交车设站点位置、附近人口密度及城市道路的客流量密切相关，所以公园出入口位置的确定需要考虑这些条件。主要出入口前设置集散广场，是为了避免大股游人出入时影响城市道路交通，并确保游人安全。

2. 类型与尺度

主要出入口：是公园大多数游人出入公园的地方，一般直接或间接通向公园的中心区。一般包括大门建筑、入口前广场、入口内广场三个部分。

次要出入口：要求方便本区游人出入，一般设在游人量较小但临近居住区的地方。

专门出入口：其位置可稍偏僻，以方便管理又不影响游人活动为原则。

公园大出入口一般应考虑供两排车流并行，所以宽度大约 7 ~ 8m。

公园小出入口一般应考虑约三排人流并行即可，所以宽度大约 1 ~ 2m。

3. 规划设计要点

（1）规划设计中考虑公园整体布局均衡、和谐，有若干各景观轴线，结合功能要求，兼顾形式美法则（图 7-1-2）。

图例

🌀　景观节点

◄┅►　景观主轴线

◄┅►　景观次轴线

图 7-1-2　某公园规划设计项目景观结构分析图

（2）公园出入口的主要设施包括集散广场、园门建筑物、服务设施。

（3）公园出入口的空间场地应开敞、简洁、大气，突出其入口形象化的展示作用（图 7-1-3）。

图 7-1-3　入口前广场透视图

（4）公园出入口可根据与城市建筑立面、城市街景的联系性，创造与城市建筑立面、街景景观具有连续性或统一性的景观。

（5）公园入口前广场和入口内广场要留出足够的尺度满足交通集散，入口前广场、入口内广场如设有景观，其前需留出足够的观赏视距。

（6）公园规划设计中考虑景观节点的设置与组织，可适当在道路交叉口设置景点，或形成小广场，结合竖向景观的变化与层次，可在景点处作重要景观处理（图7-1-4～图7-1-7）。

图7-1-4 景观节点平面图

（7）景观设计中，要考虑给游人创造不同的视觉感受，通过开合、收放的景观节奏给游人带来步移景异的体验。如在道路引导进入开朗的区域之前，先经过两侧相对紧凑的廊柱所形成的夹景空间，使游人有空间变化的对比感受。

（8）景观设计中，应考虑造景方法的运用，如对景、障景、隔景、框景的运用（如图

图 7-1-5　景观节点透视图（一）

图 7-1-6　景观节点透视图（二）

图 7-1-7　景观节点透视图（三）

7-1-6 利用水面与建筑形成对景）。造景方法的恰当使用，能创造更加丰富的观景效果，让游人产生共鸣，同时也是设计者内涵造诣的充分体现。

（四）综合性公园的分区规划（功能分区）

（1）文化娱乐区。文化娱乐区是公园中人流最集中的活动区域，在该区内开展较多的是比较热闹、有喧哗声响、活动形式较多、参与人数较多的文化、娱乐等活动。

区内的主要设施包括：俱乐部、游戏广场、技艺表演场、露天剧场、影剧院、音乐厅、舞池、溜冰场、戏水池、展览室（廊）、演讲场地、科技活动场等。当然，以上各设施应根据公园的规模大小、内容要求因地制宜合理地进行布局设置（图 7-1-4 ～图 7-1-10）。

图 7-1-8　某公园文化娱乐区滨水区广场效果图

图 7-1-9　某公园文化娱乐区滨水区风情街效果图

图 7-1-10　某公园文化娱乐区中心主景广场效果图

（2）观赏游览区。本区以观赏、游览参观为主，在区内主要进行相对安静的活动，是游人比较喜欢的区域，为达到良好的观赏游览效果，要求游人在区内分布的密度较小，以人均游览面积100m² 左右较为合适，所以本区在公园中占地面积较大，是公园的重要组成部分。观赏游览区往往选择现状用地地形、植被等比较优越的地段设计布置园林景观。

在观赏游览区中如何设计合理的参观路线，形成较为合理的风景展开序列是一个非常重要的问题。通常在设计时应特别注意选择合理的道路的平、纵曲线、铺装材料、铺装纹样、宽度变化使其能够适应于景观展示、动态观赏的要求（图7-1-11）。

图 7-1-11　某公园观赏游览区局部透视效果图

（3）安静休息区。安静休息区主要供游人进行休息、学习、交往或其他一些较为安静的活动如太极拳、太极剑、棋弈、漫步、聊天、气功等。

该区的位置一般选择在具有一定起伏地形的区域，如山地、谷地、溪边、湖边、河边、瀑布等环境最为理想，并且要求树木茂盛、绿草如茵，有较好的植被景观环境。

安静休息区的面积可视公园的面积规模大小进行规划布置，一般面积大一些为好，但在布局时并不一定要求所有的安静活动都集中于一处，只要条件合适，可选择多处，创造类型不同的空间环境，满足不同类型活动的要求。

（4）儿童活动区。儿童活动区主要供学龄前儿童和学龄儿童开展各种儿童活动。据调查，公园中少年儿童占游人量的 15% ~ 30%，这个比例的变化与公园在城市中所处位置、周围环境、居住区的状况有直接关系，在居住区附近的公园，儿童的人数比例较大，离居住区较远的公园则儿童的人数比例相对较小；同时也与公园内儿童活动内容、设施、服务条件有关。

在儿童活动区内可根据不同年龄的少年儿童进行分区，一般可分为学龄前儿童区和学龄儿童区。主要活动内容和设施有：游戏场、戏水池、运动场、障碍游戏、少年宫、少年阅览室、科技馆等。用地最好能达到人均 50m² 并按照用地面积的大小确定所设置内容的多少。用地面积大的在内容设置上与儿童公园类似，用地面积较小的只在局部设游戏场（图7-1-12）。

图 7-1-12 国外某公园儿童活动区部分景观实景图 (一)

儿童活动区规划设计应注意以下几个方面：

1) 该区的位置一般靠近公园主入口，便于儿童进园后能尽快地到达区
内开展自己喜爱的活动。避免儿童入园后穿越其他各功能区，影响其他各区游人的活动
（图 7-1-13）。

图 7-1-13 国外某公园儿童活动区部分景观实景图 (二)

2) 儿童活动区的建筑、设施要考虑到少年儿童的尺度，并且造型新颖、色彩鲜艳；建
筑小品的形式要适合少年儿童的兴趣，富有教育意义，最好有童话、寓言的内容或色彩；区
内道路的布置要简洁明确，容易辨认，最好不要设台阶或设置较大的坡度，要考虑童车通行
的需求（图 7-1-14、图 7-1-15）。

图 7-1-14　国外某公园儿童活动区部分景观实景图（三）

● 豌豆花架示意图

● 淘气堡示意图

● 篮球运动情景

● 儿童沙坑示意图

● 水滑梯示意图

● 器械锻炼情景

图 7-1-15　某公园规划设计儿童活动区设施意向图

3）植物种植应选择无毒、无刺、无异味、无飞毛飞絮、不易引起儿童皮肤过敏的树木、花草；儿童活动区不宜用铁丝网或其他具有伤害性的物品做护栏，以保证活动区内儿童的安全。

4）儿童活动区活动场地周围应考虑遮阳林木、草坪、密林，并能提供场地、小溪流、宽阔的草坪，以便开展集体活动。

5）儿童活动区还应适当考虑成人休息、等候的场所，因儿童一般都需要家长陪同照顾，所以在儿童活动、游戏场地的附近要留有可供家长停留休息的设施，如座凳、花架、小卖部等（图7-1-16~图7-1-18）。

图 7-1-16　国外某公园儿童活动区部分景观实景图（四）

图 7-1-17　国外某公园儿童活动区部分景观实景图（五）

图 7-1-18　国外某公园儿童活动区部分景观实景图（六）

（5）老年人活动区。随着城市人口老龄化速度的加快，老年人在城市人口中所占比例日益增大，公园中的老年人活动区在公园绿地中的使用率是最高的，在一些大、中等城市，很多老年人已养成了早晨在公园中晨练，白天在公园绿地中活动，晚上和家人、朋友在公园绿地散步、谈心的习惯，所以公园中老年人活动区的设置是不可忽视的问题。

老年人活动区在公园规划中应考虑设在观赏游览区或安静休息区附近，要求环境优雅、风景宜人（图7-1-19）。

图 7-1-19　某公园老年人活动区景观效果图

老年人活动区设计具体可从以下几个方面进行考虑：

1）注意动静分区。老年人根据年龄、性格、身体健康状况会选择不同的活动项目，如相对安静一些的活动有垂钓、下棋、赏花等；相对热闹一些的活动有太极拳、集体操等，所以针对不同的活动要进行分区，分区之间可适当通过景观作分隔。

2）设置必需的服务建筑和必备的活动设施。如设立服务站、室内外老年人活动中心、座椅、亭子等。

3）可设置一些富有寓意的景观，激发老人的生命活力和旺盛精力。

4）注意安全防护要求，如铺地要防滑、必要的健康步道可铺设鹅卵石供老年人做足疗、健身、跑步等活动。

（6）体育活动区。体育活动区是公园内以集中开展体育活动为主的区域，其规模、内容、设施应根据公园及其周围环境的状况而定，如果公园周围已有大型的体育场、体育馆，则公园内就不必开辟体育活动区。

体育活动区常常位于公园的一侧。并设置有专用出入口，以利于大量观众的迅速疏散；体育活动区的设置一方面要考虑其为游人提供进行体育活动的场地、设施，另一方面还要考虑到其作为公园的一部分，需与整个公园的绿地景观相协调。

（7）园务管理区。该区是为公园经营管理的需要而设置的专用区域。一般设置有办公室、值班室、广播室及水、电、煤、通信等管线工程建筑物和构筑物、维修处、工具间、仓库、堆场杂院、车库、温室、棚架、苗圃、花圃、食堂、浴室、宿舍等。以上按功能可分为：管理办公部分、仓库部分、花圃苗木部分、生活服务部分等。

公园按规划设计意图，根据游览需要，组成一定范围的各种景观地段，形成各种风景环境和艺术境界，以此划分成不同的景区，称为景色分区。

按游人对景区环境的感受效果不同划分景区。

1）开朗的景区。宽广的水面、大面积的草坪、宽阔的铺装广场，往往都能形成开朗的景观，给人以心胸开阔、畅快怡情的感觉，是游人较为集中的区域（图7-1-20）。

图 7-1-20　某公园综合管理区鸟瞰图

景色分区如图 7-1-21、图 7-1-22 所示。

林间木栈道　　　　　　沉床花园

休息平台　　　　　　膜亭示意图

图 7-1-21　某公园景区景点意向图

图 7-1-22　某公园局部景观效果图（一）

　　2）雄伟的景区。利用挺拔的植物、陡峭的山形、耸立的建筑等形成雄伟庄严的气氛。如南京中山陵利用主干道两侧高大茂盛的雪松和层层高上的大台阶，使人们的视域集中向上，形成仰视景观；游人在观赏时，达到巍峨壮丽和令人肃然起敬的景观感染效果。

　　3）清静的景区。利用四周封闭而中间空旷的环境，形成安静的休息条件，如林间隙地、山林空谷等，在有一定规模的公园中常常进行设置，使游人能够安静地欣赏景观或进行较为安静的活动（图 7-1-23）。

图 7-1-23　某公园局部景观效果图（二）

　　4）幽深的景区。利用地形的变化、植物的隐蔽、道路的曲折、山石建筑的障隔和联系，形成曲折多变的空间，达到优雅深邃、"曲径通幽"的境界。这种景区的空间变化比较丰富，景观内容较多（图 7-1-24）。

图 7-1-24　某公园局部景观效果图（三）

（五）综合性公园各要素的规划设计

1. 建筑、小品

（1）建筑、小品的布局要同时考虑满足功能使用和艺术美学的原则。在满足使用功能的前提下，可适当结合一些造景手法来增加一些文化内涵（图 7-1-25）。

图 7-1-25　景观小品实景图

（2）建筑、小品的风格要与整体主题、环境、场地特点和谐统一。例如有线条、色彩、材质的对比、协调、呼应关系等，如图 7-1-26 所示的座椅、花箱等设施互相有边界上的呼应关系。

图 7-1-26 空间小品意向图

（3）建筑、小品的数量结合公园的功能分区和景色分区具体分析，如在文化娱乐区等人流量较大的分区中，建筑、小品的布局密度较大；而安静休息区人流量较小的分区中，建筑、小品的布局可适当减少（图 7-1-27）。

图 7-1-27 某公园安静休息区景观透视图

（4）建筑、小品的设置除满足功能要求外，还需考虑其与其他景观要素的融合和对比。如建筑、小品可增强竖向景观的观赏效果，与铺地、园路等形成方向上的对比。

（5）建筑、小品可根据观景的要求设置组群式，通过建筑、小品的组合设置，形成小庭院或分隔围合成空间，具有较强的场地控制性。

2. 地形与水体

（1）地形。

1）平地。平地在视觉上空旷、宽阔，视线遥远，景物不被遮挡，具有强烈的视觉连续性。平地可以作为集散广场、交通广场、草地、建筑等方面的用地，以接纳和疏散人群，组织各种活动或供游人游览和休息，因此公园必须设置一定比例的平地（面积30%以上）。

2）山地。山地是地貌设计的核心，它直接影响到空间的组织、景物的安排、天际线的变化和土方工程量等。园林山地多为土山。

① 在形态上，山脚应缓慢升高，坡度要陡缓相间，山体表面呈凹凸不平、自然起伏状；在园林组景上，也应把山麓地带作为核心，通过树、石自然配置而呈现出"若似乎处于大山之麓"的自然山林景象。

② 山脊线的平面布局应呈"之"字形走向。曲折有致，起伏有度，既顺乎自然，又可形成环抱小空间，便于安排景物开展活动。

③ 主次分明，互相呼应。在自然山水园中，主景山宜高耸、盘厚，体量较大，变化较多；客山则奔趋、拱伏，呈余脉延伸之势。先立主位，后布辅从，比例应协调，关系要呼应，注意整体组合，忌孤山一座。

④ 左急右缓，收放自如。山体的不同坡面应有急有缓，等高线有疏密变化。一般朝阳和面向园内的坡面较缓，地形较为复杂；朝阴和面向园外的坡面较陡，地形简单。

⑤ 在山中合适的位置设置缓台和休息性设施，在此远眺静观的亭、台等建筑设施和小品。

3）坡地。坡地一般与山地、丘陵和水体并存。坡地根据坡度的大小可分为缓坡地、中坡地、陡坡地、急坡地和悬崖坡坎等。缓坡地可作为活动场地和种植用地。

（2）水体。

景因水而活，足可见水在公园甚至园林中的重要作用，水体可以给场地空间增加一些灵动性。一些场地因为水的存在而产生以小见大的景观效果。

1）公园的整体布局如呈自然式布局，那么水体一般也会呈自然式布局。

2）一般都在公园的中心甚至重心位置。

3）水体的布局及位置应选择地势低洼或靠近水源的地方，因地制宜，因势利导。在自然式山水园中，应呈山环水抱的态势，动静交呈，相得益彰。

4）如将水体的景观形式处理得多样化，尽量做到有动有静。静态水景有水池等；动态水景有瀑布、涌泉、喷泉、跌水景观等。

5）将亮化等技术性要素结合到水景设计中，如在水景的处理上结合夜间的照明技术，通过不同颜色的灯光参与，将水体的色彩做得五彩缤纷。

6）充分利用水边的山体、桥石、建筑等可在水中形成的倒影，增加水面景观的层次，突出虚与实的对比（图7-1-28～图7-1-30）。

3. 园路

（1）园路的类型与尺度。

1）主要园路（主干道）。全园主道，联系公园各区、主要活动建筑设施、风景点，要处理成园路系统的主要环路，方便游人集散，通畅，起伏曲折适当，根据地形合理组织。路

图 7-1-28　瀑布水景意向图

图 7-1-29　某公园水景设计意向图

图 7-1-30　某公园亲水空间透视图

宽 4 ~6m，纵坡 8% 以下、横坡 1% ~4%。路面应以耐压力强、易于清扫、防滑的材料铺装为主。

2）次要园路（次干道）。是联系各分区的道路。引导游人到各景点、各分区中，可自成系统，也可局部成环路，由于次要道路不以捷径为主要目的，所以道路可蜿蜒回转，结合景观变化多样。

3）游憩步道。为游人散步提供路径或联系地形变化复杂的游憩小径，宽可根据满足单人或多人行走而具体确定，一般宽为 1.2 ~2m。

（2）园路的布局。

1）要求主次分明，系统完善，分级明确。

2）因地制宜，整体连贯，与地形、分区紧密结合。

3）公园中有山水要素，要求园路要环山绕水。

4）主路尽量不要穿越复杂的地形，尽量地势相对平坦。

5）次要道路及游憩步道可根据具体情况作地形变化。

6）园路与水岸线可时近时远，作富有节奏与韵律的开与合。

7）园路的密度要根据具体分区决定，同时满足游人交通和游览观赏的使用需求。

8）公园规划设计中，根据各功能分区及场地特点决定园路的风格布局。如安静休息区，自然环境较好，可营造含蓄、内敛的景观氛围，园路的布局可做到萦纡回环，曲径通幽。

9）园路的两侧可结合植物、小品等景观造景，形成富有变化，层次多样的空间和视线变化（图 7-1-31）。

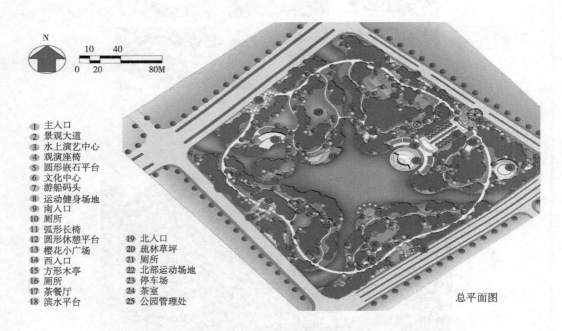

① 主入口
② 景观大道
③ 水上演艺中心
④ 观演座椅
⑤ 圆形嵌石平台
⑥ 文化中心
⑦ 游船码头
⑧ 运动健身场地
⑨ 南入口
⑩ 厕所
⑪ 弧形长椅
⑫ 圆形休憩平台
⑬ 樱花小广场
⑭ 西入口
⑮ 方形木亭
⑯ 厕所
⑰ 茶餐厅
⑱ 滨水平台

⑲ 北入口
⑳ 疏林草坪
㉑ 厕所
㉒ 北部运动场地
㉓ 停车场
㉔ 茶室
㉕ 公园管理处

总平面图

图 7-1-31　某公园规划设计平面图

（3）弯道的处理。

在园路的转折处应衔接通畅，保证且满足行人的安全和行为规律。园路遇到建筑、山水、植物、陡坡时，要顺势产生弯道。既要跟环境关系处理和谐，又要满足人们观赏景观的视线需求。要求弯道弧度外侧高，内侧低，外侧应设栏杆，以防发生事故。

（4）园路交叉口的处理

1）从交叉口与分叉口路面能分出道路的主次，使导游方向明确。在道路的宽度、铺装上分出主次，景物的安排也要使游人分出主次干道，使导游方向明确。

2）两条自然式园路相交于一点，对角不宜相等（图7-1-32）。

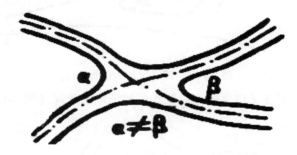

图7-1-32　园路交叉示意图（一）

3）两条直线道路相交可以正交，也可以斜交，对角相等（图7-1-33）。

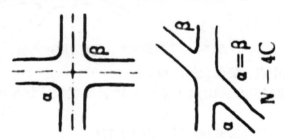

图7-1-33　园路交叉示意图（二）

4）两条道路相交应尽量采取正交，为避免人拥挤，可形成小广场（图7-1-34）。

图7-1-34　园路交叉形成场地实景图

5）如果两条道路相交呈锐角，锐角不能过小（不宜小于60°），否则通过三角形广场解决（图7-1-35）。

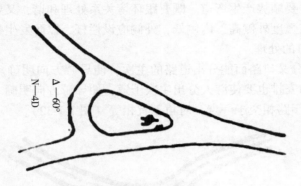

图 7-1-35　园路交叉示意图（三）

6）"T"和"Y"形交叉口要做好对景和集散场地的处理（图7-1-36）。

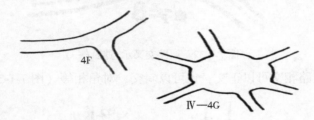

图 7-1-36　园路交叉示意图（四）

7）多条道路的集中点，要设大的广场。

8）山道与道路的交叉口，山道下来要有较长的缓坡，如果坡度较陡，不要与道路正交。

9）垂直弯道要有对景和过渡性广场（图7-1-37）。

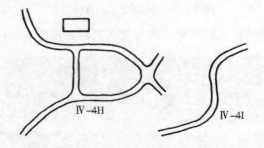

图 7-1-37　园路交叉示意图（五）

（5）园路与建筑的关系。

1）建筑可以通过专设道路与主路或次路相通，一般道路不穿越建筑，可以穿越的建筑仅限于洞门、花架门、过街楼和有支柱层的建筑。

2）靠近园林道路的建筑一般面向道路，并应有不同程度的后退，或形成建筑前广场，或另有道路与建筑相通，也可将靠建筑的一段道路加宽。

4. 植物

（1）公园的植物配置总体要考虑疏密相间，乔灌草复合结构相结合（图7-1-38）。

图 7-1-38　植物栽植疏密有致

（2）可选择植株体形美而较大，枝叶茂密，树冠开阔，或具有特殊观赏价值的树木作为孤植植物品种。如：树形富于变化的黑松，树干效果明显的白皮松、白桦，开花繁茂、色彩鲜艳或浓郁芳香的玉兰、桂花、枫香、紫叶李、鸡爪槭、色木槭等。此外还要注意孤植树木还要求生长健壮，寿命长，能经受住较大的自然灾害的树种。不同地区应选用本地区的乡土树种中经过考验的大乔木为宜。

（3）孤植树的种植地点，要求四周空旷，不仅要保证树冠有足够的生长空间，而且要有一定的观赏视距。要使孤植树处于开敞的空间中，得以突出孤立点的视景效果，最好还有天空、水面、草地等色彩单纯又有丰富变化的景物环境作为背景衬托。

（4）庇荫及观赏的孤植树，其位置的确定取决于它与周围环境的布局要求。在开朗的草地中布置孤立树，如果草地是自然形式的，则孤立树不宜种植在草地的中心，而应偏于一侧，安置在构图的自然重心上，应与草地周围的景物取得均衡与呼应的效果。

（5）孤植树还可设在山坡、高岗和陡崖上，与山体配合。山坡、高岗的孤立树下可以纳凉眺望，陡崖上的孤植树具有明显的观赏效果。

（6）可用对植（两株树按照一定的轴线关系做相互对称式均衡的植栽）来强调建筑、广场的入口。

（7）在规则式种植中，利用同一树种、同一规格的树木依主体景物的中轴线对称布置；在自然式种植中，对植是不对称的均衡栽植，两侧树木在大小、姿态上各不相同，动势均向中轴线，便必须是同一树种，才能取得统一。

（8）在一些景区中，为突出景观整齐划一，烘托气势，可形成行列式栽植的植物景观形式，如形成林下树阵广场，利用林下的空间，形成丰富的功能空间。

（9）选用植物有紫藤、凌霄、葡萄、木香、丝瓜、葫芦等。

（10）草坪作为丰富的园林景物的基调尽量处理简洁。

（11）结合一些构筑物、支架等形成模纹花坛、花池、花台、花钟等（图7-1-39）。

图7-1-39　某公园植物设计意向图

5. 规划设计

结合方案所给地形如图7-1-40所示。

（1）根据周边环境和用地性质，设置方便周围人使用和经过的出入口，同时出入口的风格也跟环境进行了必要的联系和融合，如地块北侧属行政办公区；连接其这部分的入口广场庄严、大气。

总平面图

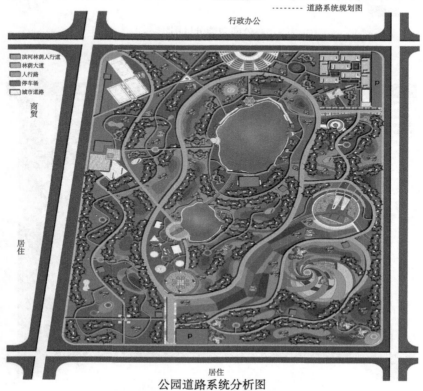

公园道路系统分析图

图 7-1-40　重要景点区规划设计平面图

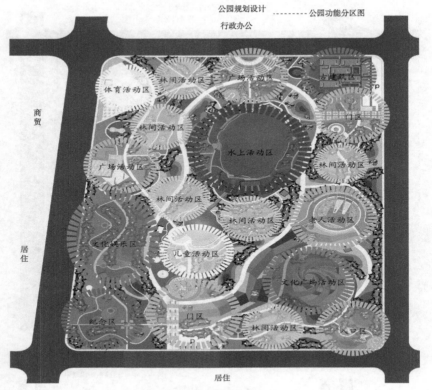

公园规划设计
行政办公
-------- 公园功能分区图

公园功能分区图

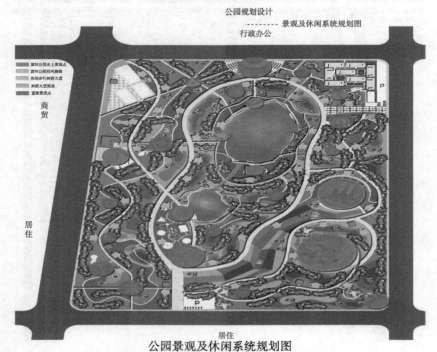

公园规划设计
-------- 景观及休闲系统规划图
行政办公

公园景观及休闲系统规划图

图 7-1-40 重要景点区规划设计平面图（续一）

图7-1-40　重要景点区规划设计平面图（续二）

（2）考虑地块的形状特点，主要道路采取套环式，并有系统的道路分级。

（3）由于水体作为主要的景观要素，同时又处于用地范围的重心位置，主要道路围绕水体设置，并形成游览路线。

（4）结合水体，作形式多样，景观层次丰富的水体景观形式及景观设施，如叶子水台、戏水广场等。

（5）在设计范围的东北角，将原有古建筑区处理成为建筑组群，并适当形成院落空间，合理地对其进行保护，又给游人活动空间增加了多样性。

（6）设计中将老人活动区和儿童活动区都安排了丰富的娱乐设施，满足了不同年龄段游人的需求。

（7）植物配置疏密相间，地形陡缓相接，巧妙自然地分隔各色空间，聚焦了游人的视线。

（8）方案中体现了传统文化与现代元素的完美结合，有富有传统内涵的吉祥如意广场和图腾柱，也考虑了具有现代感张力的时代七色广场。

【规划设计】

案例分析

浏阳河文化公园修建性详细规划及文化活动中心建筑单体设计

第一部分　文本

1. 项目背景（图7-1-41）

2. 基地区位与项目概况（图7-1-42）

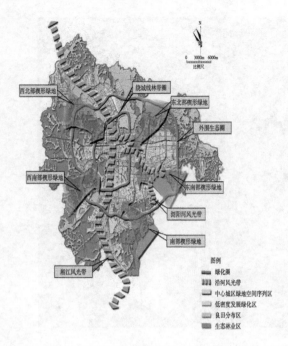

园林绿化是一个国家综合国力和城市文明程度的具体体现和衡量标准。随着"生态环保"理念的深入人心,园林绿化巨大的基础性作用越来越为社会各界所认知,它作为城市的重要基础设施和21世纪最具潜力的新兴产业已被各级政府日益关注。

《长沙市城市总体规划修编（2003~2020）》确定至2020年长沙市城市建设用地310km²、城市人口310万人的城市发展规模,规划了"两带两圈五楔"的长沙市生态绿地空间结构。"两带"即为湘江风光带和浏阳河风光带。浏阳河文化公园是浏阳河风光带的重要组成部分。是提升周边群众居住环境品质,为市民提供休闲、娱乐、群众文化生活的城市开发空间。

图 7-1-41　项目背景分析图

项目概况:
　　浏阳河文化公园用地面积约118亩⊖,为湖南省长沙市芙蓉区市民重要的文化生活场所。文化活动中心是其中的主体建筑,由文化馆、图书馆、体育培训中心、科技馆及少儿文化活动中心组成,用地约20亩,建筑总面积约15000m²。

图 7-1-42　基地区位与项目概况分析图

⊖　1 亩 = 666.$\dot{6}$ m²。

3. 周边环境（图7-1-43）

地块位于长善路以西，白沙湾路以东；南起圭河路；北至荷花路。处于浏阳河中游段，东侧、南侧临水，西侧和北侧为芙蓉区的居住用地。公园拥有浏阳河独一无二的景观，犹如水中半岛，其优势无可比拟。

图7-1-43 周边环境分析图

4. 理水环境（图7-1-44）

自古以来，人类为了生存的需要，往往将聚落傍水而建。人类文明也与江河有着异常密切的关系，聚落和江河之间的地带——滨水地区，由于取水方便、视野开阔、空气清新、环境幽静等，因而多为古人所推荐，古代匠人常将水系比作"经络"。它起着贯穿空间的作用，能使空间更具灵性。孔子曾曰："仁者乐山，智者乐水"。项目两面临水，龙盘虎距，符合东方文化的理水理念和生态理念。

图7-1-44 理水环境分析图

5. 地块现状分析（图 7-1-45）

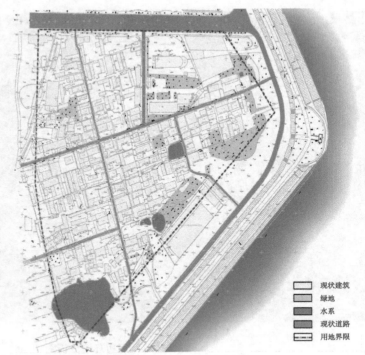

地块现状以居住用地为主，其中北部为防汛抗旱指挥部，规划范围内建筑主要以砖或砖混结构为主，质量较差，建筑分布较为紧凑，并零星分布几个水塘，其中绿地面积和开敞空间较少。

☐	现状建筑
☐	绿地
☐	水系
☐	现状道路
⊢∙⊣	用地界限

图 7-1-45　现状分析图

6. 规划目标和定位（图 7-1-46）

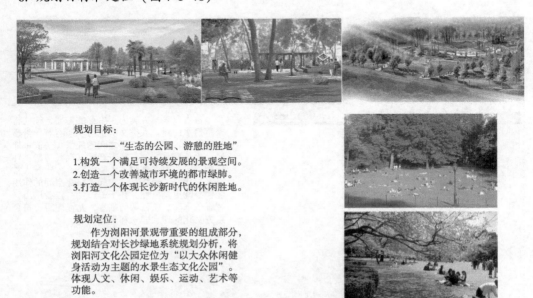

规划目标：

　　——"生态的公园、游憩的胜地"

1. 构筑一个满足可持续发展的景观空间。
2. 创造一个改善城市环境的都市绿肺。
3. 打造一个体现长沙新时代的休闲胜地。

规划定位：

　　作为浏阳河景观带重要的组成部分，规划结合对长沙绿地系统规划分析，将浏阳河文化公园定位为"以大众休闲健身活动为主题的水景生态文化公园"。体现人文、休闲、娱乐、运动、艺术等功能。

图 7-1-46　规划目标和定位分析图

7. 规划依据和原则

（1）规划依据：

1）国家有关法律法规和相关的各专业技术规范。

2）《长沙浏阳河风光带控制性详细规划》送审稿。

3）《人民路以北片控制性详细规划》。

4）《长沙市城市规划管理技术规定》。

5）长沙市规划管理局下达的《浏阳河文化公园修建性详细规划及文化活动中心建筑单体设计要点》。

6）现状地形图等基础资料。

7）甲方提供的招标书及相关文件。

（2）规划原则：

1）统筹兼顾与整体性原则。

2）生态保护与可持续发展原则。

3）技术更新与现代原则。

4）地域性与历史文脉原则。

5）亲水与以人为本原则。

6）和谐发展与活力共享原则。

8. 设计思路

尊重自然，让人和自然和谐相处，达到"天人合一"的理想境界，以自然为本作为本项目的基本设计理念，营造新型的理水环境，注重外水和内水的应用，使项目成为生态公园的典范。

设计着重强调水的运用，水与建筑、绿化、小品、灯光等其他设施来综合构成一条具有大都市水准的全天候的景观带，创造一个高品质的滨水活动带。

另外，灯光夜景效果将成为项目设计的重要部分，通过灯光的色彩、亮度、设置位置等因素的变化，烘托出不同主题区的不同气氛，使灯光不单纯是一个照明的设施，更是一种艺术渲染手段，文化公园与浏阳河景观带形成一个整体，在纵深上形成层次丰富的夜景体系。使浏阳河景观带更加有魅力。

9. 规划理念（图7-1-47）

"咫尺人文天地，无限休闲空间"

　　设计以人为本，特色景观为龙头，生态为基调，文化为内涵。打造文化、生态、创意之旅。以演绎一个如梦如幻、如诗若画的公园休闲文化之旅。

生态之旅：
　　——"绿色无处不在，自然就在身边"
绿色贯穿整个公园的每一个空间，跟水体结合，成为主要的景观元素，带给人"怡人的自然美"。

蓝色之旅：
　　——"亲切宜人的水际体验"，
一条蜿蜒曲折的水系贯穿整个规划区域，迎合了浏阳河"九曲回转"的特点。设计中运用不同的水景处理方法，体现水之灵气与动感，收放自如的水系与绿化紧密结合，共同达到良好的景观效果，带给人"和谐的韵律美"。

文化之旅：
　　——"载文化之舟，育世纪新人"
人文景观如同文学作品，人们行走其中可以阅读历史，感受意韵。整个设计注重人文景观的塑造。在公园南入口附近设计一条艺术文化长廊，将每一处灵动而富有创意的空间有机地连成一个整体，反映特定的地域文化和历史文化。

图 7-1-47　规划理念分析图

第二部分　图纸

1. 总平面图（图 7-1-48）

图例

① 主入口　② 标志牌　③ 七色花带　④ 景观构筑　⑤ 铺装广场　⑥ 雕塑小品　⑦ 树阵　⑧ 花架　⑨ 景观墙　⑩ 中心广场　⑪ 临水平台　⑫ 喷泉　⑬ 棕榈广场　⑭ 步行小道　⑮ 科技馆　⑯ 图书馆　⑰ 文化馆　⑱ 少儿活动中心　⑲ 西入口广场　⑳ 景石　㉑ 柳浪闻莺　㉒ 菱池碧波　㉓ 樱花广场　㉔ 林荫广场　㉕ 铁艺凉亭　㉖ 世外桃源　㉗ 竹海　㉘ 得月台　㉙ 游廊　㉚ 观景台　㉛ 百花岛　32 芦苇湾　33 阳光草坪　34 停车场　35 情侣亭　36 历史回廊　37 艺术交流中心　38 茶室　39 音乐广场　40 文化舞台　41 东入口广场　42 主景银杏　43 风雨回廊　44 羽毛球场　45 桃李双亭　46 网球馆　47 体育设施管理用房　48 篮球场　49 休闲小广场　50 休息亭　51 半山亭　52 观景平台　53 渔具出租　54 康乐中心　55 垂钓台　56 亲水广场　57 五曲桥　58 翠竹林　59 六角亭　60 荷塘月色　61 木栈道

图 7-1-48　规划设计平面图

2. 功能结构布局图（图7-1-49）

设计整合浏阳河文化资源，以打造文化名片、提升地段文化品味、带动周边经济发展为目标，将设计地段分为生态休闲活动区、湿地观赏区、文化博览园、康体运动区、文化活动中心区五大功能组团，形成"两轴五区"的滨江发展结构。

景观实轴："恢弘大气的景观盛宴"
主要景观轴线运用直线与曲线的巧妙搭配，景观与水系的完美结合，硬质构筑与软质草地的强烈对比，将文化中心与公园景观巧妙地联系在一起，营造了一个舒适又充满个性的公园空间。

景观虚轴："开阔的视觉感受"
规划在公园的制高点建设流连亭和观景平台，沿着活动中心广场、流连亭、东入口广场、浏水寻源广场，形成一条景观虚轴，规划在长善路下建一地下通道，加强公园与风光带的联系。

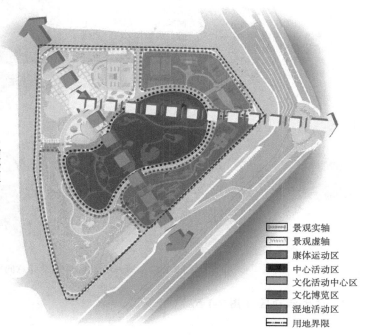

图7-1-49 功能结构布局图

3. 康体休闲区（图7-1-50）

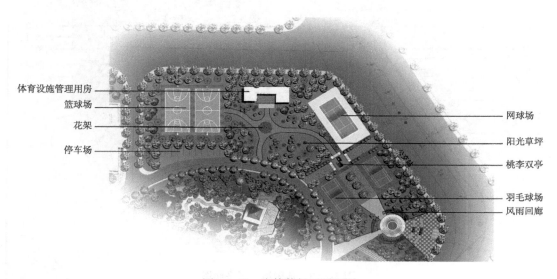

图7-1-50 康体休闲区平面图

4. 康体运动区景观（图 7-1-51）

位于规划区域北部，紧邻文化活动中心，运动、休闲作为康体运动区的主题，设有网球场、篮球场、羽毛球场、乒乓球场等多项运动设施。为增加人气，有满足儿童需要的儿童游戏场，针对老年人设置的健身广场。强调"风景中运动"，以自然的片林、优美的孤树创造具有生态之美的运动环境。

图 7-1-51　康体运动区景观设计意向图

5. 休闲活动区（图 7-1-52）

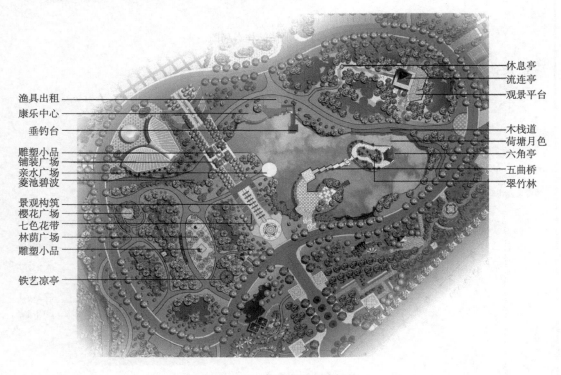

图 7-1-52　休闲活动区平面图

6. 休闲活动区设计意向图（图7-1-53）

休息活动区位于公园中心，采用中国传统的挖湖堆山，理水叠石的造园手法，营造瀑布跌水、溪水叮当的意境，移步异景给人以强烈的视觉冲击，产生心灵共鸣。设计主要以水为主题，体现了对水的内在美、流动性和给予生命的力量的歌颂。同时展现了长沙的水文化，展现水的表情，水的灵魂。

以溪流水面与绿化带体系作为主要构景元素，营造连贯、丰富而自然的绿化空间，主要景观主体有菱池碧波、雕塑、亲水平台、荷塘月色、景墙、高山流水。

菱池碧波——水是静态的，柔和的，只有在与周围环境的相互影响中，才表现出其特殊的品质。

雕塑——一座精美的雕塑，串起整个空间的灵魂。

亲水平台——创造舒缓台阶大平台的景观，满足游人的亲水心理。

荷塘月色——古典清丽的传统文化在此无声绽放。

景墙——玻璃景墙增强了光影效果，人行在其间，也是一处流动的风景。

景观道路

花架

林荫广场

休息亭

图7-1-53 休闲活动区设计意向图

7. 休闲活动区局部透视图（图7-1-54）

图7-1-54 休闲活动区局部透视图

8. 文化博览区（图 7-1-55）

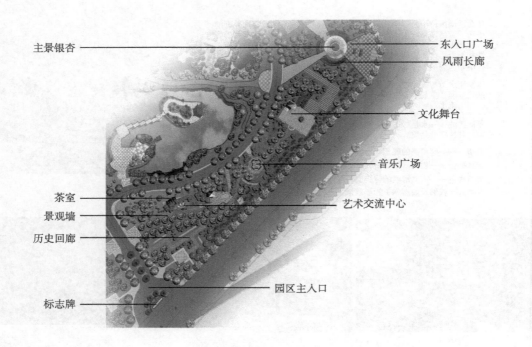

主景银杏 —————

茶室 ———
景观墙 ———
历史回廊 ———

标志牌 ———

————— 东入口广场
————— 风雨长廊

————— 文化舞台

————— 音乐广场

————— 艺术交流中心

————— 园区主入口

图 7-1-55　文化博览区平面图

9. 文化博览区局部透视图（图 7-1-56）

图 7-1-56　文化博览区局部透视图

10. 文化博览区设计意向图（图 7-1-57）

在文化博览区，设计一条文化艺术长廊，以多层次密植形成围合空间，分为六段来演绎长沙文化，分别以长沙的历史文化、文艺创作、民俗文化、时尚文化、娱乐文化为主题，以雕塑小品、现代景墙、景观石、构架等多种元素为载体，展现长沙的"古、红、绿、特、先"的特征。将长沙的地域特色及新时代的宏伟目标刻画在这些景观元素上，在具有时代感的新空间里融入长沙风情的历史文化形象，将现代科技与历史文脉相结合。让人们走进这一个个场景，记住历史的前行，城市的发展。

图 7-1-57　文化博览区设计意向图

11. 湿地观赏区（图 7-1-58）

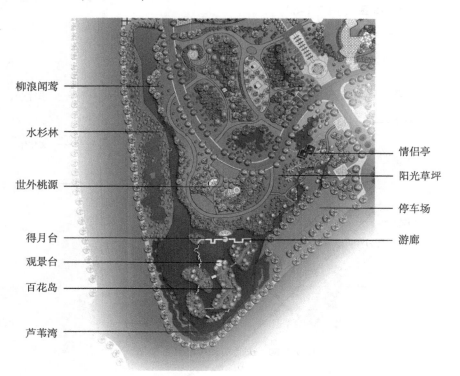

图 7-1-58　湿地观赏区平面图

12. 湿地景观意向图（图 7-1-59）

　　利用西南角的水塘改造成为湿地观赏区，设计垂钓活动，仿原生态的草亭，使人产生回归自然，返璞归真的感觉。适当增加小路、栈道等建立一个人与自然联系的新网络。河堤的两边设置两个半圆形的广场，为了增加休闲活动的趣味性，广场设计了两个弧形喷泉，从空中俯视，天桥将两个隔离的半圆广场连成一个完美的整体，起伏的喷泉与有地势高差的河堤围合犹如含苞待放的睡莲。

图 7-1-59　湿地景观意向图

13. 文化活动中心区（图 7-1-60）

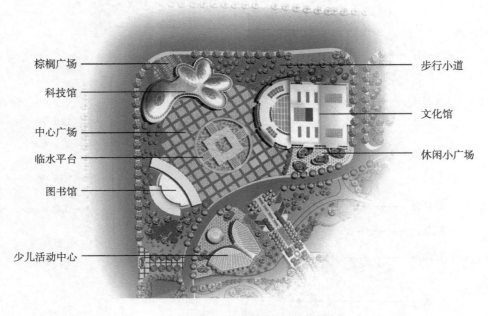

棕榈广场　　　　　　　　　　　　　　　　　　　　步行小道

科技馆

中心广场　　　　　　　　　　　　　　　　　　　　文化馆

临水平台

图书馆　　　　　　　　　　　　　　　　　　　　　休闲小广场

少儿活动中心

图 7-1-60　文化活动中心区平面图

14. 道路交通规划（图 7-1-61）

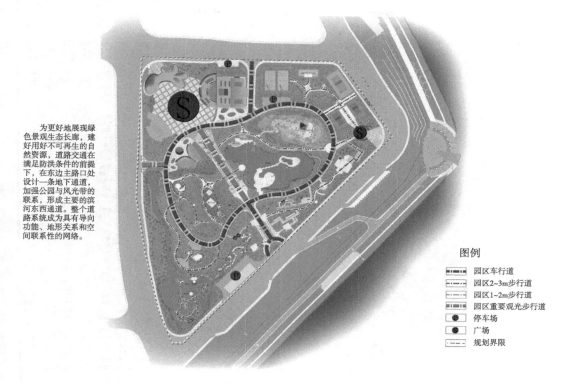

为更好地展现绿色景观生态长廊，建好用好不可再生的自然资源，道路交通在满足防洪条件的前提下，在东边主路口处设计一条地下通道，加强公园与风光带的联系，形成主要的滨河东西通道。整个道路系统成为具有导向功能、地形关系和空间联系性的网络。

图例

▦▦ 园区车行道
▦▦ 园区2~3m步行道
▦▦ 园区1~2m步行道
▦▦ 园区重要观光步行道
● 停车场
● 广场
▦▦ 规划界限

图 7-1-61 道路交通规划平面图

15. 园路设计意向（图 7-1-62）

图 7-1-62 园路设计意向图

16. 植物配置图（图7-1-63）

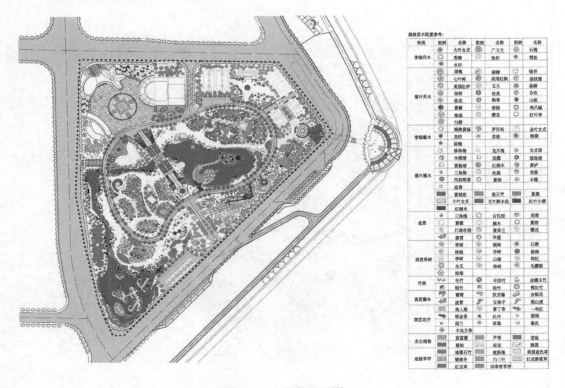

图 7-1-63　植物配置图

17. 景观分析图（图7-1-64）

景观规划以绿地、山水建筑、花卉、景观道路为主要的景观元素，以丰富的植被类型、饱满的景观色彩、鲜明的浏阳河水文化与湖湘文化特色、多变的景观形态，构成了一幅完美、生动、变幻的城市公园美景。

空间布局上，整体上求变化，变化中求统一，乔、灌、低被协调配置，创造出优美的林缘线，不同树种交互渗透，自然过渡，有藏有露，半隐半现，以扩大绿地空间。

图 7-1-64　景观分析图

18. 座椅设计意向图（图7-1-65）

座椅系统：
　　座椅根据人的活动习惯及场所性进行布置，形式简洁现代，材料选用天然木、石材和金属。

图 7-1-65　座椅设计意向图

19. 厕所设计意向图（图7-1-66）

公共厕所：
　　分布于各主景点附近，服务半径约250m。厕所建筑形式简洁、轻巧、标识明显，与周围环境相互协调。

图 7-1-66　厕所设计意向图

20. 垃圾箱设计意向图（图7-1-67）

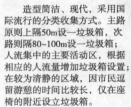

　　造型简洁、现代，采用国际流行的分类收集方式。主路原则上隔50m设一垃圾箱，次路则隔80~100m设一垃圾箱；人流集中的主要活动区，根据相应的人流量增加垃圾箱设置；在较为清静的区域，因市民逗留游憩的时间比较长，仅在座椅的附近设立垃圾箱。

图 7-1-67　垃圾箱设计意向图

21. 指示牌设计意向图（图7-1-68）

　　指示牌设计采用通俗易懂和简明准确的文字，以明确各功能分区及景点的界限，限制人们对自然资源的破坏，并为人们提供服务指南。

图 7-1-68　指示牌设计意向图

22. 建筑单体设计说明

（1）概况。浏阳河文化公园（规划控制原为浏阳河公园）修建性详细规划北起荷花园、南至圭河路、西至白沙湾路、东至长善路。用地面积约118亩。文化活动中心位于浏阳河文化公园内，用地面积约20亩。总建筑面积14530m²。

（2）设计原则。

1）人文化原则。坚持"天地合一"和"以人为本"的原则，力求使设计的规划布局合理，功能完善，标新立异，"超前性、科学性、可实施性、可持续性"的发展指导思想。

2）生态化原则。所谓生态化即功能、环保、节能和艺术方面的有机结合，体现可持续发展的思想。通过节能设计的方式，维持室内空间的舒适度，通过新型材料的应用，使其能够达到绿色环境，无味无污的要求。因此，除了植树、种草绿化环境，改善生态外，节能、节水，太阳能的应用，无公害建筑材料的使用都是生态化的范畴。

3）科技化原则。方案的设计体现了技术的发展，尤其是近几十年来，技术的发展给文化建筑带来的巨大变化。例如，大跨度钢架结构的运用，铝合金材料的运用和预应力混凝土技术的应用；新结构体系、新型材料、清洁能源的应用等。

（3）设计要点。文化馆新馆、科技馆、图书馆、少儿文化活动中心是浏阳河文化公园修建性文化活动中心建筑单体设计的四个建筑工程项目。

1）文化馆新馆设有剧场，剧场前设置面积4000m²的广场，还有舞蹈排练厅、合唱排练厅、美术展厅、综合教室和行政办公室等。文化馆新馆是学习、休闲、娱乐的场所，前卫的设计，宽敞的空间带来更多的激情与享受，丰富、充实了市民的生活。市民的物质生活、精神文明得到具体的保障，对市民的物质、文化、精神生活有了大大的提高。

2）科技馆设有展厅、互动厅、科技活动制作室、多功能教室和行政办公用房等。坚持"天地合一"和"以人为本"的原则，设计的规划布局合理，功能完善，交通便捷，方便更多市民的学习与实践活动，掌握更多科技技术知识，端正自己的世界观、人生观、提高自身修养。在外型上立意创新的设计，犹如正在急速飞跃的火箭划出完美的弧线，完美的弧线带给了视觉的感受。起伏的姿态激发了波澜的思维，带动人们对科技的思考，对学识的渴望，增进人们对知识的追求。

3）图书馆设有阅览室、采编室（含机房）、过刊室、全民体质测试站、体育活动场地、体育项目培训教室和办公管理用房等。合理的布局，功能的完善，交通的便捷，以方便更多的市民直接阅读大量书籍和读物。浏阳河图书馆是积累和传播先进文化的基础设施，对经济社会发展和国际性商贸城市建设将产生十分重要的作用。

4）少儿文化活动中心设有排练厅、多功能游艺厅、美术书法专用教室、行政办公用房和车模海模培训馆等，完善的功能，全面的培养少儿的学习与动手能力；提增少儿对学识的渴望，对知识的追求，为培养下一代打下坚实的基础。俯视看去，屋顶上的屋架好似蝴蝶的两个煽动的翅膀，形成虚与实的对比，端庄凝重之中透露明快与轻盈，一大一小极具动感，也昭示着长沙市文化气息的生命力，立面看去，外观结合图书馆的采光要求，将立面的凸凹感更加夸张地表现了出来。使得每一面都形成了不同的景观，也给人民带来了视觉上的享受。设计方案在充分分析了现有场地和周边环境条件及要求的基础上，提出"天地合一"和"以人为本"的人性化宗旨，合理安排好功能分配，建筑体量，交通流线等空间与使用关系，体现对周边环境的尊重。在满足集散要求的基础上外部环境设计向开放化、多元化、休闲化、自然化方向发展，以提高环境的亲和性和吸引力。适应地方气候和展示地方文化的建筑构思和立意；开阔、优美的建筑室内空间环境；个性鲜明的景观外部环境让生态、文化、艺术、生命完美结合的设计理念得以淋漓尽致的展现。强调人与自然的亲和力，追求时代手法，采用"超前性、科学性、可实施性、可持续性"的发展指导思想，突出精品意识、生态意识、环保意识，创造出既有现代气息，又有地方特征且形成标志性和智能化的区域建筑。

23. 图书馆透视图（图 7-1-69）

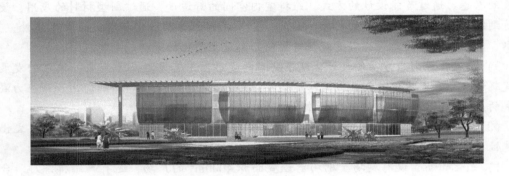

图 7-1-69　图书馆透视图

24. 图书馆立面图（图 7-1-70）

图 7-1-70　图书馆立面图

25. 文化馆新馆透视图（图7-1-71）

图 7-1-71　文化馆新馆透视图

26. 文化馆新馆立面图（图7-1-72）

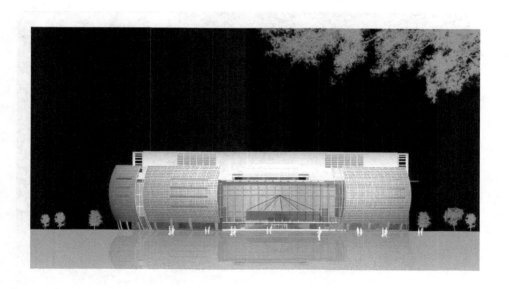

图 7-1-72　文化馆新馆立面图

27. 科技馆透视图（图 7-1-73）

图 7-1-73　科技馆透视图

28. 科技馆立面图（图 7-1-74）

图 7-1-74　科技馆立面图

29. 少儿文化活动中心透视图（图7-1-75）

图7-1-75 少儿文化活动中心透视图

30. 少儿文化活动中心立面图（图7-1-76）

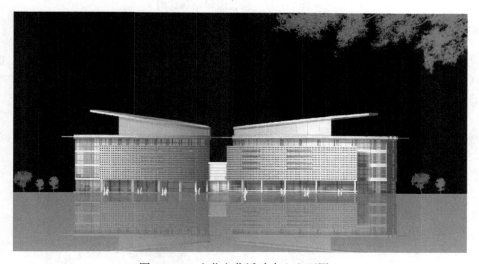

图7-1-76 少儿文化活动中心立面图

【复习思考】

（1）综合性公园的功能分区由哪些组成？在规划设计中分别需要注意哪些要点？

（2）综合性公园的规划设计的流程需要注意哪些问题？

（3）综合性公园在规划设计中如何考虑所给地形及周边环境？

【实训项目】

根据所学公园规划设计的相关知识，按照图7-1-77所给设计范围完成公园规划设计项目。

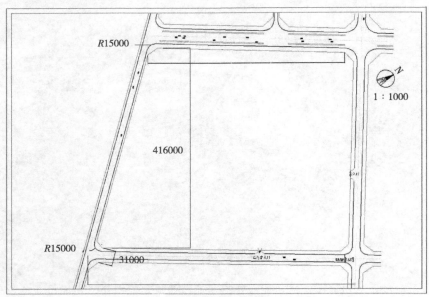

R15000

416000

1：1000

R15000

31000

总平面图1：1000
535000

图7-1-77　某公园绿地现状图

参考设计方案如图7-1-78所示。

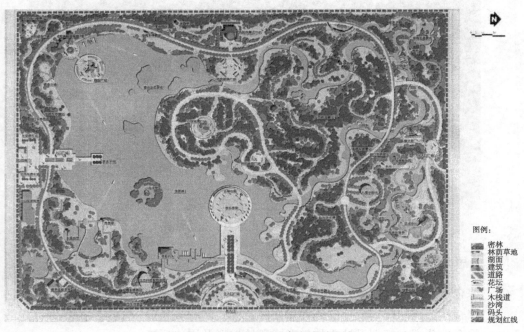

图例：
密林
林荫草地
湖面
建筑
道路
花坛
广场
木栈道
沙湾
码头
规划红线

图7-1-78　某公园绿地参考设计方案

任务二 专类公园规划设计

【设计任务】

根据设计范围完成生态公园项目的规划设计。

【任务分析】

(1) 首先从功能入手。功能首要是农林生产，满足科研，另外还要给游客提供充足的观光、休闲、体验的资源。

(2) 主题是以生态农业为基础，同时开展旅游农业，挖掘特色农业。

【知识链接】

一、专类公园的规划设计

(一) 植物园

1. 植物园的组成部分

综合性植物园主要分为两大部分，即以科普为主，结合科研与生产的科普展览区，以及以科研为主，结合生产的苗圃及试验区。此外，还有职工生活区。

(1) 科普展览区。目的在于把植物生长的自然规律，以及人类利用植物、改造植物的知识陈列和展览出来，供人们参观学习。主要内容如下：

1) 植物进化系统展览区。该区是按照植物进化系统分目、分科布置，反映出植物由低级到高级的进化过程，使参观者不仅能得到植物进化系统的概念，而且对植物的分类、各科属特征也有个概括了解。但是往往在系统上相近的植物，其对生态环境、生活因子要求不一定相近，在生态习性上能组成一个群落的植物，在分类系统上又不一定相近，所以在植物配置上只能做到大体上符合分类系统的要求。即在反映植物分类系统的前提下，结合生态习性要求、园林艺术效果进行布置。这样既有科学性，又切合客观实际，容易形成较优美的园林外貌。

2) 经济植物展览区。此区是展示经过收集以后认为大有前途，经过栽培试验确属有用的经济植物，为农业、医药、林业以及园林结合生产提供参考资料，并加推广。一般按照用途分区布置。如药用植物、纤维植物、芳香植物、油料植物、淀粉植物、橡胶植物、含糖植物等。

3) 抗性植物展览区。随着工业水平高速度的发展，所引起环境污染问题，不仅危害人民的身体健康，就是对农作物、渔业等也有很大的损害。植物能吸收氯化氢、二氧化硫、二氧化氮、氨等有害气体，早已被人们所了解，但是其抗有毒物质的强弱、吸收有毒气体的能力大小，常因树种不同而异，这就必须进行研究、试验、培育，把证明对大气污染物质有较强抗性和吸收能力的树种，挑选出来，按其抗毒物质的类型、强弱分组移植本区进行展览，为园林绿化选择抗性树种提供可靠的科学依据。

4) 水生植物区。根据植物有水生、湿生、沼泽生等不同特点，喜静水或动水的不同要求，在不同深浅的水体里，或山石溪流之中，布置成独具一格的水景园，既可普及水生植物方面的知识，又可为游人提供良好的休息环境。但是水体表面不能全被植物封闭，否则水面的倒影和明暗的变化都会被植物所掩盖，影响景观，所以经常要用人工措施来控制其蔓延。

5）岩石植物区。该区多设置在地形起伏的山坡地上，利用自然裸露岩石造成岩石园，或人工布置山石，配以色彩丰富的岩石植物和高山植物进行展出，并可适量修建一些体型轻巧活泼的休息建筑，构成园内一个风景点，用地面积不大，却能给人留下深刻的印象。

6）树木区。展览本地区或从国内外引进的一些在当地能够露地生长的主要乔灌木树种。此区一般占地面积较大，展览用地的地形、气候条件、土壤类型厚度都要求丰富些，以适应各种类型植物的生态要求。植物的布置，通常按地理分布栽植，借以了解世界木本植物分布的大体轮廓。也可以按分类系统布置，便于了解植物的科属特性和进化线索，究竟以何种形式布置，一般依照具体情况而定。

7）专类区。把一些具有一定特色、栽培历史悠久、品种变种丰富、用途广泛和观赏价值很高的植物，加以收集，辟为专区集中栽植，如山茶、杜鹃、月季、玫瑰、牡丹、芍药、荷花、槭树等任一种都可形成专类园，也可以由几种植物根据植物生态习性要求、观赏效果等加以综合配置，能够收到更好的艺术效果。以杭州植物园中的槭树、杜鹃园为例，此区以配置杜鹃、槭树为主。槭树树形、叶形都很美观，杜鹃花色彩艳丽，两者相配，衬以叠石，便可形成一幅优美的画面。但是它们都喜阴湿环境，故以山毛榉科的常绿树为上木，槭树为中木，杜鹃为下木，既满足了生态习性要求，又丰富了垂直构图的艺术效果。园中辟有草坪，设凉亭供游人休息，景色十分优美。

（2）苗圃及试验区。苗圃及试验区是专供科学研究和结合生产的用地。为了避免干扰，减少人为破坏，一般不对群众开放，仅供专业人员参观学习。主要包括如下内容：

1）温室区：主要用于引种驯化、杂交育种、植物繁殖、储藏不能越冬的植物以及其他科学实验。

2）苗圃区：植物园的苗圃包括试验苗圃、繁殖苗圃，移植苗圃、原始材料圃等，用途广泛，内容较多。苗圃用地要求地势平坦、土壤深厚、水源充足，排灌方便，地点应靠近实验室、研究室、温室等。用地要集中，还要有一些附属设施如荫棚、种子和球根储藏室、土壤肥料制作室、工具房等。

（3）职工生活区。植物园多数位于郊区，路途较远，为了方便职工上下班，减少城市交通压力，植物园应修建职工生活区，包括宿舍、食堂、托儿所、理发室、浴室、锅炉房、综合服务商店、车库等。布置同一般生活区。

2. 植物园的分区规划设计

总的原则是在城市总体规划和绿地系统规划指导下，体现科研、科普教育、生产的功能；因地制宜地布置植物和建筑，使全园具有科学的内容和园林艺术外貌。具体要求如下：

（1）明确建园目的、性质、任务。

（2）功能分区及用地平衡，展览区用地最大，可占全园总面积的 40%~60%，苗圃及试验区占全园总面积的 25%~35%，其他占全园总面积的 25%~35%。

（3）展览区是为群众开放使用的，用地应选择地形富于变化，交通联系方便，游人易到达为宜。

（4）苗圃是科研、生产场所，一般不向群众开放，应与展览区隔离。但是要与城市交通线有方便联系，并设有专用出入口。

（5）确定建筑数量及位置。植物园建筑有展览建筑、科学研究用建筑及服务性建筑三类。

1）展览建筑：包括展览温室、大型植物博物馆、展览荫棚、科普宣传廊等。展览温室和植物博物馆是植物园的主要建筑，游人比较集中，应位于重要的展览区内，靠近主要入口或次要入口，常构成全园的中心。科普宣传廊可根据需要，分散布置在各区内。

2）科学研究用建筑：包括图书资料室、标本室、实验室、工作间、气象站等。苗圃附属建筑还有繁殖温室、繁殖荫棚、车库等。

3）服务性建筑：包括植物园办公室、招待所、接待站、茶室、小卖部、食堂、休息亭廊、花架、厕所、停车场等，这类建筑的布局与公园情况大致相同。

（6）排灌工程：植物园的植物品种丰富，要求生长健壮良好，养护条件要求较高，因此在做总体规划的同时，必须做出排灌系统规划，保证旱可浇、涝可排。一般利用地势起伏的自然坡度或暗沟，以将雨水排入附近的水体中为主，但是在距离水体较远或者排水不顺的地段，必须铺设雨水管，辅助排出。一切灌溉系统（除利用附近自然水体外），均以埋设暗管为宜，避免明沟破坏园林景观。

3. 植物园的主要要素设计

（1）道路。首选植物园道路布局与综合性公园道路布局相同。道路系统不仅起着联系、分隔、引导作用，同时也是园林构图中一个不可忽视的因素。我国几个大型综合性植物园的道路设计，除入园主干道有采用林荫大道，形成浓荫夹道的气氛外，多数采用自然式布置。主干道对坡度应有一定的控制，而其他两级道路都应充分利用原有地形，形成路随势转又一景的错综多变格局。道路的铺装、图案花纹的设计应与周围环境相互协调配合，纵横坡度一般要求不严，但应该保证以平整舒服、不积水为准。

（2）植物。植物园的绿化设计，应在满足其性质和功能需要的前提下，讲究园林艺术构图，使全园具有绿色覆盖，形成较稳定的植物群落。在形式上，以自然式为主，创造各种密林、疏林、树群、树丛、孤植树、草地、花丛等景观。注意设置乔、灌、草相结合的立体、混交绿地。

具体收集多少种植物，每种收集多少，每株植物占面积多少，应根据各地各园的具体条件而定。

（二）动物园

1. 动物园的性质与任务

动物园是集中饲养、展览和研究野生动物及少量优良品种家禽、家畜的可供人们游览休息的公园。其主要任务是普及动物科学知识、宣传动物与人的利害关系及经济价值等，作为中小学生的动物知识直观教材、大专院校实习基地。在科研方面，研究野生动物的驯化和繁殖、病理和治疗方法、习性与饲养，并进一步揭示动物变异进化规律，创造新品种。在生产方面，繁殖珍贵动物，使动物为人类服务，还可通过动物交换活动，增进各国人民的友谊。

2. 动物园规划的原则、要求

动物园在规划设计时总原则是在城市总体规划、特别是绿地系统规划的指导下，依照动物进化论为原则，既方便游人参观游览，又方便管理。

（1）有明确功能分区，既互不干扰，又有联系，以方便游客参观和工作。

（2）动物的笼舍和服务建筑应与出入口、广场、导游线相协调，形成串联、并联、放射、混合等方式，以方便游人全面或重点参观。

（3）游览路线一般逆时针右转，主要道路和专用道路要求能通行汽车，以便管理使用。

（4）主体建筑设在主要出入口的开阔地上、全园主要轴线上或全园制高点上。

（5）外围应设围墙、隔离沟和林地，设置方便的出入口、专用出入口，以防动物出园伤害人畜。

3. 动物园的绿化设计

动物园绿化首先要维护动物生活，结合动物生态习性和生活环境，创造自然的生态模式。另外，要为游人创造良好的休息条件，创造动物、建筑、自然环境相协调的景致，形成山林、河湖、鸟语花香的美好境地。其绿化也应适当结合动物饲料的需要，结合生产，节省开支。

在园的外围应设置宽 30m 的防风、防尘、杀菌林带。在陈列区，特别是兽舍旁，应结合动物的生态习性，表现动物原产地的景观，既不能阻挡游人的视线，又要满足游人夏季遮阳的需要。在休息游览区，可结合干道、广场，种植林荫树、花坛、花架。在大面积的生产区，可结合生产种植果木、生产饲料。

4. 动物园功能分区

（1）宣传教育、科学研究区。是科普、科研活动中心，由动物科普馆组成，设在动物出入口附近，方便交通。

（2）动物展览区。由各种动物的笼舍组成，占用最大面积。以动物的进化顺序，即由低等动物到高等动物，即无脊椎动物、鱼类、两栖类到爬行类、鸟类、哺乳类。还应和动物的生态习性、地理分布、游人爱好、地方珍贵动物、建筑艺术等相结合统一规划。哺乳类可占用地面积 1/2 ~ 3/5，鸟类可占用地面积 1/5 ~ 1/4，其他占用地面积 1/5 ~ 1/4。因地制宜安排笼舍，以利动物饲养和展览，以形成数个动物的笼舍相结合的既有联系又有绿化隔离的动物展览区。

（3）服务休闲区。为游人设置的休息亭廊、接待室、饭馆、小卖部、服务点等，便于游人使用。

（4）办公管理区。行政办公室、饲料站、兽医站、检疫站应设在隐蔽处，用绿化与展区、科普区相隔离，但又要联系方便。

（5）员工生活区。分区设施是为了避免干扰和保持环境卫生，一般设在园外。

5. 动物园中的分区设施

分区设施是为了满足动物生态习性、饲养管理和参观的需要。

（1）动物活动区。包括室内外活动场地，串笼及繁殖室。室内要求卫生，通风排气，其空间的大小，要满足动物生态习性和运动的需要。

（2）参观游览区。包括入口进厅、参观厅廊、道路等。其空间比例大小和设备主要是保证游人的安全。

（3）设备管理及操作区。包括管理室、储藏室、饲料间、燃料堆放场、设备间、锅炉间、厕所、杂院等。其大小构造根据管理人员的需要而定。

（4）科普教育区。科普教育设施包括：演讲厅、图书馆、展览馆、画廊等。其他服务设施、交通道路、暖气等同综合性公园。

（三）儿童公园规划设计

1. 儿童公园的性质与任务

儿童公园是城市中儿童游戏、娱乐、开展体育活动，并从中得到文化科普及知识的专类公园。其主要任务是使儿童在活动中增强实践能力，锻炼身体，增长知识，热爱大自然，热爱科学，热爱祖国等，培养优良的思想品格。有综合性儿童公园、特色性儿童公园、小型儿童乐园等。

2. 儿童公园规划的原则要求

（1）按不同年龄儿童使用比例，心理及活动特点来划分空间。

（2）创造优良的自然环境，绿化用地占全园用地的50%以上，保持全园绿化覆盖率在70%以上，并注意通风、日照。

（3）大门设置道路网、雕塑等，要简明、醒目，以便幼儿寻找。

（4）建筑等小品设施要求形象生动，色彩鲜明，主题突出，比例尺度小，易为儿童接受。

3. 功能分区及主要设施

（1）幼儿活动区。既有6岁以下儿童的游戏活动场所，又有陪伴幼儿的成人休息设施。其位置应选在居住区内或靠近住宅100m的地方，150～200户的居住区内设一处，以方便幼儿到达为原则，其规模要求每位幼儿在10m²以上。其中应以高大乔木绿化为主，适当增设些游戏设施，如广场、沙坑、小屋、小玩具、小山、水池、花架、荫棚、桌椅、游戏室等，以培养幼儿团结、友爱及爱护公共财物的集体主义精神，还应配备厕所和一定的服务设施。在幼儿活动设施的附近要设置老人休息亭廊、座凳等服务设施，供幼儿父母等成人使用。

（2）幼年儿童活动区。7～13岁小学生活动场所，小学生进校后学习生活空间扩大，具有学习和嬉戏两方面的特征，以及成群活动的兴趣。其位置以日常生活领域为宜，要求设在没有汽车、火车等交通车辆通过的地段，以300m以内能到达为宜。一般在1000户的居住区内应设一处，其规模以每人30m²为宜，面积以3000m²为原则。其中植树以大乔木为主，除以上各种游乐运动设施外，还应增设一些冒险活动、幻想设施、女生的静态游戏设施、凉亭、座椅、饮水台、钟塔等。

（3）少年活动区。14～15岁以上，为中学生时代，是成年的前期，男女在性特征上有很大变化，喜欢运动与充分发挥精力。此区位置以居住区内少年儿童10min步行能到达为宜，故600m范围之内即可。规模以在园内活动少年每人50m²以上，整体面积在8000m²以上为好。其中设施除充分用大乔木绿化外，以增设棒球场、网球场、篮球场、足球场、游泳池等运动设施和场地为主。

（4）体育活动区。这是进行体育运动的场所，可增设一些障碍活动设施。儿童游戏场与安静休息区、游人密集区及城市干道之间，应用园林植物或自然地形等构成隔离地带。幼儿和学龄儿童使用的器械，应分别设置。游戏内容应保证安全、卫生和适合儿童特点，有利于开发智力，增强体质，不宜选用强刺激性、高能耗的器械。儿童游戏场内的建筑物、构筑物及室内外的各种使用设施、游戏器械和设备应结构坚固、耐用，要避免构造上的硬棱角；尺度应与儿童的人体尺度相适应；造型、色彩应符合儿童的心理特点；根据条件和需要设置游戏的管理监护设施。机动游乐设施及游艺机应符合《游乐设施安全规范》（GB 8408—2008）的规定；戏水池最深处的水深不得超过0.35m，池壁装饰材料应平整、光滑且不易脱落，池底应有防滑措施；儿童游戏场内应设置座凳以及避雨、庇荫时用的休憩设施；宜设置饮水器、洗手池。场内园路应平整，路边沿不得采用锐利的边角；地表高差变化应采用缓坡过渡，不宜采用山石和挡土墙；游戏器械的地面宜采用耐磨、有柔性、不易引起扬尘的材料进行铺装。

（5）管理区。设有办公管理用房，与活动区之间设有一定隔离设施。

另外，还有一些其他形式的特色性儿童公园，如交通公园、幻想世界等。交通公园在各大城市中已有专为教育儿童交通规则的游乐性公园，其面积可以考虑在 $2hm^2$ 左右，利用地形作道路交叉，以区分运动场、儿童游戏场的路线构成。在道路沿线设有：斑马线、交通标志、信号、照明、立交道、平交道、桥梁、分离带等，道路上设有微型车、小自行车以供儿童自己驾驶及儿童指挥等。在游乐过程中应有成人指导。放映室、幻想世界，可模拟著名儿童幻想故事情节，使儿童在游乐过程中将故事、历史情节等再现，或者对将来幻想世界趣味性再现，激发儿童的幻想乐趣。如美国迪士尼乐园、日本儿童天国等。

（四）体育公园规划设计

一直以来，体育活动及运动训练与绿化就有着密切的关系。早期，人们对一些具有简陋体育设施的地块进行绿化或将场地建在大片绿地附近；或直接建在草地上，后来逐渐发展到从建筑密度大的城市中划出一小块土地设置体育表演的设施。例如，19 世纪后期，在俄罗斯的主要城市彼得堡、莫斯科建造了网球场，通常在运动场上不再设重要的建筑，只在周围种些树木和花草即可。

而现代社会体育公园的建设与奥林匹克运动的传播有很大关系。各种体育场馆不断增加，同时在城市中也有部分没有大型建筑的公园，专为开展群众性体育活动而建造的。这些公园就是人们常说的体育公园（图 7-2-1）。

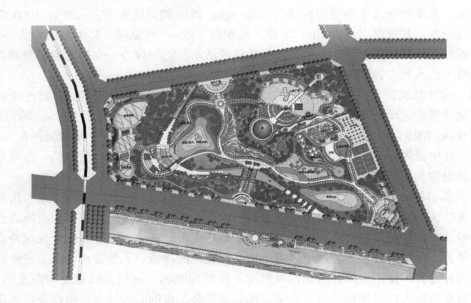

图 7-2-1　某运动体育公园规划设计平面图

1. 体育公园的功能分区

（1）室内体育活动场馆区。此区占地面积较大，一些主要建筑如体育馆、室内游泳馆及附属建筑均在此区内。另外，为方便群众的活动，应在建筑前方或大门附近安排相对面积比较大的停车场，停车场应该采用草坪砖铺地，安排一些花坛、喷泉等设施，起到调节小气候的作用。

（2）室外体育活动区。此区一般是以运动场的形式出现，在场内可以开展一些球类等体育活动。大面积、标准化的运动场应在四周或某一边缘设置一观看台，以方便群众观看体育比赛。

（3）儿童活动区。此区一般位于公园的出入口附近或比较醒目的地方。其用途主要是为儿童的体育活动创造条件，设施布置上应能满足不同年龄阶段儿童活动的需要，以活泼、欢快的色彩为主。同时，应以儿童易于接受的造型为主。

（4）园林区。园林区的面积在不同规模、不同设施的体育公园内有很大差别，在不影响体育活动的前提下，应尽可能增加绿地面积，以达到改善小气候条件、创造优美环境的目的。在此区内，一般可安排一些小型体育锻炼的设施，诸如单杠、双杠等。同时，老年人一般多集中在此区活动，因此，要从老年人活动的需要出发，安排一些小场地，布置一些桌椅，以满足老年人在此打牌、下棋等安静的活动内容。

2. 体育公园的细部规划设计

出入口附近，绿化应简洁、明快，可以结合具体场地情况，设置一些花坛和平坦的草坪。如果与停车场结合，可以用草坪砖铺设。在花坛花卉的色彩配置上，应以具有强烈运动感的色彩配置为主，特别是采用互补色的搭配，这样可以创造一种欢快、活泼、轻松的气氛，多选用橙色系花卉与大红、大绿色调相配。

体育馆周围绿化，一般在出入口处应该留有足够的空间，以方便游人的出入，在出入口前布置一个空旷的草坪广场，可以疏散人流，但是要注意草种应选择耐践踏的品种。结合出入口的道路布置，可以采用道路—草坪砖草坪—草坪的形式布置。在体育馆周围，应种植一些乔木树种和花灌木来衬托建筑本身的雄伟。道路两侧可以用绿篱来布置，以达到组织导游路线的目的。

体育场面积较大，一般在场地内布置耐践踏的草坪，如结缕草、狗牙根和早熟禾类中的耐践踏品种。在体育场的周围，可以适当种植一些落叶乔木和常绿树种，夏季可以为游人提供乘凉的场所，但是要注意不宜选择带刺的或对人体皮肤有过敏反应的树种。

园林区是绿化设计的重点，要求在功能上既要有助于一些体育锻炼的特殊需要，又能对整个公园的环境起到美化和改善小气候的作用。因此，在树种选择及种植方式上均应有特色。

在树种选择上，应选择具有良好的观赏价值和较强适应性的树种，一般以落叶乔木为主，北方地区常绿树种应少些，南方地区常绿树种可适当多些。为提高整个公园的美化效果，还应该增加一些花灌木。

儿童活动区的位置，可以结合园林区来选址，一般在公园出入口附近。此区在绿化上应该以美化为主，小面积的草坪可供儿童活动使用，少量的落叶乔木可为儿童在夏季活动时遮阳庇荫，而冬季又不影响儿童活动时对阳光的需要。另外，还可以结合树木整形修剪，安排一些动物、建筑等造型，以提高儿童的兴趣。如南阳李宁体育公园项目（图7-2-2）。

图 7-2-2　南阳李宁体育公园鸟瞰图

南阳李宁体育公园项目介绍

项目介绍：本项目位于南阳市宛城区东北部，处于中心城区的边缘，临近城市的"母亲河"——白河，设计的愿景是打造一个全民参与的体育综合公园，一个展示城市文化的门户公园以及一个焕发生机的自然滨水公园。

在低造价限制、工期紧张等不利的条件下，项目组因地制宜地采用了"一带三点"的"针灸"式的设计方式，对重要节点进行精心打造，对其他区域在现状基础上保留了场地内长势良好的大量现状树林，并通过选用观赏性较好的地域性草花组合进行大范围的景观提升，保证良好的视觉景观感受。

所谓"一带"是指以白河为依托所建立的连接场地南北两端的滨水慢行系统，同时结合休闲吧、生态湿地栈道、林下休息空间、亲水廊台等小型景观节点与设施共同构成滨河休闲景观带。

"三点"是指在设计中重点打造的南入口广场、庆典广场以及李宁体育馆周边区域等三处统领各自片区的重要节点。其中，南入口广场位于南阳大桥一侧，是展现园区形象的重要城市景观界面；庆典广场毗邻农运会主体育场并与之隔路相望，是满足人群聚集活动的重要场地，也是园区的主要形象展示界面之一；李宁体育馆周边区域则为建筑提供了高品质、人性化的周边环境。

在"一带三点"的大的景观格局模式下，结合儿童活动区、中老年人活动区、体育健身区等其他小型节点的设计，共同构成了南阳李宁体育公园整体的景观方案设计。

南阳李宁体育公园项目已经基本完成了主要的建设工作，虽然在个别区域仍有所遗憾，但总体取得了较好的景观效果，也为公司与设计团队在该类型项目的设计与操作、与业主沟通合作的方式等方面积累了重要经验。

（五）纪念性公园规划设计

1. 纪念性公园的性质

纪念性公园是为当地的历史人物、革命活动发生地、革命伟人及有重大历史意义的事件而设置的公园。例如，南京雨花台烈士陵园，是为纪念在解放战争时期被国民党反动派屠杀的共产党人和革命人民而设置的；中国抗日战争雕塑园，是为纪念在抗日战争中为国牺牲的先烈而修建的；日本广岛中央公园，属于为纪念二次世界大战期间，1945年8月6日美国在广岛投下一枚原子弹，有20万居民丧生这一事件而建造的，该公园取名为"和平公园"。另外还有些纪念公园是以纪念馆、陵墓等形式建造的，如南京中山陵、鲁迅纪念馆、南京大屠杀纪念馆等。

2. 纪念性公园的任务

纪念性公园是为颂扬具有纪念意义的著名历史事件和重大革命运动或纪念杰出的科学文化名人而建造的公园，其任务就是供后人瞻仰、怀念、学习等，另外，还可供游人游览、休息和观赏。

3. 纪念性公园的类型

（1）为纪念具有重大意义的历史事件的纪念性公园，如胜利、解放纪念日等而建造的。

（2）为纪念革命伟人而修建的公园，如故居、生活工作地、墓地等。

（3）为纪念为国牺牲的革命烈士而修建的公园，如纪念碑、纪念馆等。

4. 纪念性公园的功能分区与设施

纪念性公园在分区上不同于综合性公园，根据公园的主题及纪念的内容一般可分为以下几个区。

（1）公园的出入口（大门）。纪念性公园的大门一般位于城市主干道的一侧，因此，在地理位置上特别醒目，同时为突出纪念性公园的特殊性，一般在门口两侧用规则式的种植方式对植一些常绿树种。如果条件许可，在树种的造型上应做适当的修剪整形，这样可以与园内规则式布局相协调一致。一般在门外应设置大型广场，作为停车及疏散游人之用，例如北京抗日战争雕塑园，在其东门处就设置了一个数千平方米的广场，每逢纪念日，这里车流人流不断，同时，还可以在广场上布置花坛和喷泉。相反，在宛平城内的抗日战争纪念馆，由于其地理条件限制，没有设置此广场所以造成停车困难。

另外，在大门入口内，可根据情况安排一个小型广场，其作用除了具有疏散游人作用之外，还可以与纪念区的广场取得呼应，广场周围以常绿乔木和灌木为主，突出其庄严、肃穆的气氛。

（2）纪念区。该区一般位于大门的正前方，从公园大门进入园区后，直接进入视线的就是纪念区。在纪念区由于游人相对较多，因此应有一个集散广场，此广场与纪念物周围的广场可以用规划的树木、绿篱或其他建筑分隔开，如果纪念性主体建筑位于高台之上，则可不必设置隔离带。在纪念区，一般根据其纪念的内容不同而有不同的建筑和设施，如果为纪念碑，则纪念碑应为建筑中最高大的建筑，且位于纪念广场的几何中心，纪念碑的基座应高于广场平面，同时在纪念碑体周围有一定的空间作为纪念活动使用，例如可摆放花圈、鲜花等。

纪念馆则应布置在广场的某一侧，馆前应留有足够场地作为人们集散使用，特别是每逢具有纪念意义的日期，群众活动会增多，因此，设置此广场就更有意义。

对于纪念性墓地为主的纪念性公园，一般墓地本身不会过高大，因此，为使墓地本身在构图中突出，应在墓地周围避免设置其他建筑物，同时，还应使墓地三面具有良好的通视性，而另一面应布置松柏等常绿树种，以象征革命烈士永垂不朽的革命精神。

（3）园林区。园林区的主要作用是为游人创造一个良好的游览观赏内容，一般在纪念性公园内，游人除了进行纪念活动外，还要在纪念活动之后，在园内进行游览或开展娱乐活动，因此，设置此区可以调节人们紧张激动的情绪。

在布局上应以自然式布局为主，不管在种植上还是在地形处理上。在地形处理上要因地制宜，自然布局，一些在综合性公园内的设施均可在此区设置，诸如一些花架、亭、廊等建筑小品，如果条件许可，还应设置一些水景，一些休息性的座椅等也是必不可少的，总之，休息区要创造一种活泼、愉快的欢乐气氛，同时具有很好的观赏价值。

5. 纪念性公园的绿化种植设计

纪念性公园的种植设计，应与公园的性质及内容相协调，但由于公园在功能分区上是由两个内容不同的区域组成的，因此，在植物选择上应有较大区别。例如纽约的艾滋病纪念绿三角项目（图7-2-3～图7-2-5）。

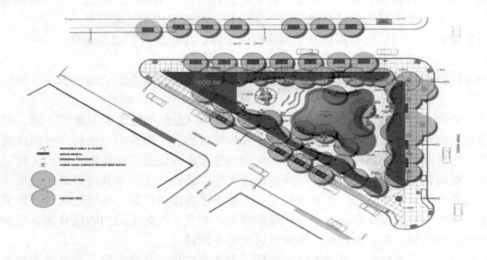

图7-2-3　纽约的艾滋病纪念绿三角项目平面图

图7-2-4　纽约的艾滋病纪念绿三角透视图（一）

图 7-2-5　纽约的艾滋病纪念绿三角透视图（二）

6. 纽约的艾滋病纪念绿三角项目介绍

纽约的艾滋病纪念绿三角位于一小块三角形街心绿地的锐角顶端。设计的概念来源于下面这些社区的意见：独特感，现代而不突兀，开放，禅，让人冥思；有强大的叙事性，超越时间，表达继续活下去的欲望，将故事融入其中；成为现有公园的一部分，鲜明但是和谐，有葱郁的绿色，有水，具备多视野和多入口。纪念绿三角从几个相关的元素中得到灵感：茂密的树林，视觉冲击力和树冠如房屋的庇护性：①形成一个类似树冠的顶定义空间区域；②一个静水流泉让人反思冥想；③一个拥有故事表达的铺装，教人们在此交流和了解。构架结构轻盈，简练。上面覆盖着季相变化鲜明的攀缘植物。地面的石材色彩素雅，靠不同的纹理和雕琢，并用浅对比色进行区分。桌椅造型简单，存在却又安静，仿佛是构架的一部分。节能的照明设计力求明亮安全，突出纪念构架本身，营造安静的氛围。

【规划设计】

1. 现状分析

石公村杨梅观光示范基地周边虽然交通便利，但基地内部没有环绕整个基地的道路系统，丘陵山区内仅有多条果农生产简易道路，无法满足游客的自主采摘和登山旅游活动需求，因此需要重新构建道路网络系统。西山岛杨梅虽然名扬天下，但是没有划定传统名种浪荡子和乌梅种的种质资源核心保护区，对于杨梅种质资源的保护和发展不利。而且由于杨梅的成熟期短，易腐烂，石公村的杨梅产量大，基地内缺乏冷库储藏设施，浪费情况较严重。另外，基地内也缺乏展示、交易、休闲、采摘、蓄水池、排水沟渠等生产和配套观光设施，难以打造"一村一品"杨梅村的示范地位（图 7-2-6）。

2. 规划目标和项目定位（图 7-2-7）

（1）规划目标。以石公山景区、明月湾古村等旅游景点为载体，以便利齐备的旅游配套设施为依托，具有良好的自然环境，山水相依、气候宜人、风光秀丽，开展休闲度假型的观光采摘旅游活动。为人们提供一处集旅游观光、生态采摘、休闲娱乐为一体的现代生态果园。

（2）项目定位。主题定位：旅游农业、生态农业、特色农业。

功能定位：农林生产、科普、交易、观光、休闲、体验。

名优果品：乌梅种、浪荡子。

图 7-2-6　现状分析图

旅游者：生态观光休闲方式。

市民：农业采摘体验、大众休闲空间。

专业人士：交流考察基地。

图 7-2-7　规划目标展示图

3. 景观主题（图 7-2-8）

图 7-2-8　景观主题意向图

"果韵茶香，生态农业"

（1）游山玩水、采杨梅、品梅果，打造集自然保护、观光游玩、农业生产为整体的生态观光园区。

（2）将山、水、林、田、农等景观及乡土特色融为一体的休闲体验游览区。

（3）大力发展石公村杨梅特色农业，提高村民农业收入。

（4）创造一个展现新农村建设风采的都市田园风景生态区。

4. 规划构思 （图7-2-9）

（1）根据基地现状建设杨梅观光示范区，在示范区内设立停车场、宣传栏等设施，建立交易展示及办公中心、杨梅包装车间及冷库储存等配套生产服务设施，增强产品销售和旅游接待能力。

（2）在示范基地内进行合理的功能分区，并在各个功能区中设计满足各个区功能的设施和场所，满足工作人员和旅游者等不同人群的使用需求。

（3）建立游人休憩场所，增设茅草圆亭、原木屋等建筑，提供休闲、饮茶、聚会等空间。

（4）建立生产用房，开挖沟渠、蓄水池，满足农业基础生产要求。

（5）开辟乌梅种、浪荡子核心保护区和自由采摘区域，满足优良品种保护、科研、新技术推广和采摘体验。

（6）增设环绕基地的交通路线，满足游客的自主采摘和登山旅游活动需求。

图7-2-9 规划构思意向图

5. 观光果园规划红线图 （图7-2-10）

6. 观光果园总体规划图 （图7-2-11）

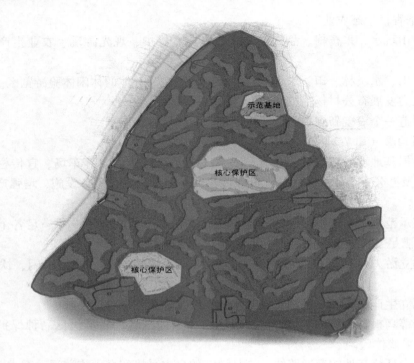

示范基地：200亩

核心保护区：450亩

观光果园总面积：4300亩

———— 规划红线

⬤ 近期规划范围

⬤ 远期规划范围

图 7-2-10 观光果园规划红线图

❶ 周边民居村落

❷ 观景亭

❸ 登山步道

❹ 排水沟渠

❺ 简易停车场

❻ 生产蓄水池

N

0 100 200   500(M)

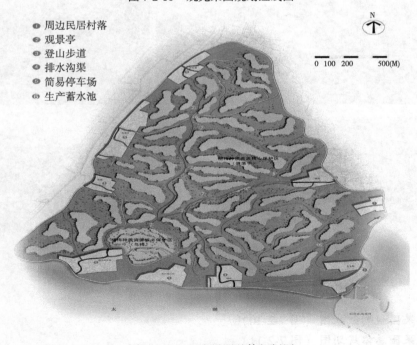

图 7-2-11 观光果园总体规划图

7. 总平面图（图 7-2-12）

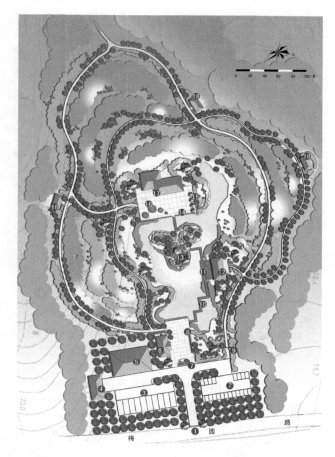

图 7-2-12　总平面图

1—入口仿树大门　2—旅游停车场　3—货车停车场　4—包装车间　5—果品冷库
6—展示交易中心　7—标志景石　8—基地宣传栏　9—景墙园门　10—木曲桥
11—亲水平台　12—休闲茶室　13—湖心茅草亭　14—木护栏　15—树坛围椅
16—水生植物观赏平台　17—管理用房　18—生产用房

8. 鸟瞰图（图 7-2-13）

图 7-2-13　鸟瞰图

9. 功能分区图（图 7-2-14）

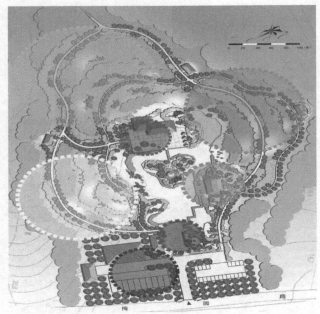

◯ 储藏物流区　◯ 饮茶休闲区　◯ 浪荡子采摘区　◯ 生态种植区

◯ 游客集散区　◯ 管理服务区　乌梅采摘区

图 7-2-14　功能分区图

10. 交通分析图（图 7-2-15）

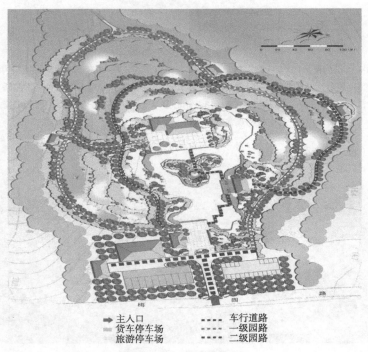

➡ 主入口　　　　------ 车行道路
🚛 货车停车场　　------ 一级园路
🚌 旅游停车场　　------ 二级园路

图 7-2-15　交通分析图

11. 大门设计方案图（图7-2-16）

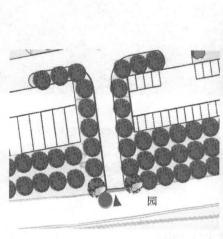

基地大门意向图（一）

基地大门意向图（二）

基地大门草图方案

图7-2-16　大门设计方案图

12. 大门透视图（图7-2-17）

13. 基地综合楼方案（图7-2-18）

示范区大门是基地对外展示的重要形象，在设计上以"杨梅"为主题，将自然生态的设计元素融入其中，使大门形象与杨梅示范基地融为有机整体，体现了绿色生态的概念。同时大门枝繁叶茂的形象也象征着杨梅示范基地的事业繁荣发展、前程锦绣，起到很好的宣传作用。同时，将基地传达室的处理与仿生树干巧妙结合，更好地将大门、传达室充分融入自然界，成为杨梅生态园的有机组成部门。

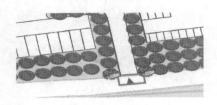

图 7-2-17　大门透视图

综合楼正立面草图

综合楼侧立面草图

综合楼是示范基地重要的配套办公服务建筑，在基地的中央位置设计一座300m²左右的两层建筑，一层是交易、展示、储藏、游客休憩厅，二层为基地工作人员办公室，建筑风格采取当地民居建筑风格。

建筑风格意向图（一）

建筑风格意向图（二）

图 7-2-18　基地综合楼方案

14. 茶室方案图（图 7-2-19）

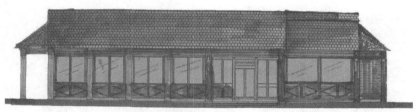

茶室正立面草图

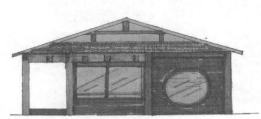

茶室侧立面草图

茶室风格意向图

茶室风格意向图

图 7-2-19　基地茶室方案图

15. 基地景墙效果图（图 7-2-20）

在杨梅园游客入口处设计了一面景墙，墙体开洞门取苏州园林之精华。既强调了入口的作用又增加了观赏性，让果韵茶香的意境聚于园内。

景墙位置

图 7-2-20　基地景墙效果图

16. 基地步道铺装示意图（图 7-2-21）

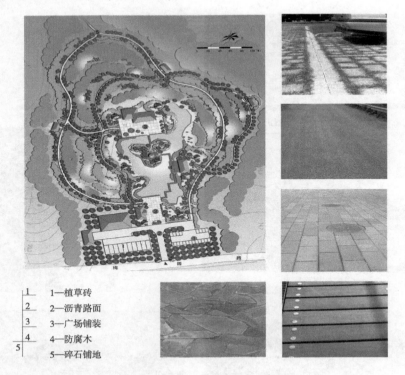

1—植草砖
2—沥青路面
3—广场铺装
4—防腐木
5—碎石铺地

图 7-2-21　基地步道铺装示意图

17. 基地指示牌示意图（图 7-2-22）

宣传栏立面图

宣传指示系统说明

为方便游客观光游览以及对示范基地的了解，在示范基地内设立宣传栏指示牌，极大方便游客。这些设施采用原始生态材料，另外在形式上与基地建筑形式相得益彰，体现了地方特色，同时提升了基地文化品味。

图 7-2-22　基地指示牌示意图

18. 丘陵山区水利设施规划设计图（图 7-2-23）

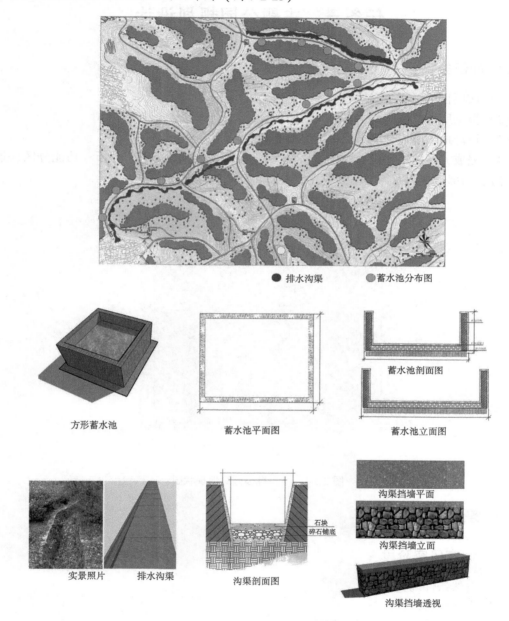

图 7-2-23 丘陵山区水利设施规划设计图

【复习思考】

（1）动物园在规划设计中如何设置功能分区？

（2）植物园的景色分区可以按照怎样的原则或规律进行设计？

（3）儿童公园的规划设计与综合性公园有哪些方面的不同？

（4）体育公园的规划设计中需要注意哪些设计要点？

任务三 主题公园规划设计

【设计任务】

（1）该项目位于哈尔滨某区，地势平坦。

（2）根据所给范围完成主题公园的规划设计。

（3）设计地块周边环境与场地大小如图7-3-1所示。

（4）完成方案的扩初设计，图纸可分为总平面、分析图（道路分析、功能分区、景观分析等）、局部透视图及局部平面节点放大图。

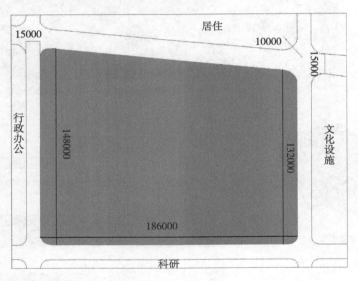

图 7-3-1　某主题公园绿地现状图

【任务分析】

一、调查研究阶段

（1）自然条件调查。

（2）人文资料调查。

（3）区位条件及现状条件分析。

二、概念设计阶段

（1）明确公园规划设计的目标与主题。

（2）提出绿地规划设计原则。

三、总体规划阶段

（1）总体布局规划。

（2）功能分区、景色分区规划。

（3）景观布局。

（4）种植规划。

四、扩初设计阶段

（1）景点的布局与设计。

（2）建筑、小品的组合关系、布局与形式。

（3）植物的配置，包括植物品种的选择、规格、数量的确定。

（4）山体与水系的景观细部设计，所占面积及设施的安排。

【知识链接】

一、主题公园的类型

（1）主题公园。把各种主题色彩的景观和娱乐设施建造在一起的娱乐场所。

（2）按旅游体验类型分类。游乐型主题公园、情景模拟型主题公园、观光型主题公园、主题型主题公园、风情体验型主题公园。

（3）按功能和用途分类。微缩景观类、影视城类、活动参与类、艺术表演类、科幻探险类。

目前中国主要有：

一是以异国地理环境和文化为主题，如北京世界公园、无锡世界奇观、深圳世界之窗、广州世界大观园、天津杨村小世界、成都世界乐园等。

一是以民族文化和民俗风情为主题，如北京中华民族园、深圳中华民俗文化村、深圳世界之窗、昆明云南民族村等。

一是以水上运动为主题，如苏州水上乐园、上海热带风暴、佘山水上乐园等。

一是以科技为主题，如各式各样的时空变幻乐园——上海梦幻乐园、厦门时空梦幻乐园、杭州未来世界等。

一是以文学、历史题材为主题，如上海大观园，北京大观园，无锡的唐城、三国城、水浒城，杭州的宋城等。

其他的还有以各种神话与传说色彩的故事为主题的游乐园，如一系列的鬼城、西游记宫等。

二、主题公园的规划设计

主题公园的设计要素，可以概括为主题内容、表达方式、空间形态和环境氛围。在主题公园的设计中，要兼顾其功能性、艺术性和技术可行性，要满足大多数游人的审美情趣和精神需求，并将生态造景的观点贯彻始终。如深圳华侨城欢乐谷二期主题公园的规划设计，将自然生态环境和生物群落作为设计主题，在老金矿区、飓风湾区、森林探险区和休闲区4个主题景区的设计中，始终将各主题的故事线索贯穿于娱乐设施、景观设置及绿化配置中，将参与性、观赏性、娱乐性、趣味性融于一体，是一座主题鲜明、高科技的现代化主题公园。

（一）主题性原理

主题是一个主题公园的核心和特色，主题的独特性是主题公园成功的基石，是该公园区别于其他主题公园、游乐场的关键所在。确定特色鲜明的主题是使游乐园富于整体感和凝聚力的重要途径，也是一个主题公园进行策划、构思、规划设计的第一步。主题公园中内容的选择和景观的组织都应是围绕着该公园的特定主题进行的。因此，主题的选择和定位对主题公园的环境形象、整体风格都会产生重要的影响。如波特兰女英雄步行公园，坐落在波特兰州立大学（PSU）的校区，纪念那些为个体、PSU、社区、州或国家做出重大贡献的女性。由 PSU 女性研究项目的教员和学生所发起和组织，2000 个杰出女性的名字镌刻在此空间的墙壁上。挑选这些女性的人们深感她们的故事和伟绩对人们的生活影响至深，十分值得纪念。女英雄步行公园的亮点：一个水景展示区，由三股照明喷射流和一个浅"滩"构成，是此空间的主要焦点。它代表了生活的本质，向所有母亲致敬。鸢尾花小溪用于处理暴雨雨水，用于纪念启动医疗保健系统的母亲约瑟夫。花岗石名字墙、长凳、雕塑圆石、舞台墙体雕塑、艺术铺装、树木和五彩季节花园等的建造都是基于向某位女英雄表达敬意的捐赠（图 7-3-2 ~ 图 7-3-4）。

图 7-3-2　景观实景展示图（一）

图 7-3-3　景观实景展示图（二）

图 7-3-4　景观实景展示图（三）

如何利用造园各要素表达出所要体现的主题内容是公园设计中重点考虑的问题，充分发挥各类建筑、道路、广场、建筑小品、植物等要素的造景功能，结合文化、科技、历史、风情等内容可创造出丰富的主题内涵。

1. 主题公园所在城市的地位和性质

主题公园所在城市与公园的发展有着密切的关系。一个城市的地位和性质决定了建在该城市的主题公园是否能够拥有充足的客源，该公园是否可以持续运营、有序发展。如北京作为全国政治文化中心，游客量大，人们到北京后也希望能游览、了解到中国传统、典型的风土人情，而世界公园的建设就顺应了这些要求。

2. 主题公园所在城市的历史与人文风情

一座城市的历史记载着这个城市的发展历程，人们希望了解这座城市的文化底蕴、风土人情等，主题公园的选材相应地也要从历史文脉与人文风情方面入手。

3. 注重参与性

游客已单纯从观光旅游转为要求参与到公园项目中，即从被动转为主动，并要求不断有新鲜的要素融入，具有新鲜感和特色性。例如沃特·迪士尼在进行迪士尼乐园设计构思时，把游人也作为表演者。他认为，观众不参与，主题公园中精心设计的各种表演都只是客观存在，而将游客带动参与进来，才是主题公园设计中真正的意义所在。

（二）表现手法

主题公园的设计与城市公园的设计有公共之处，如地形的处理，空间的处理等，但由于其突出主题性、参与性，所以主题公园的设计更有其特别之处。许多的主题公园在突出"乐"上做文章，以游乐参与作为其重头戏，故其设计也应相应借鉴、综合一些娱乐设施、场所的设计手法。

1. 空间与环境设计

主题公园通过优美的空间造型，创造出丰富的视觉效果。形成空间的元素有建筑物、铺装材料、植物、水体、山石等，这些元素的不同组合可产生或亲切质朴或典雅凝重或轻盈飘逸或欢快热烈的空间效果。我国造园艺术源远流长，风格独特，在主题公园的设计中体现民族的特点，突出园林风格，将优美的园林景致和现代化的娱乐设计、特色主题内容相结合，是我国许多大中型主题公园的特色。

2. 内容与主题设计

做好"游戏规则"的运用。"游戏规则"是指用游戏或拟态等方式诱导人们对环境的体察、感知，激发人们对活动的参与性，这种游戏规则可以是时间性的，也可以是情节性的。其突出的特点是让游客以从未经历过的新奇方式参与到游乐活动之中，通过游人的参与，成功诱发人们对环境的兴趣。让游人感受到自己是乐园环境的一分子进而融入乐园之中，增强游乐内容和环境的吸引力。在迪士尼乐园，游客在体验某种游戏或场景时，很少是作为观众出现的，而几乎都是以参加者的身份出现；在未来乐园，游人乘坐飞船在太空山里盘旋遨游；在幻想乐园，游人被带到白雪公主和7个小矮人的森林和钻石矿中；在西部乐园，游人用老式步枪在乡村酒吧中射击，乘坐采矿列车在旧矿山中穿梭，体验西部开拓时代的生活。

3. 游乐大环境的塑造

例如参照中国传统庙会手法，创造富有弹性的大娱乐环境。中国传统庙会的布局是将大型马戏、杂技、戏剧、武术等表演场置于中心部位，四周用各种摊点、活动设施、剧场、舞台等创造一个围合空间——中心广场，各处有路通向广场，形成一个气氛热烈的活动区域，各种活动内容在广场附近展开。这种琳琅满目的铺陈手法在现代主题公园的规划设计中可以进行借鉴，将娱乐资源聚集在一个相对集中的场地中，形成热闹、欢快的游乐大环境。

（三）园内园林景观设计

主题公园与城市公园的植物景观规划有很多互通之处，其首要之处是创造一个绿色的环境，营造生态的绿色氛围。主题公园的绿地率一般都应在70%以上，这样才能创造一个良好的适于游客参观、游览、活动的生态环境。许多精典的主题公园，都拥有优美的环境，使游人不但体会主题内容给予的乐趣，而且可以在林下、花丛边、草坪上享受植物给予人们的清新和美感。植物景观规划可以从以下5个方面重点考虑：

（1）绿地形式采用现代园艺手法，成片、成丛、成林，讲究群体色彩效应，乔、灌、草相结合，形成复合式绿化层次，利用纯林、混交林、疏林草地等结构形式组合不同性格的绿地空间。

（2）各游览区的过渡都结合自然植物群落进行，使每一游览区都掩映在绿树丛中，增强自然气息，突出生态造园。

（3）采用多种植物配置形式与各区呼应，如规则式场景布局采用规则式绿地形式，自由组合的区域布局则用自然种植形式与之协调，使绿地与各区域形成一个统一和谐的整体。

（4）植物选择上立足于当地乡土树种，合理引进优良品系，形成乐园自己的绿地特色。

（5）充分利用植物的季相变化增加乐园的色彩和时空的变幻，做到四季景致各不相同，丰富游览情趣。常绿树和落叶树、秋色叶树的灵活运用，季相配置，以及观花、观叶、观干树种的协调搭配，可以使乐园中植物景观丰富多彩，增强景观的变化。

【规划设计】

案例分析

1. 总平面图（图7-3-5）

2. 鸟瞰图（图7-3-6）

3. 分析图

（1）结构分析图（图7-3-7）。

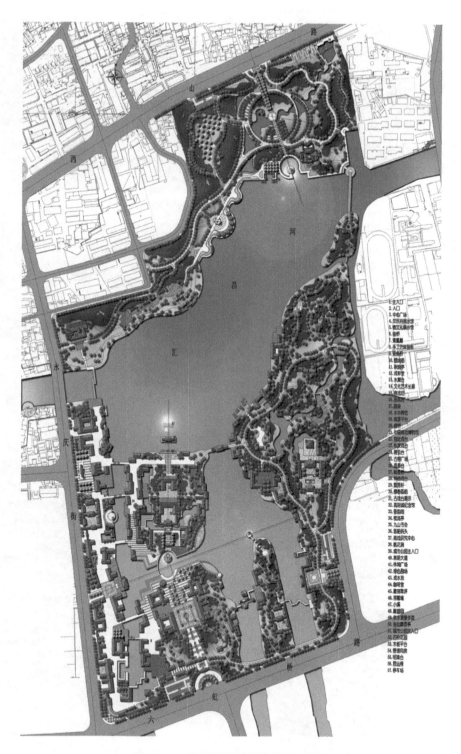

图 7-3-5　某公园规划设计总平面图

图 7-3-6　某公园规划设计鸟瞰图

图 7-3-7　结构分析图

（2）交通分析图（图7-3-8）。

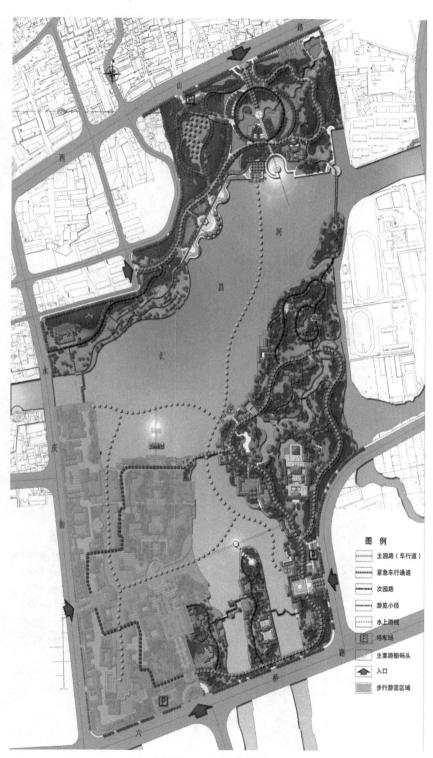

图7-3-8 交通分析图

（3）景观分析图（图 7-3-9）。

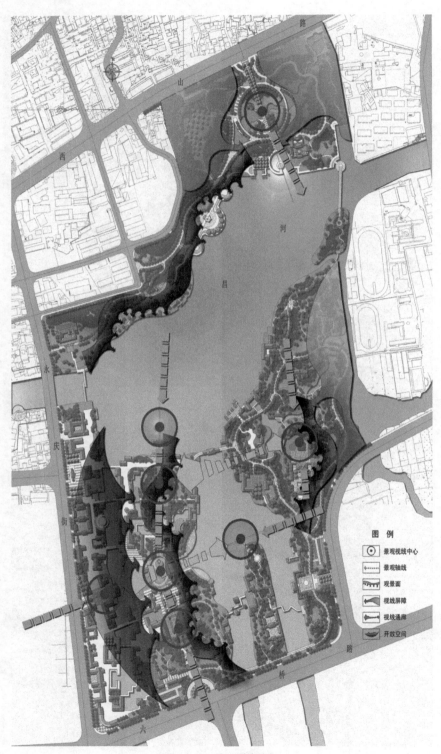

图 7-3-9　景观分析图

4. 分区平面图

（1）博物馆区平面图（图7-3-10）。

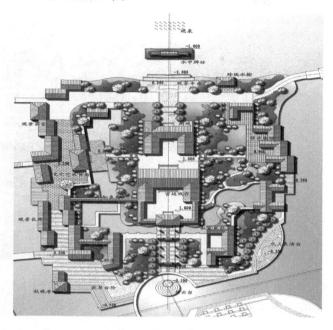

图7-3-10　博物馆区平面图

（2）民俗体验区平面图（图7-3-11）。

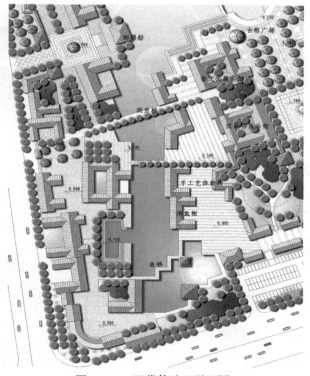

图7-3-11　民俗体验区平面图

5. 透视图

（1）河岸透视图（图 7-3-12）。

图 7-3-12　河岸透视图

（2）仿古街透视图（图 7-3-13）。

图 7-3-13　仿古街透视图

（3）庭院透视图（图 7-3-14）。

图 7-3-14　庭院透视图

（4）广场透视图（图7-3-15）。

图 7-3-15　广场透视图

【复习思考】

（1）主题公园一般有哪些类型？

（2）主题公园在规划设计中如何更好地突出主题？

项目 八 屋顶花园规划设计

(1) 了解屋顶花园的基本知识。
(2) 了解屋顶花园的构造技术。
(3) 了解屋顶花园的植物选择。
(4) 掌握各类屋顶花园的设计要领。

能够进行各类屋顶花园的规划设计。

任务一　屋顶花园基础设计

【设计任务】

调查常见的屋顶花园，进行对比、分析、总结，并列表对比，分析常见屋顶花园的功能与特点，分析各屋顶花园在规划设计过程中的异同之处，了解各类屋顶花园规划设计、绿化设计的特点。

【任务分析】

屋顶花园的主要功能作用、设计要点有哪些？

【知识链接】

随着社会的进步和发展，人们的居住条件得到了较大改善，城市中高楼的密度越来越大，生活在城市中的人们更加渴望改善生态环境、增加绿地面积。屋顶花园的建造，使人们更加接近绿色环境。一般屋顶花园都与居室、起居室和办公室相连，比室外花园更接近生活。屋顶花园的发展趋势是将屋顶花园引入室内，形成绿色空间向建筑室内渗透的趋势。因此，可以看到人们在城市开发过程中，充分利用各边脚露地，增加绿地面积，"见缝插绿"。在城市规划和开发过程中，首先考虑的是绿地面积指标，即使这样，还有很多方面达不到人们预期的目的，在这种形势下，利用各种建筑物屋顶开辟园林绿地，营造屋顶花园，已成为各国城市建设中的一项重要内容。

（一）屋顶花园定义

屋顶花园是一种特殊的园林形式，狭义上它是以建筑物顶部平台为依托，进行蓄水、覆土并营造园林景观的一种空间绿化美化形式（图8-1-1）。

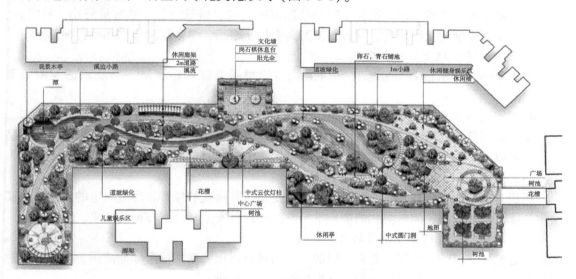

图8-1-1 屋顶花园总体布局

广义上屋顶花园不仅包括屋顶绿化，还包括一切与地面有一定高度、一切不与地面自然土壤相接触的各种绿化设计，即它是在各类古今建筑物、构筑物、城围、桥梁（立交桥）等的屋顶、露台、天台、阳台或大型人工假山山体上进行造园，种植树木花卉的统称。

（二）屋顶花园的功能

屋顶花园与地面绿化相比有其特殊的功能，主要表现在以下几个方面：

（1）节约土地，增加绿化面积。

（2）降温作用，缓解城市"热岛"效应。

（3）调节空气湿度、降低噪声、提高空气质量。

（4）蓄水功能。未绿化的屋顶约有 80% 的雨水流入地下管道，而绿化过后的仅有 30% 流入地下管道。

（5）调节顶楼温度，实现低碳节能的功能。绿化可以实现恒温作用，绿化后的屋顶成为冬暖夏凉的"绿色"空调，可使室内空调的容量降低 6%，有利于实现低碳节能的功能。

（6）保护建筑物。绿化能使屋顶减轻阳光暴晒引起的热胀冷缩，保护建筑物防水层及屋面，建筑物防水系统的平均寿命可从 15 年延长到 30 年。

（7）愉悦心情、释放压力。从城市高处向下看，杂乱无章的建筑屋顶转变为生机勃勃的生态花园，同时人可以进入其中进行游览和休闲。

（三）屋顶花园的特点

屋顶花园由于其所在场址特殊，受到各种自然条件的限制，因此其生态环境与地面有明显不同，在土壤基质、植物选择、屋顶荷载、屋顶防水等方面均有较大的差异。

1. 屋顶栽培基质保水、保肥、恒温能力差

由于屋顶绿化的下垫面大都是混凝土，且屋顶日照强度大，风力大，植物蒸腾作用强烈，导致种植土容易缺水，需要设置喷灌系统或者滴灌系统，而若喷灌、滴灌次数控制不好，很容易使土壤中养分随灌溉水流失，导致土壤肥力不足。

2. 由于屋顶荷重限制，土壤层较薄，恒温性差

受到建筑物荷重的限制，屋顶花园种植层厚度较浅、质量较轻、热容量较小，易吸热、易散热，土壤温度变化幅度大，夏天温度过高会灼伤根系，冬季则又会冻坏植物根部。

3. 屋面防渗处理是重点和难点

屋顶花园的防水设计是难点，同时屋顶植物根系会破坏防水层，导致渗透现象频繁发生。

4. 植物选择抗性强的草本和藤本

由于屋顶荷重以及土壤层较薄等原因，植物应选择植株较小、质量较轻、根系较浅的品种，一般以草本为主，适当搭配灌木，较少用到乔木，同时抗性强、耐瘠薄植物为首选。

（四）屋顶花园设计原则

屋顶花园的设计不同于一般的花园，这主要是由其所在的位置和环境决定的。在满足其使用功能、绿化效益、园林美化的前提下，必须注意其安全和经济方面的要求。

1. "实用"是营造屋顶花园的最终目的

建造屋顶花园的目的就是要在有限的空间内进行绿化，增加城市绿地面积，改善城市的生态环境，同时，为人们提供一个良好的生活与工作场所。

不同性质的屋顶花园应有不同的设计内容，包括园内植物、建筑、相应的服务设施。但不管什么性质的花园，其绿化应放在首位，一般屋顶花园的绿化（包括草本、灌木、乔木）覆盖率最好在 60% 以上，只有这样才能真正发挥绿化的生态效应。其植物种类不一定很多，但要求必须有相应的面积指标作保证，缺少足够绿色植物的花园不能称之为真正意义上的花园。

2. "精美"是屋顶花园的特色与造景艺术的要求

如何利用有限空间创造出精美的景观，这是屋顶花园不同于一般园林绿地的区别所在。"小的一定是精品"，这句话用在对屋顶花园的评价上是最恰当不过的了。

屋顶花园设计时必须以"精"为主，以"美"为标，其景物的设计、植物的选择均应以"精美"为主，在各种小品的尺度和位置上都要仔细推敲，同时还要注意使小尺度的小品与体形巨大的建筑取得协调。

另外还要注意用丰富的植物色彩来淡化建筑的单一色调，通过对比突出其景观效果。同时还注意植物的季相景观问题，在春季应以绿草和鲜花为主；夏季以浓浓的绿色为主；秋季应注意叶色的变化和果实的观赏。

3. "安全"是屋顶花园营造的基本要求

在地面建园，可以不考虑其质量问题，而把地面的绿地搬到建筑的顶部，则必须注意其安全指标，这种"安全"，一是屋顶本身的承重，二是游人在游园时的人身安全。

4. "创新"是屋顶花园的风格

虽然屋顶花园均是在楼顶建造的，但其性质和用途（服务对象）还是有区别的。屋顶花园内的建筑与植物类型要结合当地的建园风格与传统，要有自己的特色。在同一地区，不同性质的屋顶花园也应与其他花园有所不同，不能千篇一律，特别是在造园形式上要有所创新。比如在北京长城饭店的屋顶花园与北京丽京花园别墅的屋顶花园就各具特色。当然把好的设计方案作为参考是可以的，但要看具体的条件和性质，切忌照搬照抄。

5. "经济"是屋顶花园设计与营造的基础

评价一个设计方案的优劣不仅仅是看营造的景观效果如何，还要看是否实用、经济，也就是在投资上是否能够实现。一般情况下，在屋顶建造同样的花园要比在地面上的投资高出很多。因此，这就要求设计者必须结合实际情况，做出全面考虑。

设计时必须考虑到后期养护管理方便，运行费用低，节约施工与养护管理的人力物力，在经济条件允许的前提下建造出适用、精美、安全并有所创新的优秀花园来。

（五）屋顶花园的类型

1. 按位置选择来分类

（1）屋顶花园和屋顶草坪设计。屋顶草坪，也称为轻型屋顶绿化设计或生态化屋顶绿化设计。由于其屋顶负荷要求低，可以粗放管理，养护费用低廉，同时又可以起到很好的绿化效果和生态功能，因而受到人们的广泛关注和推广（图8-1-2）。

图 8-1-2 屋顶草坪

屋顶花园是根据屋顶具体条件，选择小型乔木、低矮灌木和草坪、花卉、藤本植物等进行屋顶绿化植物配置，且设置园路、座椅、凉亭和园林小品等可以供人们游览和休憩的复杂绿化，因而它的要求较屋顶草坪的要求要高很多，而且造价及后期维护费用都非常昂贵。

屋顶花园的设计不仅要有观赏性，在设计中考虑到植物的色彩和季节搭配，还要注重其安全性，特别是屋顶承重力的要求和防水处理。据调查显示，许多建筑物的开裂现象都是由于雨水的渗透导致混凝土开裂，从而损坏了建筑物本身。因而屋顶花园的设计中，在植物的选择方面要比地面花园严格得多，应尽可能选择抗风、耐寒耐高温、适应能力强、耐短时旱涝、生命力顽强，可粗放管理，病虫害少，可耐受、吸收滞留有害气体或污染物质的植物。

（2）阳台、露台绿化设计。阳台、露台绿化设计在欧美国家现在已经较为普及，几乎家家户户都有属于自己的一片绿色。近几年，我国也有许多居民开始绿化自己的阳台、露台。不仅可以美化环境，而且可以缓解工作压力，感受田园气息，享受"世外桃源"，同时又锻炼了自己的身体，可谓一举多得（图8-1-3）。

（3）地下车库绿化设计。由于人口密度的加大，停车场逐渐开始转为地下，因而地下停车场的绿化将成为未来发展的一大趋势。有许多地方也开始出现地下商场，因而在其上部修建休息、绿化场所已经开始广泛推广。

（4）桥梁绿化设计。桥梁绿化设计就是在桥梁两侧种植大量绿色植物，起到生态绿化和保护桥梁的作用，而且可以缓解驾驶员的视觉疲劳，减少交通事故的发生。

2. 按设计形式来分类

（1）庭院式屋顶花园。它是利用山水花木和园林小品来组景。采用传统园林的一些形式和符号，在屋顶修建一些小巧的传统建筑小品，如：亭、廊、假山、瀑布等；栽植花木、设置休息的桌椅，营造出以小见大、意境悠远的庭院效果，不仅满足了对绿化的实用性，也满足了人的精神需求（图8-1-4）。

图8-1-3　阳台绿化　　　　　　　　　　图8-1-4　庭院式屋顶花园

（2）花圃式屋顶绿化。以种植植物为主，作苗圃或种植经济作物。它是以屋顶为场地，以绿化为手段，以开展经营活动为目的，特别是在缺少土地的地方，栽种一些适合屋顶的植物，在满足了植物的生态作用的同时，也满足了经济需求，使生态效益、经济效益和社会效益达到同步。

（3）盆景、盆栽陈列式屋顶绿化。以盆栽花卉和盆景为主。中国是盆景、盆栽的大国，盆景是中国园林的精华，据考证，盆景的初始阶段可追溯到7000年前的新石器时代，在唐宋时都已达到了相当高的水平，并有盆景的专著问世。现代盆景早已风靡全世界，许多国家和地区都有大规模的盆景园。通过对盆景、盆栽的陈列、展示，既是对中国传统绿化的继承和发扬，又达到了屋顶绿化的目的。

（4）综合式屋顶绿化。为各种方式综合为一体的档次较高的屋顶绿化。综合式屋顶绿化的优美的休闲环境，使得商机无限，能满足大型酒店、商场等的商业化需求，为不同层次和不同要求的人群提供了服务，同时也亮丽了城市空间。

3. 按主要功能来分类

（1）公共游憩性屋顶绿化。在设计上应考虑到它的公共性，在出入口、园路、布局、植物配置、小品设置等方面要注意符合人们在屋顶上活动、休息等需要。应以草坪、小灌木花卉为主，设置少量座椅及小型园林小品点缀，园林道路宜宽，便于人们活动。

（2）家庭式屋顶绿化。这类小花园面积较小，主要以植物配置，一般不设置小品，但可以充分利用空间作垂直绿化，还可以进行一些趣味性种植，领略城市早已失去的农家情怀。另一类家庭式屋顶小花园为公司写字楼的楼顶，这类小花园主要作为接待客人、洽谈业务、员工休息的场所，这类花园里应种植一些名贵花草，布设一些精美的小品，如小水景、小藤架、小凉亭等，还可以根据实力布设一些反映公司精神的微型雕塑、小型壁画等（图 8-1-5）。

图 8-1-5 屋顶花园总体布局

（3）科研、生产式屋顶绿化。以科研、生产为目的的屋顶花园，可以设置小型温室，用于培育珍奇花卉品种、引种以及观赏植物、盆栽瓜果的培育。既有绿化效益，又有较好的经济收入。这类花园的设置，一般应有必要的设施，种植池和人行道规则布局，形成闭合的、整体地毯式种植区。

（六）屋顶绿化相关的构造技术

1. 基质的选择

屋顶绿化对于基质的选择要求环保、无病虫害原体，持水量大，通透但不能过于松散，不宜用田园土直接铺设。常用的屋顶栽培基质有：锯末屑、发酵土、蚯蚓粪、蛭石、煤渣、椰糠、塘泥、山土、炭化谷壳、火山灰、堆肥土、离子培养土等。现在日本已经形成自然土壤法、改良土壤、人工轻量法和薄层人工轻量法这几种屋顶绿化模式。

2. 体系结构

屋顶绿化的基本结构为过滤层、蓄排水层、保湿毯和阻根及防水层，每一层对于屋顶绿化来说都是非常重要的（图 8-1-6、图 8-1-7）。

图 8-1-6 屋顶绿化三维结构

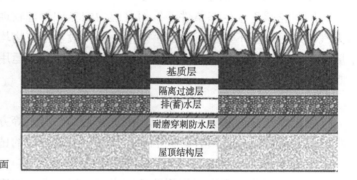

图 8-1-7 屋顶绿化断面结构

对于蓄水应充分利用自然降水，做到人工灌溉与自然降水相结合。目前有采用喷滴灌或安装蓄水装置，收集降水或灌溉水，过滤后循环利用的先例，如美国堪萨斯中央图书馆，采用了先进的滴灌技术，将雨雪水收集起来，以缓解屋顶绿化的用水需求。

屋面排水的常见处理方法是采用滤水性的栽培基质来实现，一般采用的栽培基质有蛭石、细陶粒、膨胀珍珠岩、海泡石、天然沸石等。目前我国屋面用的抗根型防水材料主要包括聚氯乙烯 P 型卷材、铝合金卷材、聚醚聚氨酯防水毯等。

防水做法包括刚性和柔性防水两种。刚性防水，即结构楼板上不铺卷材防水材料，而是铺设不小于 40mm 厚 C20 细石混凝土，内置钢筋网片 1 层；柔性卷材防水则是以防水卷材作为防水胎层，与沥青等粘贴交替黏合形成连续致密的结构层。

（七）屋顶绿化植物选择

一般选择具有浅根系、矮生、生长慢、耐瘠薄、耐干旱、耐寒、耐移植、宿根、喜阳等习性的植物，以适应屋顶生态环境条件以及极端气候条件。

1. 抗寒、抗旱性强的矮灌木和草本植物为主

由于屋顶花园夏季气温高、风大、土层保温性差，冬季则保温性差，因而应选择耐干旱、抗寒性强的植物。同时，考虑到屋顶的特殊地理环境和承重的要求，应多选择矮小的灌木和草本植物，以利于植物的运输、栽种和管理。原则上不用大型乔木，有条件时可少量种植耐旱小型乔木。

2. 喜欢阳光充足、耐土壤瘠薄的浅根性植物

屋顶花园大部分地区为全日照直射，光照强度大，应尽量选用喜阳性植物，但考虑具体的小环境，如屋顶的花架、墙基下等处有不同程度遮阴的地方宜选择对光照需求不同的种类，以丰富花园的植物品种。屋顶种植基质薄，为了防止根系对屋顶结构的侵蚀，应尽量选择浅根性、须根发达的植物，不宜选用根系穿刺性较强的植物，以防止植物根系穿透建筑防水层。

3. 抗风、不易倒伏、耐积水的植物

屋顶上一般风力大，但栽培基质薄，因此植物宜选择须根发达、固着能力强的种类，能适应浅薄的土壤并能抵抗较大的风力。屋顶花园虽然灌溉困难，蒸发强烈，但雨季时则会短时积水，因此植物种类最好能耐短时积水。

4. 耐粗放管理的乡土植物为主

屋顶花园不仅生态条件差，而且植物的养护管理较地面难度大，农药的喷洒也更容易对大气造成污染，不易进行病虫害防治。而一般乡土植物均有较强的抗病虫害的能力，应作为屋顶花园的主体植物材料。在小气候较好的区域适当运用引进的新、优绿化材料，以增强景观效果。

5. 容易移植成活、耐修剪、生长较慢的品种

屋顶绿化施工和养护管理中，苗木的运输、更换等方面均不同于地面绿化，有特殊的要求，因此应该选择移植容易成活、生长缓慢且耐修剪的植物。

6. 能够抵抗空气污染并能吸收污染物的品种

从屋顶绿化发挥生态作用的角度出发，屋顶花园中应选择抗污性强，可耐受、吸收、滞留有害气体或污染物质的植物。

7. 常用植物种类

（1）地被。垂盆草、佛甲草、玉带草、矮蒲苇、玉簪、吉祥草、钓钟柳、美女樱、太阳花、紫苏、薄荷、鼠尾草、薰衣草、花叶长春蔓、常春藤类、沿阶草、麦冬、葱兰、萱草、凹叶景天、金叶景天、圆叶景天、八宝景天、三七景天、金鸡菊、西番莲属、忍冬属等。

（2）小灌木。小叶女贞、女贞、云南黄馨、迷迭香、金钟花、十大功劳、南天竹、小檗、山茶、珊瑚树、欧洲荚蒾、金银木、锦带花、夹竹桃、红瑞木、凯尔株木、石榴、胡颓子、结香、木槿、紫薇、金丝桃、大叶黄杨、黄杨、雀舌黄杨、月季、火棘、海桐、八角金盘、栀子花、贴梗海棠、石楠、茶梅、腊梅、桂花、粉红六道木、醉鱼草等。

【规划设计】

通过对屋顶花园调查分析和相关知识的学习，分别从其主要功能作用、布局形式、广场特点、绿化设计要点等方面进行对比分析。

【复习思考】

（1）屋顶花园的特点是什么？
（2）简述屋顶花园的功能。
（3）依据屋顶花园使用功能的不同，简述其分类。
（4）简述屋顶花园的设计原则。
（5）简述屋顶花园的防水措施。

【实训项目】

1. 实训目的

通过对简单屋顶花园的设计训练，使学生掌握屋顶花园设计的基础知识，包括屋顶花园的功能、特点、设计原则以及植物选择等，并能够进行简单的屋顶花园设计。

2. 实训内容

对某小型屋顶进行屋顶花园景观设计，给出一定的参考资料和指导。要求考虑屋顶花园的特点和要求，进行合理的景观设计。

具体步骤与内容如下：

（1）对结构简单而又功能合理的屋顶花园进行分析、学习。
（2）实训准备，主要进行实训动员和设计的准备工作。
（3）对初步设计方案进行分析、指导。
（4）修改、完善设计方案，并形成相对完整的设计方案。

3. 实训方式

（1）分析与学习。通过现场参观了解屋顶花园设计的基础知识，再对若干屋顶花园设计作品进行分析、学习。

（2）具体项目设计实训。拟定一项具体的屋顶花园建设项目，让学生进行方案设计，并按内容要求形成一套完整的设计文件。

4．实训要求

（1）基本要求。要求学生综合运用所学的知识，对给定的屋顶花园建设项目进行规划设计，呈交一套完整的设计文件。

（2）图纸要求。设计图纸要求每人独立完成一套。具体图纸要求如下：

1）屋顶花园设计总平面图：进行各种景观要素的合理组合搭配。

2）园林植物种植设计图：严格选择植物的种类，确定种植数量、规格、种植位置。要求图例正确，比例合理，表现准确。

3）屋顶花园的防水做法图：采用断面的形式绘制花园的防水做法。

4）透视图或鸟瞰图：机绘或手绘透视图或鸟瞰图，表现屋顶花园的精致美。

所有图纸的图面都要求表现能力强，线条流畅，构图合理，清洁美观，图例、文字标注、图幅等符合制图规范。

（3）设计说明编写要求。设计说明要求语言流畅，言简意赅，能准确地对图纸补充说明，体现设计意图。

5．考核与汇报

为体现团队精神，实训期间以组为单位，每组设计一套图纸，并安排组员进行模拟方案汇报。

（1）考核形式。对实践环节提交的图纸进行评定，按百分制评分。

（2）成绩评定。按百分制评分，标准为：方案能力（30%）；动手能力（15%）；图面效果（10%）；创新能力（15%）；版面情况（10%）（图纸的完整性）；可操作性（20%）。具体见园林设计综合实训项目考核通用标准。

（3）实习总结。实习总结不少于1000字。

任务二　屋顶花园布局设计

【设计任务】

图8-2-1所示为某高档住宅公寓局部平面图，面积约为1000m²，其中中间绿色区域为预

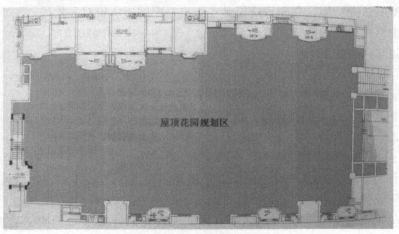

图8-2-1　某公寓局部平面图

留的屋顶花园，也就是本任务的设计范围，结合现状完成该屋顶花园的布局设计。

花园的南北两面与公寓的阳台和窗户相接，东西两面各设有一入口，供居户通行。建设单位要求将该区域造成一个绿量充足，有现代生活情趣，可赏可憩的近距离户外活动空间。

【任务分析】

根据建设单位的设计要求以及园林规划设计的程序，对于本次设计任务分为以下三个阶段进行。

1. 接受设计任务，明确设计目标

与建设单位进行进一步的沟通，明确设计的目标。

2. 调查研究阶段

通过现场踏查或调查，了解当地自然环境、社会环境、绿地现状等设计条件，通过与甲方座谈，掌握甲方的规划目的、设计要求等，以便于把握设计思路，为编制设计任务书提供依据。为此需要考虑以下几个问题：

（1）自然环境的调查。

（2）社会环境的调查。

（3）设计条件或绿地现状的调查。

3. 设计阶段

根据任务书中明确的规划设计目标、内容、原则等具体要求，着手进行设计并完成图纸绘制。

【知识链接】

（一）总体布局

屋顶花园的形式，同园林本身的形式是相同的，创作上仍然分为自然式、规则式和混合式。

1. 自然式园林布局

一般采取自然式园林的布局手法，园林空间的组织、地形地物的处理、植物配置等均以自然的手法为主，以求一种连续的自然景观组合。讲究植物的自然形态与建筑、山水、色彩的协调配合关系，植物配置讲究树木花卉的四时生态，高矮搭配，疏密有致。追求的是色彩变化、丰富层次和较多的景观轮廓。

2. 规则式园林布局

规则式布局注重的是装饰性的景观效果，强调动态与秩序的变化。植物配置上形成规则的、有层次的、交替的组合，表现出庄重、典雅、宏大的气氛。多采用不同色彩的植物搭配，景观效果更为醒目，屋顶花园在规则式布局中，点缀精巧的小品，结合植物图案，常常使不大的屋顶空间变为景观丰富、视野开阔的区域。

3. 混合式园林布局

混合式园林布局，注重自然与规则的协调与统一，求得景观的共融性。自然与规则的特点都有，又都自成一体，其空间构成在点的变化中形成多样的统一，不强调景观的连续，而更多注意个性的变化。混合式布局在屋顶花园中使用较多。

（二）住宅（小型）屋顶花园设计

住宅类屋顶花园应该是屋顶花园中数量最多的一类屋顶花园。因此，做好住宅类屋顶花园的设计具有非常重要的意义。住宅类屋顶花园的特点是：面积小、荷载小、人流量小、具有一定私密性。鉴于此，住宅类屋顶花园的设计原则应该是：轻型、简洁、安静。住宅类屋顶花园按其所在的位置不同可分为：屋顶、阳台、露台、入户花园等。

1. 屋顶

住宅屋顶相对于阳台、露台、入户花园等较独立、面积较大。考虑到其特殊性，设计中应注意以下几点：

1）除少量轻质凉棚、花架外，禁止加建重质房间或构件。

2）考虑消防、维护等紧急情况，应尽量保持入口的通畅。

3）一些较重的设施应放置在小开间的上方，例如厨房、卫生间、储藏间等。

4）出于防风、防坠等安全考虑，应局部加高女儿墙，女儿墙材质、高度视具体情况而定。

5）植物选择以低矮、根浅、抗风、耐旱为主。

以上几点主要是出于安全第一的观点提出的，住宅屋顶花园是复杂而多样的，限制太多，无疑是抹杀了屋顶花园自身的美。

此外，主人的喜好和生活习惯也是设计中的一个关键因素。

2. 阳台、露台、入户花园

阳台、露台、入户花园是居室与自然的过渡与融合，与人们的生活联系密切，是室内空间和部分功能的延伸，同时也是建筑立体绿化的一部分。除当前国内兴起、流行的入户花园外，它还可以发展为花园客厅、花园餐厅等。

此类屋顶花园尺寸小，结构形式与普通的屋顶花园也有很大差异，外凸阳台为挑梁形式，承重小。设计中应注意以下几点：

1）不应抹杀阳台特有的功能，如采光、通风、观景、晾晒等。

2）在密集型住宅中，对外立面影响较大的藤架、雨篷等构件应统一设计，以保持建筑外立面的完整性。

3）以轻质、活动型为主，花池、水池等较重设施应放在梁或支柱附近。

4）室内外联系密切、和谐。

5）考虑光线、风、私密性、借景、观景等关键因素。

6）光线无疑是任何一个设计中最关键的因素，在屋顶花园中它不仅体现物体的形态、时空的变幻，还决定了植物的生长。

（三）办公楼、宾馆、医院（中型）屋顶花园设计

此类屋顶花园是针对特定人群开放的屋顶花园，通常属于公共建筑中的私人屋顶花园，与住宅类屋顶花园相比，它们服务的人群较大，而与服务于大众的地下建筑类屋顶花园相比又有很大差异。在设计过程中设计师应考虑到屋顶花园具有良好的可视性和可达性，不仅方便人们从建筑的外部，比如附近的窗户或是邻近大楼的高处观赏到屋顶花园，同时也要满足建筑内部目标人群的需求，因而屋顶花园及其出入口位置的选择就显得尤为重要。

此类屋顶花园在限制外部公众进入的同时又能鼓励目标人群的到访，最理想的位置是在使用率最高的室内聚集空间附近，比如入口前厅、公共餐厅、游艺室、医院的病房、宾馆的

客房等。人们从这里就能方便地观赏到花园的美景，这对于花园的使用很重要。反之，如果是要穿过一道道紧闭的大门和长而昏暗的走道才能抵达隐蔽的花园，那么即使是设计一流的花园也会冷冷清清。

由于是公共性建筑，服务于各类人群，如老人、小孩、残疾人，特别是医院的病人，所以花园及其入口的无障碍设计也是必不可少的。由于这三类建筑服务的目标人群有很大的不同：办公楼针对职员、宾馆针对旅客、医院针对病人，所以其屋顶花园又有各自的特点。

1. 办公楼屋顶花园

主要是为内部使用者提供午休、用餐和会客的场所，所以靠公共餐厅布置屋顶花园，同时，布设一定数量的桌椅和反映公司精神面貌的微型雕塑、小型壁画等是明智的。另外，在植物的选择方面也应该具有一定的针对性。如火鹤花能吸收二甲苯、甲苯和氨；龙血树、雏菊、万年青可清除来源于复印机、激光打印机中的三氯乙烯；吊兰、非洲菊等主要吸收甲醛，也能分解复印机、打印机排放出的苯，并能"咽"下尼古丁；铁树、菊花能分解三种有害物质，即甲醛，以及印刷油墨溶剂中对肾脏有害的二甲苯、甲苯；芦荟、吊兰、常春藤等能在其新陈代谢过程中把被认为能致癌的甲醛转化为像糖或氨基酸那样的天然物质。

2. 宾馆屋顶花园

当前，宾馆的老板们越来越意识到了屋顶花园的潜在价值，建在宾馆、酒店的屋顶花园，已成为豪华宾馆的重要组成部分之一，并以此招揽顾客。屋顶花园不仅为客人提供如世外桃源般的住宿环境，还可以在屋顶花园上开办露天歌舞会、晚宴及其他社交活动。

这类屋顶花园因其经济目的，需要设置茶座、泳池、舞台甚至球场等设施，花园的布局应以小巧精美为主，保证有较大的活动空间，风格尽量与酒店的建筑风格相统一，植物配置应以高档、芳香为主。另外，在保证客房能很好借用花园景观的同时，也要考虑采取必要的抗干扰措施，例如流水、大树、藤架等既能丰富景观又能降噪。

3. 医院屋顶花园

医院针对病人开放的屋顶花园更应像一个天然疗养院，在这里大自然帮助病人康复的功效，更多是通过植物来实现的。植物能缓解人的心情，吸收有害气体，提供充足的氧气，某些植物的花香对人体也有益。

（四）地下建筑（大型）屋顶花园设计

目前已经有越来越多的大型屋顶花园以公园或露天广场的形式建造在地下建筑的上方。在历史或环境敏感地带兴建建筑物时，往往需要特殊的考虑，建造地下或掩土建筑物可以很好地保持这些地段的原有面貌。在节约用地、提高城市生态环境和绿化景观质量的同时，也有利于市民休憩活动、提升城市公共空间品质。这样的地下建筑最典型的代表就是地下车库，不过它同样适合于兴建的地下高速路、商场、剧场、图书馆、博物馆等大型公共建（构）筑物。

大型公共屋顶花园与普通公园、广场具有很多相似性，设计人员完全可以借鉴普通公园、广场的设计理论与方法，比如其可达性、流线、功能分区、安全性、公众行为方式与管理维护等。两者之间最大的区别在于荷载与种植基层的差异。考虑到大量的人流、较厚的覆土、大型的树木和一些必要的设施，大型公共屋顶花园的荷载明显高于普通屋顶花园，但它又不同于普通公园、广场，其荷载必定受到一定的限制，一些合理的减荷措施是必要的。即便是作为广场使用的大型公共屋顶花园也需要一定数量的大树，它能使广场富有生机，并提供纳荫的场所，防止偌大的广场看上去像个空旷而单调的舞台。对于种植的大树可以采取局部降低结构板和局部堆土的方法，并位于承重构件上方附近，同时还可以通过下垫轻质材料，获得不同的土壤厚度，这些措施对于降低结构方面的费用将非常有利。

【规划设计】

（一）规划设计工作实施步骤

1. 接受设计任务，明确设计目标

一般对于别墅屋顶花园的绿化设计在接受设计任务后，必须与业主进行交流沟通，掌握业主对屋顶花园设计的要求以及初步设想。

2. 调查研究阶段

针对设计的要求，查找和收集相关的依据资料，带好图纸到建设绿地现场进行勘察，在进行屋顶花园设计时必须调查了解的情况包括：

（1）了解当地的气候条件，以及适用于屋顶花园的常见植物种类。

（2）了解别墅屋顶花园各区位的环境条件，划出常年无光照的阴区和强光照的阳区，以便为植物种植设计提供依据。

（3）在现状图中圈出楼面的承重部位和落水口。

（4）收集相关的图纸资料，了解建筑的承重能力。

（5）了解当地风俗习惯以及建设单位或业主的设计要求。

3. 设计准备阶段

（1）整理相关资料，完成设计初步构思。

（2）描绘、放大基础图纸。由于屋顶花园一般面积较小，因此可按 1:200～1:300 的比例放大、分幅，或将实测的草图按此比例绘制，作为绿化设计的底图。

4. 设计阶段

结合本节的知识点，进行草图设计，草图设计的主要内容包括：

（1）确定立意，划分功能区和拟设景观点。

（2）确定种植区域，并选择绿化树种。

1）考虑所选择的植物种类是否与种植地点的环境和生态相适应，否则就不能存活或生长不良。

2）考虑屋顶上所营造的植物群落是否符合自然植物群落的发展规律，否则就难以成长发育并达到预期的艺术效果。

3）根据种植区及种植池的设计形式来选择树种，力求达到提升整个屋顶空间的文化品位和生态效益。

（二）设计成果

在这一阶段的设计成果通常包括设计总平面图、功能分区图、景观布局图等，往往因屋顶花园的设计规模较小，可以将功能分区图和景观布局图的表达内容合并到总平面图上。

【复习思考】

（1）屋顶花园的规划布局与地面上花园布局有什么区别？

（2）在屋顶花园的园林工程建造过程中，应注意哪些问题？为什么？

【实训项目】

1. 实训目的

通过对小型、中型或者大型的屋顶花园的设计训练，使学生熟练掌握屋顶花园设计的要领，能够针对不同的功能进行合理的空间布局，能够科学合理地进行屋顶防水处理、植物的种植基质的选择等，最终能设计出具有可操作性的、舒适美观的屋顶花园。

2. 实训内容

对中型或大型屋顶进行屋顶花园景观设计，给出一定的参考资料和指导。要求考虑屋顶花园的荷载、防水功能，选择合适的植物进行景观设计。

具体步骤与内容如下：

（1）对知名的屋顶花园进行分析、学习。

（2）实训准备，主要进行实训动员和设计的准备工作。

（3）对初步设计方案进行分析、指导。

（4）修改、完善设计方案，并形成相对完整的设计方案。

3. 实训方式

（1）分析与学习。通过现场参观各种类型的屋顶花园使学生掌握设计的要领和宗旨，再对若干知名的屋顶花园设计作品进行分析、学习。

（2）具体项目设计实训。拟定一项具体的、稍有难度的屋顶花园建设项目，让学生进行方案设计，并按内容要求形成一套完整的设计文件。

4. 实训要求

（1）基本要求。要求学生综合运用所学的知识，对给定的屋顶花园建设项目进行规划设计，呈交一套完整的设计文件。

（2）图纸要求。设计图纸要求每人独立完成一套。具体图纸要求如下：

1）屋顶花园设计总平面图：进行各种景观要素的组合搭配。要求功能区布局合理、植物的配置科学。

2）屋顶花园设计立面图：包括各种要素的竖向设计、不同高度的植物组合效果、安全性的考虑等内容，并标注标高。

3）园林植物种植设计图：严格选择植物的种类，确定种植数量、规格、种植位置。要求图例正确，比例合理，表现准确。

4）屋顶花园的防水做法以及基质选择图：采用断面的形式绘制屋顶花园的防水做法以及基质层的材料的选择。

5）透视图或鸟瞰图：机绘或手绘透视图或鸟瞰图，表现屋顶花园的总体布局情况并突出个体细节。

所有图纸的图面都要求表现能力强，线条流畅，构图合理，清洁美观，图例、文字标注、图幅等符合制图规范。

（3）设计说明编写要求。设计说明要求语言流畅，言简意赅，能准确地对图纸补充说明，体现设计意图。

5. 考核与汇报

为体现团队精神，实训期间以组为单位，每组设计一套图纸，并安排组员进行模拟方案汇报。

（1）考核形式。对实践环节提交的图纸进行评定，按百分制评分。

（2）成绩评定。按百分制评分，标准为：方案能力（30%）；动手能力（15%）；图面效果（10%）；创新能力（15%）；版面情况（10%）（图纸的完整性）；可操作性（20%）。具体见园林设计综合实训项目考核通用标准。

（3）实习总结。实习总结不少于 1000 字。

参 考 文 献

[1] 刘新燕. 园林规划设计 [M]. 北京：中国劳动社会保障出版社，2009.

[2] 潘冬梅，等. 园林规划设计 [M]. 武汉：华中科技大学出版社，2012.

[3] 侯振海，等. 园林艺术及规划设计实例 [M]. 合肥：安徽科学技术出版社，2012.

[4] 段广德，等. 城市园林设计集萃 [M]. 北京：中国林业出版社，2004.

[5] 刘少宗. 中国优秀园林设计集 [M]. 天津：天津大学出版社，1997.

[6] 周兴元. 园林规划设计 [M]. 南京：江苏教育出版社，2012.

[7] 宁妍妍. 园林规划设计 [M]. 郑州：黄河水利出版社，2010.

[8] 张德炎. 园林规划设计 [M]. 北京：化学工业出版社，2007.

[9] 董晓华. 园林规划设计 [M]. 北京：高等教育出版社，2005.

[10] 王薇，李传奇. 城市河流景观设计之探析 [J]. 水力学报，2003 (8)：117 – 121.

[11] 唐剑. 浅谈现代城市滨水景观设计的一些理念 [J]. 中国园林，2002 (4)：33 – 39.

[12] 干哲新. 浅谈滨水开发的几个问题 [J]. 城市规划，1998 (2)：42 – 45.

[13] 刘晓涛. 城市河流治理若干问题的探讨 [J]. 规划师，2001，17 (6)：66 – 69.

[14] 杨芸. 论多自然型河流整治法对河流生态环境的影响 [J]. 四川环境，1999，18 (1)：19 – 24.

[15] 俞孔坚，张蕾. 城市滨水区多目标景观设计途径探索 [J]. 中国园林，2004 (5)：28 – 32.

[16] 李征宇，肖勤. 三亚湾滨海绿带总体规划与控制性设计 [J]. 中国园林，1999，15 (65)：28 – 30.

[17] 北京市园林局. CJJ 48—1992 公园设计规范 [S]. 北京：中国建筑工业出版社，1992.

[18] 中华人民共和国建设部. GB 50180—1993 城市居住区规划设计规范 [S]. 北京：中国建筑工业出版社，2002.

[19] 中国城市规划设计研究院. CJJ 75—1997 城市道路绿化规划与设计规范 [S]. 北京：中国建筑工业出版社，1997.

教材使用调查问卷

尊敬的教师：

您好！欢迎您使用机械工业出版社出版的"高职高专园林专业系列规划教材"，为了进一步提高我社教材的出版质量，更好地为我国教育发展服务，欢迎您对我社的教材多提宝贵的意见和建议。敬请您留下您的联系方式，我们将向您提供周到的服务，向您赠阅我们最新出版的教学用书、电子教案及相关图书资料。

本调查问卷复印有效，请您通过以下方式返回：

邮寄：北京市西城区百万庄大街 22 号机械工业出版社建筑分社（100037）
     时 颂   （收）

传真：010-68994437（时颂收）　　　　　E-mail：2019273424@ qq. com

一、基本信息

姓名：＿＿＿＿＿＿＿职称：＿＿＿＿＿＿＿＿＿＿＿职务：＿＿＿＿＿＿＿＿

所在单位：＿＿＿＿＿＿＿＿＿＿＿＿＿＿＿＿＿＿＿＿＿＿＿＿＿＿＿＿

任教课程：＿＿＿＿＿＿＿＿＿＿＿＿＿＿＿＿＿＿＿＿＿＿＿＿＿＿＿＿

邮编：＿＿＿＿＿＿＿＿＿地址：＿＿＿＿＿＿＿＿＿＿＿＿＿＿＿＿＿＿

电话：＿＿＿＿＿＿＿＿＿电子邮件：＿＿＿＿＿＿＿＿＿＿＿＿＿＿＿＿

二、关于教材

1. 贵校开设土建类哪些专业？

□建筑工程技术　　　　□建筑装饰工程技术　　　　□工程监理　　　　□工程造价

□房地产经营与估价　　□物业管理　　　　　　　　□市政工程　　　　□园林景观

2. 您使用的教学手段：　□传统板书　　□多媒体教学　　□网络教学

3. 您认为还应开发哪些教材或教辅用书？＿＿＿＿＿＿＿＿＿＿＿＿＿＿＿＿＿

4. 您是否愿意参与教材编写？希望参与哪些教材的编写？

课程名称：＿＿＿＿＿＿＿＿＿＿＿＿＿＿＿＿＿＿＿＿＿＿＿＿＿＿＿＿＿

形式：　　　□纸质教材　　　□实训教材（习题集）　　　□多媒体课件

5. 您选用教材比较看重以下哪些内容？

□作者背景　　□教材内容及形式　　□有案例教学　　□配有多媒体课件

□其他＿＿＿＿＿＿＿＿＿＿＿＿＿＿＿＿＿＿＿＿＿＿＿＿＿＿＿＿＿＿＿

三、您对本书的意见和建议（欢迎您指出本书的疏误之处）＿＿＿＿＿＿＿＿

＿＿＿＿＿＿＿＿＿＿＿＿＿＿＿＿＿＿＿＿＿＿＿＿＿＿＿＿＿＿＿＿＿＿＿＿

＿＿＿＿＿＿＿＿＿＿＿＿＿＿＿＿＿＿＿＿＿＿＿＿＿＿＿＿＿＿＿＿＿＿＿＿

四、您对我们的其他意见和建议＿＿＿＿＿＿＿＿＿＿＿＿＿＿＿＿＿＿＿＿

＿＿＿＿＿＿＿＿＿＿＿＿＿＿＿＿＿＿＿＿＿＿＿＿＿＿＿＿＿＿＿＿＿＿＿＿

＿＿＿＿＿＿＿＿＿＿＿＿＿＿＿＿＿＿＿＿＿＿＿＿＿＿＿＿＿＿＿＿＿＿＿＿

请与我们联系：

100037　北京百万庄大街 22 号

机械工业出版社·建筑分社　时颂　收

Tel：010-88379010（O），6899 4437（Fax）

E-mail：2019273424@ qq. com

http：//www. cmpedu. com（机械工业出版社·教材服务网）

http：//www. cmpbook. com（机械工业出版社·门户网）

http：//www. golden-book. com（中国科技金书网·机械工业出版社旗下网站）